普通高等教育基础课系列教材

高等数学（少学时）

第 2 版

主　编　王爱青　张海霞
副主编　周丽美　陈丽娟
参　编　赵栓成　张　巍

机械工业出版社

本书是专为建筑类、经管类、艺术类等专业编写的少学时的高等数学教材,内容涵盖微积分学、线性代数、概率论与数理统计三大部分,具体包括函数与极限、导数与微分、中值定理与导数应用、不定积分、定积分及其应用、微分方程简介、矩阵与线性方程组、行列式、随机事件及其概率、随机变量及其分布、数理统计的基础知识、参数估计与假设检验等基本内容.

根据建筑类、经管类、艺术类等专业对数学的要求,本书编写的基本思路是在保证知识体系的系统性和完整性的前提下,以易学易用为原则.书中尽可能从生活实例入手,通过建立简单的数学模型来引入数学概念,以着重培养学生的理性思维能力,传达出现实问题中所蕴含的数学思想以及思考方法;书中舍弃了理论性强的严密的证明,选编了一些新颖的应用案例和课后练习,突出数学的应用性,培养学生应用数学的意识和能力.

图书在版编目(CIP)数据

高等数学:少学时/王爱青,张海霞主编;周丽美,陈丽娟副主编.—2版.—北京:机械工业出版社,2024.2

普通高等教育基础课系列教材

ISBN 978-7-111-74376-7

Ⅰ.①高…　Ⅱ.①王…　②张…　③周…　④陈…　Ⅲ.①高等数学-高等学校-教材　Ⅳ.①O13

中国国家版本馆 CIP 数据核字(2023)第 232779 号

机械工业出版社 (北京市百万庄大街 22 号　邮政编码 100037)

策划编辑:汤　嘉　　　　　　责任编辑:汤　嘉　张金奎

责任校对:甘慧彤　李小宝　　封面设计:张　静

责任印制:郜　敏

北京富资园科技发展有限公司印刷

2024 年 3 月第 2 版第 1 次印刷

184mm×260mm · 13 印张 · 338 千字

标准书号:ISBN 978-7-111-74376-7

定价:39.80 元

电话服务　　　　　　　　　　　网络服务

客服电话:010-88361066　　　机　工　官　网:www.cmpbook.com

　　　　　010-88379833　　　机　工　官　博:weibo.com/cmp1952

　　　　　010-68326294　　　金　书　网:www.golden-book.com

封底无防伪标均为盗版　　机工教育服务网:www.cmpedu.com

第 2 版前言

本书的第 1 版于 2009 年 10 月出版,重印多次.这些年来得到了许多同行和其他读者的关心、支持,书的内容深受教师、学生的喜爱.为了使本书的内容能够更好地呈现给读者,在机械工业出版社的支持和编辑的鼓励下,我们对第 1 版进行了修订,形成了第 2 版.本书的修订内容如下:

(1) 在落实国家课程思政方面,书中对学科的发展历史做了简要梳理。通过介绍一些数学领域卓越数学家的事迹,展现数学家们的学术贡献及人格魅力,逐步培养学生正确的人生观,树立肩负建设国家重任的意识,有效落实课程思政.

(2) 对书中的习题做了较多的调整,包括增加应用题、综合题、章节总习题等,习题内容得到进一步充实.

(3) 对于微积分学的部分内容根据实际教学反馈做了适当的调整.概率论与数理统计部分增加了"几何概型",以便更好地适应教学的需要.

(4) 特别是对于线性代数部分,根据广大读者的意见和建议,进行了局部修订.修订时,对原第 7 章"行列式"与原第 8 章"矩阵与线性方程组"内容做了重要调整.

(5) 修正了第 1 版中的疏漏和错误.

由于编者水平有限,书中若有不妥之处,敬请广大读者批评指正!

若您在使用本书的过程中发现任何问题,欢迎通过下列邮箱地址和我们联系:qdwaq@126.com.

编 者

第 1 版前言

众所周知,目前有关高等数学的教材是非常丰富的.从 George B. Thomas 经典的《托马斯微积分》、Gilbert Strang 颇具特色和新意的《微积分》以及历经五十年不衰的菲赫金哥尔茨《微积分学教程》,到国内颇具影响力的同济大学《高等数学》教材以及各重点院校所使用的自编教材等,可谓异彩纷呈.但是,这些著名的教材大多定位于理科或部分工科专业.将这些教材应用于诸如建筑类、经管类、艺术类等专业则变得非常尴尬.一方面,我们不能期望这些专业的学生能够很好地掌握教材的内容;另一方面,这些学生对数学的兴趣和投入与理科或其他工科专业学生相比也相去甚远.

为此,我们专为高等院校建筑类、经管类、艺术类等专业编写了这本少学时高等数学教材.

本书的内容包括微积分学、线性代数、概率论与数理统计三大部分,共 12 章.第 1 章介绍了函数的概念与基本性质、极限的概念及运算、函数的连续性;第 2 章介绍了导数的概念、求导法则、微分及其应用;第 3 章介绍了中值定理、导数在极限运算和极值理论中的应用;第 4 章介绍了不定积分的概念与性质、不定积分的换元法和分部积分法;第 5 章介绍了定积分的概念及计算、反常积分、定积分在几何和经济中的应用;第 6 章介绍了微分方程的基本概念及一阶微分方程的解法;第 7 章介绍了行列式的概念、性质及计算、克拉默法则;第 8 章介绍了矩阵的概念及运算、矩阵的初等变换、线性方程组的解;第 9 章介绍了随机事件及其概率、条件概率、事件的独立性;第 10 章介绍了离散型和连续型随机变量及其分布、随机变量的数字特征;第 11 章介绍了数理统计的基础知识;第 12 章介绍了参数估计与假设检验.

基于上述专业对数学的要求大致相仿又不完全相同的情况,我们的想法是将一元微积分作为各专业必需的部分;而线性代数和概率论与数理统计作为弹性部分供相关专业选用.

本书编写的基本思路是,在保证知识体系的系统性和完整性的前提下,以易学易用为原则.

在内容的处理上,首先对一些数学概念尽可能从经济生活中或相关专业中的实例入手,通过建立简单的数学模型来引入,以着重培养学生的理性思维能力,传达出现实问题中所蕴含的数学思想以及思考方法,比如定积分概念引入中的收益问题,微分方程中应用广泛的逻辑斯蒂方程建模等;其次,针对这些专业学生的学习特点和知识背景,舍弃了理论性强的严密的证明,突出数学的应用性,选编的应用案例和课后练习尽可能新颖,以适应当代学生活跃的思维,激发他们的学习兴趣.比如概率统计中的股票预测、保险赔付、手机待机时间估计、旅游平均消费等,这些实例在注重培养学生理性思维的同时,还培养了学生应用数学的意识和能力;各章末附有一些不同时期的数学家小传,他们包括魏尔斯特拉斯、黎曼、伯努利、切比雪夫等.对于大多数学生而言,这些伟大的名字是非常陌生的,我们希望通过这些材料能够让学生了解数学本身发展的艰辛,更希望他们通过数学家自强不息和坚韧执着的精神,增强自身学习的信心和动力.在本书后,作为附录,还简单对三大流行数学软件 Maple、MATLAB 和 Mathematica 的特点和功能进行了介绍.相信随着软件的人性化和易用性的不断提高,我们的学生在掌握了数学的基本理论的基础上,可以很好地掌握这些超级计算器.

　　本书的编写工作得到了青岛理工大学教务处和理学院等部门领导的大力支持和帮助,在此表示衷心的感谢!另外,感谢理学院数学教研室的全体同仁为本书的出版所做的努力.

　　由于编者水平有限,书中若有不妥之处,敬请广大读者批评指正!

　　若您在使用本书的过程中发现任何问题,欢迎通过下列邮箱地址和我们联系:qdwaq@126. com.

编　者

目　录

第 1 篇　微积分学

第2篇　线　性　代　数

第3篇　概率论与数理统计

第 1 篇

微积分学

第1章
函数与极限

初等数学研究的是有限量、常量、匀速直线运动的速度等,而高等数学主要研究无穷量、变量、变速运动的瞬时速度、任意图形的面积等.极限的方法是研究这些问题的基本方法.

极限的朴素思想和应用可以追溯到古代.我国古代哲学名著《庄子》记载着一句话:"一尺之棰,日取其半,万世不竭."中国早在2000年前就已经算出方形、圆形、圆柱体等几何图形的面积和体积.三世纪刘徽创立的割圆术,就是用"圆内接正多边形的极限是圆面积"这一思想来近似计算圆周率的.

本章介绍函数、极限、连续等基本概念以及它们的一些性质.

1.1 函　　数

1.1.1 集合、区间、邻域

1. 集合

我们称具有确定性质的对象的总体为集合,并用 A、B、C 等大写字母表示.组成集合的每一个对象称为该集合的元素.若 a 是集合 A 中的元素,则记作 $a \in A$,否则记作 $a \notin A$.若 $x \in A \Rightarrow x \in B$,则称 A 是 B 的子集,记作 $A \subset B$.若 $A \subset B$,且 $B \subset A$,则称集合 A 等于 B,记作 $A = B$.

按照通常的习惯,全体实数集合记作 $\mathbf{R}$,全体有理数集记作 $\mathbf{Q}$,全体整数集记作 $\mathbf{Z}$,全体自然数集记作 $\mathbf{N}$.

(1) 集合的表示方法.集合一般有两种表示方法,即列举法和描述法.比如 $A = \{a_1, a_2, \cdots, a_n\}$ 是列举法,而 $M = \{x \mid x$ 具有某种特征$\}$ 是描述法.

(2) 集合的运算.集合间的基本运算主要包括:并、交、差、余.

在我们研究某一问题时,通常把所考虑的对象的全体所成的集合称为全集,记作 S.设 A 和 B 是两个集合.

并集:称集合 $A \cup B = \{x \mid x \in A$ 或 $x \in B\}$ 为集合 A 与 B 的并集,如图 1-1-1 所示.

交集:称集合 $A \cap B = \{x \mid x \in A \text{ 且 } x \in B\}$ 为集合 A 与 B 的交集,如图 1-1-2 所示.

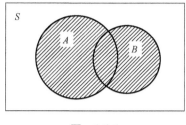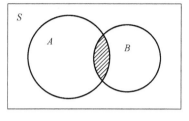

图   1-1-1   图   1-1-2

差集:称集合 $A \backslash B = \{x \mid x \in A \text{ 且 } x \notin B\}$ 为集合 A 与 B 的差集,如图 1-1-3 所示.

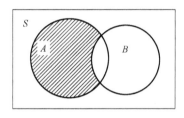

图   1-1-3

余集:把差集 $S \backslash A$ 称为集合 A 的余集或补集,记作 A^{c} 或 $\overline{A}$.

2. 区间

设 $a, b \in \mathbf{R}$,且 $a < b$.数集 $\{x \mid a < x < b\}$ 称为开区间,记作 (a, b),即
$$(a, b) = \{x \mid a < x < b\}.$$

实数 a 和 b 称为区间的端点.类似地,$[a, b] = \{x \mid a \leqslant x \leqslant b\}$ 称为闭区间,而 $[a, b) = \{x \mid a \leqslant x < b\}$ 和 $(a, b] = \{x \mid a < x \leqslant b\}$ 称为半开区间.以上区间均称为有限区间.除此之外,我们还需要无限区间,比如 $(a, +\infty) = \{x \mid x > a\}$ 和 $(-\infty, b] = \{x \mid x \leqslant b\}$.

3. 邻域

设 a 是一个实数,$\delta > 0$,数集 $\{x \mid a - \delta < x < a + \delta\}$ 称为点 a 的 δ 邻域,记作 $U(a, \delta)$,即
$$U(a, \delta) = \{x \mid a - \delta < x < a + \delta\}.$$

点 a 称为邻域的中心,δ 称为邻域的半径.称 $\mathring{U}(a, \delta) = \{x \mid 0 < |x - a| < \delta\}$ 为 a 的去心邻域.

1.1.2 函数的概念

在某一过程中保持不变的量称为常量,常用 a, b, c 等表示;而在某一过程中发生变化的量称为变量,常用 x, y, z 等表示.函数研究的是变量之间的对应关系.例如,圆的面积 $S = \pi r^{2}$ 就给出了面积 S 与半径 r 之间的对应关系.

定义 1.1.1 设 D 是一个非空的数集.若对每一个 $x \in D$,按照某种对应法则 f 都有一个确定的实数 y 与之对应,则称这个对应法则 f 为定义在 D 上的函数,记作 $y=f(x)$.其中 x 称为自变量,y 称为因变量,D 称为定义域,通常记作 D_f 或 $D(f)$,即 $D_f=D$.对应于 x 的 y 称为 x 的函数值,记为 $y=f(x)$.函数值的全体构成的数集称为值域,记作 R_f 或 $f(D)$,即

$$R_f=f(D)=\{y \mid y=f(x), x \in D\}.$$

点集 $G(f)=\{(x,y) \mid y=f(x), x \in D\}$ 称为函数 $y=f(x)$ 的图形.

通常,表示函数的主要方法是解析法(公式法)、列表法和图示法.

例 1.1.1 取整函数 $y=[x]$,其中 $[x]$ 表示不超过 x 的最大整数.

取整函数的定义域 $D_f=(-\infty,+\infty)$,值域 $R_f=\mathbf{Z}$,其图形如图 1-1-4 所示.

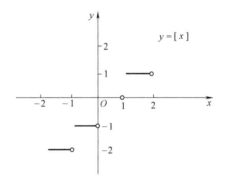

图   1-1-4

例 1.1.2 符号函数

$$y=\mathrm{sgn}x=\begin{cases} 1, & x>0, \\ 0, & x=0, \\ -1, & x<0. \end{cases}$$

符号函数的图形如图 1-1-5 所示.

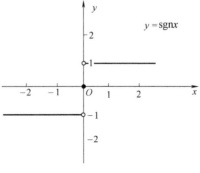

图   1-1-5

如上两例,在自变量不同的变化范围中,对应法则用不同的式子表示的函数,称为分段函数.

1.1.3　函数的几种特性

1. 单调性

设函数 $f(x)$ 在区间 I 内有定义.若对于区间 I 上任意两点 x_1 和 x_2,当 $x_1<x_2$ 时,恒有 $f(x_1)<f(x_2)$,则称函数 $f(x)$ 在区间 I 上是单调增加的;若对于区间 I 上任意两点 x_1 和 x_2,当 $x_1<x_2$ 时,恒有 $f(x_1)>f(x_2)$,则称函数 $f(x)$ 在区间 I 上是单调减少的.

例如,函数 $y=x^2$ 在 $(0,+\infty)$ 内单调增加;而在 $(-\infty,0)$ 内单调减少,如图 1-1-6 所示.

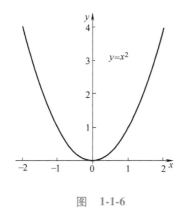

图　1-1-6

2. 有界性

设函数 $f(x)$ 在数集 D 内有定义.若存在 $M>0$,使得对任何 $x\in D$,有

$$|f(x)|\leqslant M$$

则称 $f(x)$ 在 D 上有界,否则称 $f(x)$ 无界.

例如函数 $f(x)=\sin x$ 在 $(-\infty,+\infty)$ 内有界,而函数 $g(x)=x$ 在 $[0,1]$ 上有界,但是在 $[0,+\infty)$ 内无界.

3. 周期性

设函数 $f(x)$ 的定义域为 D.如果存在一个正数 l,使得对于任意 $x\in D$,有 $x+l\in D$,且

$$f(x+l)=f(x)$$

成立,则称 $f(x)$ 为周期函数,l 称为 $f(x)$ 的周期.

通常所说的周期函数的周期是指最小正周期.例如 $y=\sin x$,$y=\cos x$ 是以 2π 为周期的周期函数,$y=\tan x$ 是以 π 为周期的周期函数.

4. 奇偶性

设函数 $f(x)$ 的定义域 D 关于原点对称.如果对任意的 $x\in D$,都有 $f(-x)=f(x)$ 成立,则称 $f(x)$ 为偶函数.如果对任意的 $x\in D$,都有

$f(-x) = -f(x)$ 成立, 则称 $f(x)$ 为奇函数.

据定义可知, 偶函数的图形关于 y 轴对称(见图 1-1-7);奇函数的图形关于原点对称(见图 1-1-8).

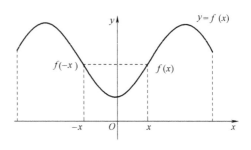

图 1-1-7

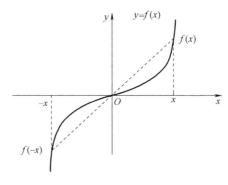

图 1-1-8

例 1.1.3 判定函数 $y = \dfrac{\cos x}{\sqrt{1+x^2}}$ 的奇偶性.

解 因为

$$f(-x) = \frac{\cos(-x)}{\sqrt{1+(-x)^2}} = \frac{\cos x}{\sqrt{1+x^2}} = f(x),$$

所以 $f(x) = \dfrac{\cos x}{\sqrt{1+x^2}}$ 为偶函数.

1.1.4 复合函数和反函数

1. 复合函数

设函数 $y = f(u), u \in D_f, u = g(x), x \in D$ 且 $g(D) \subset D_f$, 则函数
$$y = f[g(x)], x \in D$$
称为由函数 $y = f(u)$ 和 $u = g(x)$ 复合而成的复合函数, 其中 u 称为中间变量.

比如函数 $y = \sqrt{u}$ 和 $u = 1-x^2$ 复合得到复合函数 $y = \sqrt{1-x^2}$. 而函数 $y = \arcsin(1-x^2)$ 是由 $y = \arcsin u$ 和 $u = 1-x^2$ 复合而成的复合函数.

2. 反函数

设函数 $y=f(x)$ 的定义域为 D,值域为 R_f.若对任意 $y\in R_f$,总有唯一确定的数 $x\in D$ 与之对应,且满足 $y=f(x)$,则在 R_f 上确定了一个新函数 $x=\varphi(y)$ 或 $x=f^{-1}(y)$,称为 $y=f(x)$ 的反函数.其定义域为 R_f,值域为 D.相对于反函数,把 $y=f(x)$ 称为直接函数.

习惯以 x 表示自变量,y 表示因变量,因此 $y=f(x)$ 的反函数常记作

$$y=f^{-1}(x),x\in R_f.$$

注意:(1) 单调函数必存在反函数,且反函数与原函数有相同的单调性;

(2) 函数 $y=f(x)$ 和其反函数 $y=f^{-1}(x)$ 的图形关于直线 $y=x$ 对称(见图 1-1-9).

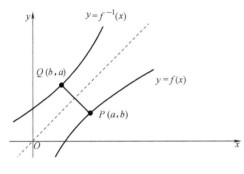

图 1-1-9

例 1.1.4 求函数 $y=\sqrt{e^x+1}$ 的反函数.

解 由 $e^x=y^2-1$ 解得 $x=\ln(y^2-1)$.因此所求反函数为
$$y=\ln(x^2-1),x\geq 1.$$

1.1.5 初等函数

以下函数称为基本初等函数.

(1) 常数函数 $y=C$.

(2) 幂函数 $y=x^\mu(\mu\in\mathbf{R}$ 是常数)(见图 1-1-10).

(3) 指数函数 $y=a^x(a>0,a\neq 1)$(见图 1-1-11).

(4) 对数函数 $y=\log_a x(a>0,a\neq 1)$(见图 1-1-12).

(5) 三角函数 $\sin x,\cos x,\tan x,\cot x$(见图 1-1-13 至图 1-1-16),$\sec x,\csc x$.

(6) 反三角函数 $\arcsin x,\arccos x,\arctan x$ 和 $\operatorname{arccot}x$(见图 1-1-17 至图 1-1-20).

由基本初等函数经过有限次四则运算或复合所构成的可用一个式子表示的函数称为初等函数.例如函数 $y=\sin(1+\ln x)$ 就是一个初等函数.分段函数一般不是初等函数.

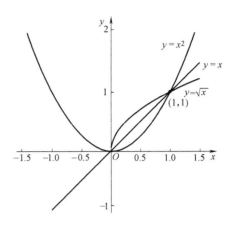

图　1-1-10

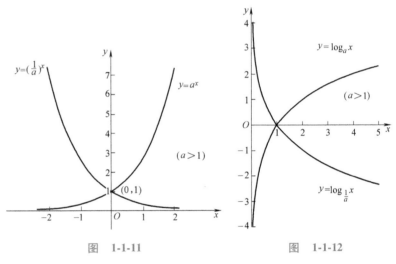

图　1-1-11　　　　　　　　　　　图　1-1-12

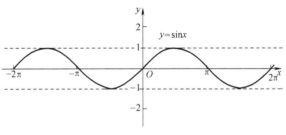

图　1-1-13

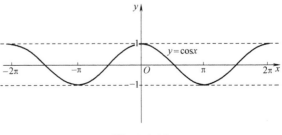

图　1-1-14

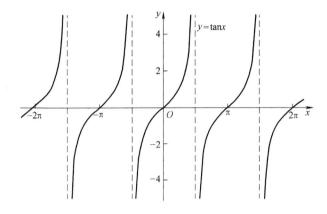

图　1-1-15

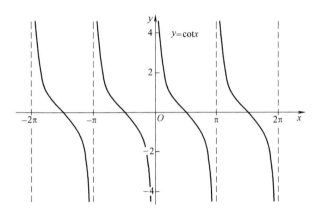

图　1-1-16

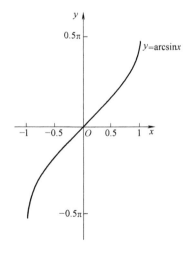

图　1-1-17

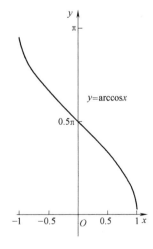

图　1-1-18

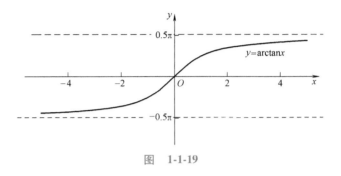

图   1-1-19

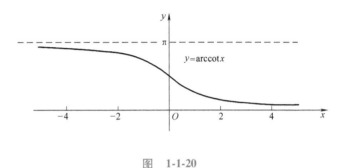

图   1-1-20

习题 1-1

1. 求下列函数的定义域：

（1）$f(x)=\dfrac{\lg(3-x)}{\sin x}+\sqrt{5+4x-x^2}$；   （2）$y=\arcsin(x-3)$.

2. 判断函数 $y=\ln\left(x+\sqrt{1+x^2}\right)$ 的奇偶性.

3. 求下列函数的反函数.

（1）$y=\dfrac{1-x}{1+x}$；   （2）$y=1+\ln(x+2)$；

（3）$y=2\sin 3x, x\in\left[-\dfrac{\pi}{6},\dfrac{\pi}{6}\right]$；   （4）$y=\dfrac{2^x}{2^x+1}$.

4. 设函数 $f(x)=\dfrac{x}{1-x}$，求 $f[f(x)]$ 和 $f\{f[f(x)]\}$.

1.2 极   限

1.2.1 数列的极限

1. 数列

按一定顺序排成的一列数 $x_1,x_2,\cdots,x_n,\cdots$ 称为数列,简记为

$\{x_n\}$,其中第 n 项 x_n 称为通项.

例如 $2,4,8,\cdots,2^n,\cdots;\dfrac{1}{2},\dfrac{1}{4},\dfrac{1}{8},\cdots,\dfrac{1}{2^n},\cdots;1,-1,1,\cdots,$
$(-1)^{n+1},\cdots$等都是一些数列的例子.

2. 数列的极限

考察数列

$$2+\frac{1}{2},2-\frac{1}{3},2+\frac{1}{4},\cdots,2+(-1)^{n+1}\frac{1}{n+1},\cdots$$

注意到随着 n 的增加,数列的一般项 x_n 无限接近于 2.这就是直观意义上的数列极限.如何精确地使用数学语言来描述这一过程呢?

事实上,x_n 无限接近于 2 就是说 x_n 与 2 的差 $|x_n-2|=\dfrac{1}{n+1}$ 可以无限趋于 0,也就是说 $|x_n-2|=\dfrac{1}{n+1}$ 可以任意小.换言之,我们可以事先给定一个正数 ε,无论它多么小,x_n 与 2 的差 $|x_n-2|=\dfrac{1}{n+1}$ 总可以小于这个 ε,即 $|x_n-2|=\dfrac{1}{n+1}<\varepsilon$.计算可知,只要 $n+1>\dfrac{1}{\varepsilon}$ 即可.由此我们可以得到如下数列极限的描述性定义.

定义 1.2.1　设有数列 $\{x_n\}$ 和常数 a,若当 n 无限增大时,x_n 无限接近于常数 a,则称常数 a 是数列 $\{x_n\}$ 的极限,或称数列 $\{x_n\}$ 收敛于 a,记作

$$\lim_{n\to\infty}x_n=a$$

或

$$x_n\to a\,(n\to\infty).$$

数列极限的确切定义如下:

定义 1.2.2　设有数列 $\{x_n\}$.如果对任意给定的正数 ε(无论它多么小),总存在自然数 N,使得对于 $n>N$ 的一切 n,不等式

$$|x_n-a|<\varepsilon \tag{1-1}$$

都成立,则称常数 a 是数列 $\{x_n\}$ 的极限,或称数列 $\{x_n\}$ 收敛于 a,记作 $\lim\limits_{n\to\infty}x_n=a$,或 $x_n\to a(n\to\infty)$.

$\lim\limits_{n\to\infty}x_n=a$ 的几何解释:数列 $x_1,x_2,\cdots,x_n,\cdots$ 对应着数轴上一个点列.由于定义中的不等式(1-1) 与

$$a-\varepsilon<x_n<a+\varepsilon$$

等价,所以数列 $\{x_n\}$ 的极限为 a 在几何上表示:随着 n 的增大,数列的项 x_n 与 a 的距离越来越近(见图 1-2-1).

图 1-2-1

例 1.2.1 下列数列是否收敛？若收敛,收敛于何值？

(1) $\{2^n\}$; (2) $\left\{\dfrac{1}{2^n}\right\}$; (3) $\{(-1)^{n+1}\}$.

解 （1）当 n 无限增大时,2^n 也无限增大,故该数列发散.

（2）当 n 无限增大时,$\dfrac{1}{2^n}$ 无限接近于 0,故 $\lim\limits_{n\to\infty}\dfrac{1}{2^n}=0$.

（3）当 n 无限增大时,$(-1)^{n+1}$ 在 -1 和 1 间摆动,而不会接近于任何一个确定的数,故该数列发散.

3. 收敛数列的性质

如果对于数列 $\{x_n\}$ 存在常数 $M>0$,使得 $|x_n|\leqslant M$ 对所有的 n 都成立,则称数列 $\{x_n\}$ 是有界的.

例如数列 $\left\{\dfrac{n-1}{n+1}\right\}$ 是有界的,因为 $\left|\dfrac{n-1}{n+1}\right|\leqslant 1$;而数列 $\{2^n\}$ 是无界数列.

利用数列极限的定义可证得如下结果.

定理 1.2.1 如果数列 $\{x_n\}$ 收敛,则数列 $\{x_n\}$ 一定是有界的.

定理 1.2.2 如果数列 $\{x_n\}$ 收敛,那么它的极限是唯一的.

注意：这个定理的逆命题不成立.即有界数列不一定收敛.比如考虑数列 $\{(-1)^{n+1}\}$,显然这是个有界数列,但是它并不收敛.

1.2.2 函数的极限

数列 $\{x_n\}$ 可以看作自变量为正整数 n 的特殊的函数:$x_n=f(n)$. 若将数列极限中自变量 n 和函数值 $f(n)$ 的特殊性撇开,可以引出函数极限的定性描述.

在自变量 x 的某个变化过程中,如果对应的函数值 $f(x)$ 无限接近于某个确定的常数 A,则称 A 为 x 在这一变化过程中函数 $f(x)$ 的极限.

下面我们分两种情形进行讨论.

1. 自变量趋于无穷大时函数的极限

定义 1.2.3 当自变量 x 的绝对值无限增大时,对应的函数值 $f(x)$ 无限接近某个确定的常数 A,则称 A 为函数 $f(x)$ 当 $x\to\infty$ 时的极限.记作

$$\lim_{x\to\infty}f(x)=A$$

或

$$f(x)\to A(x\to\infty).$$

当限制 x 只取正值或负值时,即有 $\lim\limits_{x\to+\infty}f(x)=A$ 和 $\lim\limits_{x\to-\infty}f(x)=A$.

注意到 $x\to\infty$ 时意味着 $x\to+\infty$ 或 $x\to-\infty$,这样我们可以得到下面的定理.

定理 1.2.3　$\lim\limits_{x\to\infty}f(x)=A$ 的充分必要条件是 $\lim\limits_{x\to+\infty}f(x)=\lim\limits_{x\to-\infty}f(x)=A$.

例 1.2.2　由 $y=\mathrm{e}^x$ 的图形(见图 1-2-2)讨论极限 $\lim\limits_{x\to+\infty}\mathrm{e}^x$, $\lim\limits_{x\to-\infty}\mathrm{e}^x$ 和 $\lim\limits_{x\to\infty}\mathrm{e}^x$.

解　由 $y=\mathrm{e}^x$ 的图形,我们得到 $\lim\limits_{x\to+\infty}\mathrm{e}^x=+\infty$, $\lim\limits_{x\to-\infty}\mathrm{e}^x=0$. 由此知 $\lim\limits_{x\to\infty}\mathrm{e}^x$ 不存在.

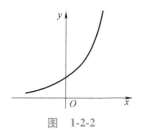

图　1-2-2

此类极限的确切定义如下:

定义 1.2.4　设函数 $f(x)$ 当 $|x|$ 大于某一正数时有定义,A 是一个常数.如果对于任意给定的正数 ε(不论它多么小),总存在正数 X,使得对于适合不等式 $|x|>X$ 的一切 x,对应的函数值 $f(x)$ 都满足不等式 $|f(x)-A|<\varepsilon$,则称常数 A 为函数 $f(x)$ 当 $x\to\infty$ 时的极限,记作 $\lim\limits_{x\to\infty}f(x)=A$,或 $f(x)\to A(x\to\infty)$.

类似地,可以定义 $\lim\limits_{x\to-\infty}f(x)=A$ 和 $\lim\limits_{x\to+\infty}f(x)=A$.

2. 自变量趋于有限数时函数的极限

为了便于理解,我们首先来考虑物体做自由落体运动的瞬时速度问题.我们知道位移

$$s(t)=\frac{1}{2}gt^2,$$

而且物体下落过程中下落的速度越来越大.现在我们要问在时间 $t=1\mathrm{s}$ 时物体的瞬时速度是多少?

由于下落过程中速度是变化的,我们不能简单地利用处理匀速运动的办法来处理."匀速运动"和"非匀速运动"有着本质的区别.怎样才能实现从"匀速运动"到"非匀速运动"的质变呢? 这就是极限的思想.我们先来考虑物体从 1s 到 $t(\mathrm{s})$ 之间的平均速度

$$\bar{v}(t)=\frac{s(t)-s(1)}{t-1}=\frac{1}{2}(t+1)g.$$

显然,时间间隔越短,速度变化越小,因而平均速度就越接近瞬时速度.注意到当 $t\to1$ 时,$\bar{v}(t)\to g$.据此可知,当 t 无限接近 1 时,平均速度的变化趋势 g 就是我们所要求的瞬时速度.由此,我们得到如下描述性定义.

定义 1.2.5　设函数 $f(x)$ 在 x_0 的某一去心邻域有定义,如果当 x 无限接近 x_0 时,对应的函数值 $f(x)$ 无限接近于常数 A,则

称 A 为函数 $f(x)$ 当 $x \to x_0$ 时的极限,记作

$$\lim_{x \to x_0} f(x) = A$$

或

$$f(x) \to A (x \to x_0).$$

自变量趋于有限数时函数极限的定量描述如下:

定义 1.2.6 设函数 $f(x)$ 在 x_0 的某一去心邻域有定义,A 是一个常数.如果对于任意给定的正数 ε(不论它多么小),总存在正数 δ,使得对于适合不等式 $0 < |x - x_0| < \delta$ 的一切 x,对应的函数值 $f(x)$ 都满足不等式

$$|f(x) - A| < \varepsilon,$$

则称常数 A 为函数 $f(x)$ 当 $x \to x_0$ 时的极限,记作 $\lim\limits_{x \to x_0} f(x) = A$,或 $f(x) \to A (x \to x_0)$.

考察函数 $f(x) = \mathrm{sgn} x$,注意到当 x 从 0 的右侧趋向于 0 时,$f(x) = \mathrm{sgn} x \to 1$;当 x 从 0 的左侧趋向于 0 时,$f(x) = \mathrm{sgn} x \to -1$.由此我们引入单侧极限的概念.在定义 1.2.6 中将条件 $0 < |x - x_0| < \delta$ 换成

$$x_0 - \delta < x < x_0,$$

则称常数 A 为函数 $f(x)$ 当 $x \to x_0$ 时的左极限,记作 $\lim\limits_{x \to x_0^-} f(x) = A$,或 $f(x_0^-) = A$.

类似地,将条件 $0 < |x - x_0| < \delta$ 换成

$$x_0 < x < x_0 + \delta,$$

则称常数 A 为函数 $f(x)$ 当 $x \to x_0$ 时的右极限,记作 $\lim\limits_{x \to x_0^+} f(x) = A$,或 $f(x_0^+) = A$.

左、右极限统称为单侧极限.据定义可得如下定理.

定理 1.2.4 $\lim\limits_{x \to x_0} f(x) = A$ 的充分必要条件是

$$\lim_{x \to x_0^-} f(x) = \lim_{x \to x_0^+} f(x) = A.$$

例 1.2.3 讨论函数

$$f(x) = \begin{cases} x - 1, & x < 0, \\ 0, & x = 0, \\ x + 1, & x > 0 \end{cases}$$

当 $x \to 0$ 时的极限.

解 由于左极限

$$\lim_{x \to 0^-} f(x) = \lim_{x \to 0^-} (x - 1) = -1,$$

而右极限

$$\lim_{x \to 0^+} f(x) = \lim_{x \to 0^+} (x + 1) = 1,$$

所以 $\lim\limits_{x\to 0}f(x)$ 不存在.

1.2.3　函数极限的性质

下面我们仅就 $x\to x_0$ 时的极限形式给出极限的性质,其他情形有类似的结论成立.

性质 1(极限的唯一性)　若 $\lim\limits_{x\to x_0}f(x)$ 存在,则其极限唯一.

性质 2(局部有界性)　若 $\lim\limits_{x\to x_0}f(x)$ 存在,则函数 $f(x)$ 在 x_0 的某一去心邻域内有界.

性质 3(局部保号性)　若 $\lim\limits_{x\to x_0}f(x)=A$,且 $A>0$(或 $A<0$),则存在常数 $\delta>0$,使得当 $x\in \mathring{U}(x_0,\delta)$ 时,$f(x)>0$(或 $f(x)<0$).

推论　若 $\lim\limits_{x\to x_0}f(x)=A$,且存在 $\delta>0$,使得当 $x\in \mathring{U}(x_0,\delta)$ 时,$f(x)\geq 0$(或 $f(x)\leq 0$),则 $A\geq 0$(或 $A\leq 0$).

习题 1-2

1. 若 $\lim\limits_{n\to\infty}|x_n|=|a|$,问 $\lim\limits_{n\to\infty}x_n=a$ 成立吗? 为什么?

2. 若数列 $\{x_n\}$ 与 $\{y_n\}$ 都发散,则数列 $\{x_n+y_n\}$ 是否一定发散? 为什么?

3. 求极限 $\lim\limits_{x\to 0}\dfrac{|x|}{x}$.

4. 设函数 $f(x)=\dfrac{1+2^{\frac{1}{x}}}{1-2^{\frac{1}{x}}}$,求极限 $\lim\limits_{x\to 0^+}f(x)$ 和 $\lim\limits_{x\to 0^-}f(x)$.

1.3　极　限　运　算

为了方便起见,我们约定在后面的讨论中,若极限号"lim"下面没有标明自变量的变化过程,则结论对 $x\to x_0$ 和 $x\to\infty$ 均成立.

1.3.1　极限运算法则

设 $\lim f(x)=A,\lim g(x)=B$,容易证得如下极限运算法则:

(1) $\lim[f(x)\pm g(x)]=\lim f(x)\pm \lim g(x)=A\pm B$;

(2) $\lim[f(x)g(x)]=\lim f(x)\cdot \lim g(x)=A\cdot B$;

(3) $\lim[Cf(x)]=C\lim f(x)=C\cdot A$,其中 C 为常数;

(4) $\lim\dfrac{f(x)}{g(x)}=\dfrac{\lim f(x)}{\lim g(x)}=\dfrac{A}{B}$,其中 $B\neq 0$.

例 1.3.1   求极限 $\lim\limits_{x\to 1}(2x^2-2x+1)$.

解   依照极限运算法则

$$\lim_{x\to 1}(2x^2-2x+1) = 2\lim_{x\to 1}x^2 - 2\lim_{x\to 1}x + \lim_{x\to 1}1$$
$$= 2\times 1^2 - 2\times 1 + 1 = 1.$$

一般地，设 $P_n(x)=a_0x^n+a_1x^{n-1}+\cdots+a_{n-1}x+a_n$ 为 n 次多项式，则由例 1.3.1 可知

$$\lim_{x\to x_0}P_n(x) = P_n(x_0).$$

例 1.3.2   求极限 $\lim\limits_{x\to 3}\dfrac{5x-1}{2x+1}$.

解   由于 $\lim\limits_{x\to 3}(2x+1)=6+1=7\neq 0$，所以

$$\lim_{x\to 3}\frac{5x-1}{2x+1} = \frac{\lim\limits_{x\to 3}(5x-1)}{\lim\limits_{x\to 3}(2x+1)} = \frac{15-1}{7} = 2.$$

一般地，若记 $Q_m(x)=b_0x^m+b_1x^{m-1}+\cdots+b_{m-1}x+b_m$，且 $Q_m(x_0)\neq 0$，则仿例 1.3.2 可得

$$\lim_{x\to x_0}\frac{P_n(x)}{Q_m(x)} = \frac{\lim\limits_{x\to x_0}P_n(x)}{\lim\limits_{x\to x_0}Q_m(x)} = \frac{P_n(x_0)}{Q_m(x_0)}.$$

例 1.3.3   求极限 $\lim\limits_{x\to 1}\dfrac{x^2-1}{x^2+2x-3}$.

解   首先注意到，当 $x\to 1$ 时，分子和分母的极限都是零. 因此，我们可以考虑约掉"零因子"再进行计算

$$\lim_{x\to 1}\frac{x^2-1}{x^2+2x-3} = \lim_{x\to 1}\frac{(x+1)(x-1)}{(x+3)(x-1)}$$
$$= \lim_{x\to 1}\frac{x+1}{x+3} = \frac{1}{2}.$$

1.3.2   两个重要极限

下面我们给出两个重要极限，运用它们可以解决两类常用极限的计算问题.

1. $\lim\limits_{x\to 0}\dfrac{\sin x}{x} = 1$

例 1.3.4   求极限 $\lim\limits_{x\to 0}\dfrac{\tan x}{x}$.

解   利用上面的结果并注意到 $\lim\limits_{x\to 0}\cos x = 1$，有

$$\lim_{x\to 0}\frac{\tan x}{x} = \lim_{x\to 0}\frac{\sin x}{x}\cdot\frac{1}{\cos x} = 1\times 1 = 1.$$

例 1.3.5   求极限 $\lim\limits_{x\to 0}\dfrac{1-\cos x}{x^2}$.

第一个重要极限

解 由于 $1-\cos x = 2\sin^2\dfrac{x}{2}$,所以

$$\lim_{x\to 0}\frac{1-\cos x}{x^2}=\lim_{x\to 0}\frac{2\sin^2\dfrac{x}{2}}{x^2}=\frac{1}{2}\lim_{x\to 0}\left(\frac{\sin\dfrac{x}{2}}{\dfrac{x}{2}}\right)^2=\frac{1}{2}.$$

注意:这个结果非常有用,以后可当作公式使用.

2. $\lim\limits_{x\to\infty}\left(1+\dfrac{1}{x}\right)^x=\mathrm{e}^{\ominus}$

例 1.3.6 求极限 $\lim\limits_{x\to\infty}\left(1-\dfrac{1}{x}\right)^x$.

第二个重要极限

解 注意到 $\lim\limits_{x\to\infty}\left(1-\dfrac{1}{x}\right)^x=\lim\limits_{x\to\infty}\left[\left(1+\dfrac{1}{-x}\right)^{-x}\right]^{-1}$,所以

$$\lim_{x\to\infty}\left(1-\frac{1}{x}\right)^x=\lim_{x\to\infty}\frac{1}{\left(1+\dfrac{1}{-x}\right)^{-x}}=\frac{1}{\mathrm{e}}.$$

例 1.3.7 求极限 $\lim\limits_{x\to\infty}\left(\dfrac{x}{x-1}\right)^{x-1}$.

解 $\lim\limits_{x\to\infty}\left(\dfrac{x}{x-1}\right)^{x-1}=\lim\limits_{x\to\infty}\left(1+\dfrac{1}{x-1}\right)^{x-1}=\mathrm{e}.$

若令 $t=\dfrac{1}{x}$,则我们有第二个重要极限的等价形式

$$\lim_{t\to 0}(1+t)^{\frac{1}{t}}=\mathrm{e}.$$

例 1.3.8 求极限 $\lim\limits_{x\to 0}\dfrac{\ln(1+x)}{x}$.

解 利用对数函数的性质,有

$$\lim_{x\to 0}\frac{\ln(1+x)}{x}=\lim_{x\to 0}\ln(1+x)^{\frac{1}{x}}=\ln\mathrm{e}=1.$$

1.3.3 无穷小与无穷大

1. 无穷小的概念

定义 1.3.1 极限为零的变量称为无穷小.即若 $\lim\limits_{x\to x_0}f(x)=0$,则称 $f(x)$ 是当 $x\to x_0$ 时的无穷小;若 $\lim\limits_{x\to\infty}f(x)=0$,则称 $f(x)$ 是当 $x\to\infty$ 时的无穷小.

例如函数 $\sin x$ 是当 $x\to 0$ 时的无穷小;函数 $\dfrac{1}{x}$ 是当 $x\to\infty$ 时的

$\ominus$ 这里 e 是无理数,$\mathrm{e}\approx 2.71828$.

无穷小; 数列 $\left\{\dfrac{(-1)^n}{n}\right\}$ 是当 $n\to\infty$ 时的无穷小.

2. 无穷大的概念

定义 1.3.2 当 $x\to x_0$（或 $x\to\infty$）时, 函数 $f(x)$ 的绝对值 $|f(x)|$ 无限增大, 则称 $f(x)$ 是当 $x\to x_0$（或 $x\to\infty$）时的无穷大, 记作

$$\lim_{x\to x_0}f(x)=\infty \ (\text{或} \lim_{x\to\infty}f(x)=\infty).$$

例如, 当 $x\to 0$ 时, 函数 $f(x)=\dfrac{1}{x}$ 的绝对值无限增大, 所以函数 $f(x)=\dfrac{1}{x}$ 是 $x\to 0$ 时的无穷大.

注意: 无穷大不是数, 不要将无穷大和很大的数混为一谈.

3. 无穷小与无穷大的关系

定理 1.3.1 在自变量同一变化过程中,

（1）若 $f(x)$ 是无穷小, 且 $f(x)\neq 0$, 则 $\dfrac{1}{f(x)}$ 是无穷大;

（2）若 $f(x)$ 是无穷大, 则 $\dfrac{1}{f(x)}$ 是无穷小.

例 1.3.9 求极限 $\lim\limits_{x\to 1}\dfrac{4x-1}{x^2+2x-3}$.

解 由于 $\lim\limits_{x\to 1}(x^2+2x-3)=0$, 所以商的法则不能运用. 又注意到分子的极限

$$\lim_{x\to 1}(4x-1)=3\neq 0,$$

因此

$$\lim_{x\to 1}\frac{x^2+2x-3}{4x-1}=\frac{0}{3}=0.$$

这样由无穷小与无穷大的关系可得

$$\lim_{x\to 1}\frac{4x-1}{x^2+2x-3}=\infty.$$

例 1.3.10 求极限 $\lim\limits_{x\to\infty}\dfrac{2x^3+3x^2+5}{7x^3+4x^2-1}$.

解 注意到当 $x\to\infty$ 时, 分子和分母都是无穷大. 我们首先让分子和分母同除以 x^3, 以便分出无穷小. 于是有

$$\lim_{x\to\infty}\frac{2x^3+3x^2+5}{7x^3+4x^2-1}=\lim_{x\to\infty}\frac{2+\dfrac{3}{x}+\dfrac{5}{x^3}}{7+\dfrac{4}{x}-\dfrac{1}{x^3}}=\frac{2}{7}.$$

仿照本例的方法, 即以分子、分母中自变量的最高次幂除分子、分母, 我们有下面一般性的结论:

~~正如无数 董事会和立业主 介于~~

正如 countless

正如元 董事会与立业主介于 ，限制表现差，收入高之经
~~对司监~~高生产率口整件业的题 一种阻挡

keeping sentive information

K S 1 O J O is 1 R
O   L

~~如无数董事~~

As boreads and

As countless borads and bussiness over, limit
adverm ~~under over~~ performance, high-earning
        firing
manage.   constraining

As countless borads and bussiness owers, ~~limit~~
consatraining underperfformance, high-earning manger
'It's a hindrance on boosting productivity and
overall pre

~~As countle~~
As coumless buvards and bussiness oweeus,
listimed form underper, high-earny mangu
It's a hindrance to boasting produetod

I D S a O L P,
The device draws gas along the pipe

K S 1 O D 1 line '

~~KS9~~

Keep S info is inc req in the nur life

The divee explored ~~on the~~ ·undrneath a van

The dince drws gas al the pipe

The divee explored underth the van
~~Ope~~ Operation

Opin of th dince is eazhwim v
sile

$$\lim_{x \to \infty} \frac{a_0 x^m + a_1 x^{m-1} + \cdots + a_m}{b_0 x^n + b_1 x^{n-1} + \cdots + b_n} = \begin{cases} \dfrac{a_0}{b_0}, & n = m, \\ 0, & n > m, \\ \infty, & n < m \end{cases}$$

其中 $a_0 \neq 0$、$b_0 \neq 0$ 时，m 和 n 为非负整数.

4. 无穷小的运算性质

性质 1　有界函数与无穷小的乘积是无穷小.

例如，函数 $\sin \dfrac{1}{x}$ 是有界函数，所以当 $x \to 0$ 时，$x \sin \dfrac{1}{x}$ 是无穷小；又 $|\arctan x| \leqslant \dfrac{\pi}{2}$，所以当 $x \to 0$ 时，函数 $x^2 \arctan \dfrac{1}{x}$ 也是无穷小.

性质 2　有限个无穷小的代数和仍是无穷小.

注意：无穷多个无穷小的代数和未必是无穷小.例如，当 $n \to \infty$ 时，$\dfrac{1}{n}$ 是无穷小，但是 n 个 $\dfrac{1}{n}$ 之和为 1，不再是无穷小.

5. 无穷小的比较

注意到 x^2、$\sin x$ 和 x 都是当 $x \to 0$ 时的无穷小，但是

$$\lim_{x \to 0} \frac{x}{x^2} = \lim_{x \to 0} \frac{1}{x} = \infty,$$

$$\lim_{x \to 0} \frac{\sin x}{x} = 1,$$

$$\lim_{x \to 0} \frac{x^2}{x} = \lim_{x \to 0} x = 0.$$

上述结果表明这些无穷小趋于零的速率有快有慢，这就是无穷小比较的意义.

定义 1.3.3　设 α 和 β 是同一变化过程中的两个无穷小，且 $\alpha \neq 0$.

（1）若 $\lim \dfrac{\beta}{\alpha} = 0$，则称 β 是比 α 高阶的无穷小，记作 $\beta = o(\alpha)$；

（2）若 $\lim \dfrac{\beta}{\alpha} = \infty$，则称 β 是比 α 低阶的无穷小；

（3）若 $\lim \dfrac{\beta}{\alpha} = C (C \neq 0)$，则称 β 和 α 是同阶无穷小；

（4）若 $\lim \dfrac{\beta}{\alpha} = 1$，则称 β 与 α 是等价无穷小，记作 $\alpha \sim \beta$.

因此，当 $x \to 0$ 时，x^2 是比 x 高阶的无穷小，而 x 是比 x^2 低阶的无穷小；$\sin x$ 和 x 是等价无穷小.

下面的定理对于极限的计算非常有帮助.

定理 1. 3. 2   设 $\alpha \sim \alpha'$, $\beta \sim \beta'$, 且 $\lim \dfrac{\beta'}{\alpha'}$ 存在, 则

$$\lim \frac{\beta}{\alpha} = \lim \frac{\beta'}{\alpha'}.$$

证

$$\lim \frac{\beta}{\alpha} = \lim \frac{\beta}{\beta'} \cdot \frac{\beta'}{\alpha'} \cdot \frac{\alpha'}{\alpha}$$

$$= \lim \frac{\beta}{\beta'} \cdot \lim \frac{\beta'}{\alpha'} \cdot \lim \frac{\alpha'}{\alpha} = \lim \frac{\beta'}{\alpha'}.$$

定理表明, 在求无穷小之比的极限时, 分子、分母可用等价无穷小替换.

当 $x \to 0$ 时, 常用等价无穷小的关系有

$\sin x \sim x$, $\tan x \sim x$, $\arcsin x \sim x$, $\arctan x \sim x$, $\ln(1+x) \sim x$, $e^x - 1 \sim x$ 等.

例 1. 3. 11   求极限 $\lim\limits_{x \to 0} \dfrac{\sin x}{3x^2 + x}$.

解   由于当 $x \to 0$ 时, $\sin x \sim x$, 所以

$$\lim_{x \to 0} \frac{\sin x}{3x^2 + x} = \lim_{x \to 0} \frac{x}{3x^2 + x} = \lim_{x \to 0} \frac{1}{3x + 1} = \frac{1}{3 \times 0 + 1} = 1.$$

习题 1-3

1. 求下列极限:

(1) $\lim\limits_{x \to 2} \dfrac{x^2 + 7}{x - 3}$;

(2) $\lim\limits_{x \to 4} \dfrac{x^2 - 6x + 8}{x^2 - 5x + 4}$;

(3) $\lim\limits_{x \to \infty} \dfrac{x^2 + 1}{2x^2 - x + 1}$;

(4) $\lim\limits_{x \to 1} \left(\dfrac{1}{1-x} - \dfrac{3}{1-x^3} \right)$;

(5) $\lim\limits_{n \to \infty} \left(1 + \dfrac{1}{3} + \dfrac{1}{9} + \cdots + \dfrac{1}{3^n} \right)$;

(6) $\lim\limits_{n \to \infty} \left(\dfrac{1}{1 \times 2} + \dfrac{1}{2 \times 3} + \cdots + \dfrac{1}{n(n+1)} \right)$;

(7) $\lim\limits_{n \to \infty} \dfrac{(n+1)(2n+2)(n-3)}{5n^3}$;

(8) $\lim\limits_{x \to +\infty} \left(\sqrt{x^2 + x + 1} - \sqrt{x^2 - x + 1} \right)$.

2. 已知 $\lim\limits_{x \to \infty} \left(\dfrac{x^3 + 1}{x^2 + 1} - ax - b \right) = 1$, 求常数 a 和 b 的值.

3. 已知 $\lim\limits_{x \to 2} \dfrac{x^2 + ax + b}{x^2 - x - 2} = 2$, 求常数 a 和 b 的值.

4. 计算下列极限:

(1) $\lim\limits_{x \to 0} \dfrac{\sin^2 x}{x}$;

(2) $\lim\limits_{x \to 0^+} \dfrac{x}{\sqrt{1 - \cos x}}$;

（3）$\lim\limits_{x\to0}\dfrac{1-\cos2x}{x\sin x}$；　　　　　　（4）$\lim\limits_{x\to0}\sqrt[x]{1+2x}$；

（5）$\lim\limits_{x\to\infty}\left(1-\dfrac{1}{x}\right)^{3x}$；　　　　　（6）$\lim\limits_{x\to0}(1-3\sin x)^{2\csc x}$.

5. 求极限 $\lim\limits_{x\to\infty}\left(x\sin\dfrac{2}{x}+\dfrac{\sin3x}{x}\right)$.

6. 求极限 $\lim\limits_{x\to0}\dfrac{\sin3x+x^2\sin\dfrac{1}{x}}{(1+\cos x)x}$.

7. 利用等价无穷小的性质求极限：

（1）$\lim\limits_{x\to0}\dfrac{(\arcsin x)^3}{x(1-\cos x)}$；　　　（2）$\lim\limits_{x\to0}\dfrac{\ln(1+2x)}{e^{3x}-1}$；

（3）$\lim\limits_{x\to0}\left(\dfrac{1}{\sin x}-\dfrac{1}{\tan x}\right)$.

1.4　函数的连续性

自然界中许多事物的变化是连续不断的,比如植物的生长、气温的变化等,这些连续不间断变化的事物在量的方面的反映就是函数的连续性.

1.4.1　函数连续性的概念

1. 函数在一点连续

所谓函数的连续,粗略地讲,是当自变量变化很小时,因变量也变化很小.

定义 1.4.1　设函数 $f(x)$ 在 x_0 点的某一邻域内有定义.给自变量以增量 Δx,函数相应的改变量记为 Δy,即 $\Delta y=f(x_0+\Delta x)-f(x_0)$.若

$$\lim\limits_{\Delta x\to0}\Delta y=\lim\limits_{\Delta x\to0}[f(x_0+\Delta x)-f(x_0)]=0, \qquad (1\text{-}2)$$

则称函数 $f(x)$ 在点 x_0 连续.

若记 $x=x_0+\Delta x$,则当 $\Delta x\to0$ 时,有 $x\to x_0$.因此,式(1-2)可写成

$$\lim\limits_{x\to x_0}[f(x)-f(x_0)]=0 \text{ 或 } \lim\limits_{x\to x_0}f(x)=f(x_0),$$

于是我们得到函数在 x_0 连续的等价定义.

定义 1.4.2　设函数在 x_0 点的某一邻域内有定义,若

$$\lim\limits_{x\to x_0}f(x)=f(x_0),$$

则称函数 $f(x)$ 在点 x_0 连续.

2. 单侧连续

若函数 $f(x)$ 在点 x_0 的左极限等于函数值，即

$$\lim_{x \to x_0^-} f(x) = f(x_0),$$

则称函数 $f(x)$ 在 x_0 点左连续；若函数 $f(x)$ 在点 x_0 的右极限等于函数值，即

$$\lim_{x \to x_0^+} f(x) = f(x_0),$$

则称函数 $f(x)$ 在 x_0 点右连续.

函数 $f(x)$ 在点 x_0 连续的充分必要条件是 $f(x)$ 在点 x_0 左连续且右连续.

3. 初等函数的连续性

一般地，若函数 $f(x)$ 在区间 I 上每一点都连续，则称函数在 I 上连续，也称 $f(x)$ 是 I 上的连续函数.

连续函数的图形是一条连续不间断的曲线.

我们所熟悉的幂函数、指数函数、对数函数、三角函数和反三角函数在其定义域内都是连续的.更进一步地，我们有下面的结论.

定理 1.4.1   初等函数在其定义区间内是连续的.

据此结果，若函数 $f(x)$ 是初等函数，且 x_0 点为其定义区间内的一点，则有

$$\lim_{x \to x_0} f(x) = f(x_0),$$

即极限值等于函数值.比如

$$\lim_{x \to 2} \frac{e^x}{2x+1} = \frac{e^2}{2 \times 2 + 1} = \frac{e^2}{5}.$$

1.4.2 函数的间断点

如果 $f(x)$ 在点 x_0 不连续，则称 x_0 为 $f(x)$ 的间断点.间断点有以下三种情况：

（1）函数 $f(x)$ 在 x_0 点没有定义；

（2）函数 $f(x)$ 在 x_0 点有定义，但 $\lim\limits_{x \to x_0} f(x)$ 不存在；

（3）函数 $f(x)$ 在 x_0 点有定义，且 $\lim\limits_{x \to x_0} f(x)$ 存在，但 $\lim\limits_{x \to x_0} f(x) \neq f(x_0)$.

若 x_0 是函数 $f(x)$ 的间断点，并且在 x_0 点的左极限 $f(x_0^-)$ 和右极限 $f(x_0^+)$ 都存在，则称 x_0 是函数 $f(x)$ 的第一类间断点.否则称为第二类间断点.

例 1.4.1   指出函数 $y = \dfrac{x^2-1}{x-1}$ 的间断点并判断其类型.

解   由于函数在 $x=1$ 处无定义，所以 $x=1$ 是其间断点.注意到

$$\lim_{x \to 1} f(x) = \lim_{x \to 1} \frac{x^2-1}{x-1} = \lim_{x \to 1} (x+1) = 2,$$

所以有 $f(1^-)=f(1^+)=2$,故 $x=1$ 是函数 $y=\dfrac{x^2-1}{x-1}$ 的第一类间断点.

注:若补充定义 $y(1)=2$,即

$$y=\begin{cases} \dfrac{x^2-1}{x-1}, & x\neq 1, \\ 2, & x=1, \end{cases}$$

则函数在 $x=1$ 处连续.因此 $x=1$ 又被称为可去间断点.

例 1.4.2 指出函数 $f(x)=\begin{cases} -1, & x<0, \\ 1, & x\geqslant 0 \end{cases}$ 的间断点并判断其类型.

解 由于

$$f(0^-)=\lim_{x\to 0^-}f(x)=\lim_{x\to 0^-}(-1)=-1.$$
$$f(0^+)=\lim_{x\to 0^+}f(x)=\lim_{x\to 0^+}1=1.$$

所以 $x=0$ 是其第一类间断点.

此例中,由于 $f(0^-)\neq f(0^+)$,所以 $x=0$ 常被称作跳跃间断点(见图 1-4-1).

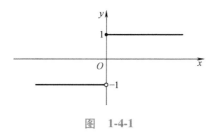

图 1-4-1

1.4.3 闭区间上连续函数的性质

若 $f(x)$ 在开区间 (a,b) 内每一点连续,且在左端点 a 右连续,在右端点 b 左连续,则称函数 $f(x)$ 在闭区间 $[a,b]$ 上连续,记作 $f(x)\in C[a,b]$.

定理 1.4.2(最值定理) 闭区间上的连续函数一定有最大值与最小值.

通常,我们记

$$M=\max_{x\in[a,b]}f(x), m=\min_{x\in[a,b]}f(x).$$

最值定理是说,对于闭区间 $[a,b]$ 上的连续函数 $f(x)$,一定存在 $x_1,x_2\in[a,b]$,使得

$$f(x_1)=M=\max_{x\in[a,b]}f(x), f(x_2)=m=\min_{x\in[a,b]}f(x).$$

例如连续函数 $f(x)=x$ 在闭区间 $[0,1]$ 上可以取得最大值 $f(1)=1$ 和最小值 $f(0)=0$,但是在开区间 $(0,1)$ 内却取不到最大值和最小值,这个简单的例子让我们看到了开区间和闭区间的差异.

定理 1.4.3(有界性定理) 闭区间上的连续函数一定在该区

间上有界.

证   由最值定理知对于任意 $x \in [a,b]$,
$$m \leqslant f(x) \leqslant M,$$
因此
$$|f(x)| \leqslant \max\{|m|,|M|\} \quad (x \in [a,b]),$$
即 $f(x)$ 在闭区间 $[a,b]$ 上有界.

若 x_0 使得 $f(x_0)=0$,则称 x_0 为函数 $f(x)$ 的零点.

定理 1.4.4(零点定理)   设函数 $f(x)$ 在 $[a,b]$ 上连续,且 $f(a)$ 与 $f(b)$ 异号(即 $f(a) \cdot f(b)<0$),则在开区间 (a,b) 内至少存在一点 ξ,使得 $f(\xi)=0$(见图 1-4-2).

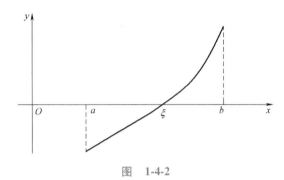

图   1-4-2

定理 1.4.5(介值定理)   设函数 $f(x)$ 在 $[a,b]$ 上连续,M 和 m 分别为 $f(x)$ 在 $[a,b]$ 上的最大值和最小值,则对于介于 M 和 m 之间的任意常数 C,在开区间 (a,b) 内至少存在一点 ξ,使得 $f(\xi)=C$.

例 1.4.3   证明:方程 $x^3-3x^2+1=0$ 在 $(0,1)$ 内至少有一个根.

证   设 $f(x)=x^3-3x^2+1$,则 $f(x) \in C[0,1]$.由于
$$f(0)=1>0, f(1)=-1<0,$$
所以,由零点定理知 $f(x)=x^3-3x^2+1$ 在 $(0,1)$ 内至少有一根.

习题 1-4

1. 设函数 $f(x)=\begin{cases} \dfrac{2\cos x-1}{x+1}, & x \geqslant 0, \\ \dfrac{\sqrt{a}-\sqrt{a-x}}{x}, & x<0 \end{cases}$ 在 $x=0$ 点连续,求常数 a 的值.

2. 讨论函数 $f(x)=\begin{cases} 2\sqrt{x}, & 0 \leqslant x<1, \\ 2, & x=1, \\ 1+x, & x>1 \end{cases}$ 在 $x=1$ 处的连续性.若有间断点,指出其类型.

3. 讨论函数 $f(x)\begin{cases} -x, & x \leqslant 0, \\ 1+x, & x>0 \end{cases}$ 在 $x=0$ 处的连续性.若有间

断点,指出其类型.

4. 证明:方程 $x^3-4x^2+1=0$ 在区间 $(0,1)$ 内至少有一个根.

5. 证明:方程 $x-2\sin x=3$ 至少有一个正根.

总习题 1

1. 求函数 $y=\dfrac{1}{1-x^2}+\sqrt{x+2}$ 的定义域.

2. 判断函数 $f(x)=\dfrac{\mathrm{e}^x-1}{\mathrm{e}^x+1}\ln\dfrac{1-x}{1+x}(-1<x<1)$ 的奇偶性.

3. 设 $D(x)=\begin{cases}1,&\text{当 }x\text{ 是有理数时},\\0,&\text{当 }x\text{ 是无理数时}\end{cases}$ 求 $D\left(-\dfrac{7}{5}\right),D(1-\sqrt{2})$,$D(D(x))$.

4. 求函数 $y=\dfrac{1-\sqrt{1+4x}}{1+\sqrt{1+4x}}$ 的反函数.

5. 设 $f\left(x+\dfrac{1}{x}\right)=x^2+\dfrac{1}{x^2}$,求 $f(x)$.

6. 某运输公司规定货物的吨公里运价:在 a 公里以内,每公里 k 元,超过部分每公里为 $\dfrac{4}{5}k$ 元.求运价 m 和里程 s 之间的函数关系.

7. 设 $f(x)=\begin{cases}x,&x\geqslant0,\\x+1,&x<0\end{cases}$ 求 $\lim\limits_{x\to0}f(x)$.

8. 设 $f(x)=\begin{cases}1-x,&x<0,\\x^2+1,&x\geqslant0\end{cases}$ 求 $\lim\limits_{x\to0}f(x)$.

9. 计算 $\lim\limits_{x\to\infty}\dfrac{\sqrt[3]{8x^3+6x^2+5x+1}}{3x-2}$.

10. 求 $\lim\limits_{n\to\infty}\left(\dfrac{1}{n^2}+\dfrac{2}{n^2}+\cdots+\dfrac{n}{n^2}\right)$.

11. 求 $\lim\limits_{x\to0}\dfrac{\tan3x}{\sin5x}$.

12. 计算 $\lim\limits_{x\to0}\dfrac{x-\sin2x}{x+\sin2x}$.

13. 求 $\lim\limits_{x\to0}(1-2x)^{\frac{1}{x}}$.

14. 求 $\lim\limits_{x\to\infty}\left(\dfrac{3+x}{2+x}\right)^{2x}$.

15. 求 $\lim\limits_{x\to0}\dfrac{\tan x-\sin x}{\sin^3 2x}$.

16. 求 $\lim\limits_{x \to 0} \dfrac{(1+x^2)^{\frac{1}{3}} - 1}{\cos x - 1}$.

17. 讨论函数 $f(x) = \begin{cases} 1 + \dfrac{x}{2}, & x < 0, \\ 0, & x = 0, \\ 1 + x^2, & 0 < x < 1, \\ 4 - x, & x \geqslant 1 \end{cases}$ 在 $x = 0$ 和 $x = 1$ 处的连续性.

18. 设 $f(x) = \begin{cases} \dfrac{1}{x}, & x < 0, \\ \dfrac{x^2 - 1}{x - 1}, & 0 < |x - 1| \leqslant 1, \\ x + 1, & x > 2 \end{cases}$ 求 $f(x)$ 的间断点, 并判别出它们的类型.

19. 若函数 $f(x)$ 在闭区间 $[a, b]$ 上连续, 并且 $f(a) < a, f(b) > b$. 证明: 至少存在一点 $\xi \in (a, b)$, 使得 $f(\xi) = \xi$.

第 2 章

导数与微分

2.1 导　数

函数的连续性体现在当自变量的改变量趋于零时,函数因变量的改变量也趋于零.但没有反映出函数的因变量随自变量变化而变化的快慢程度.下面我们引入导数的概念并对此进行研究.

2.1.1 导数的概念

引例 2.1.1(切线问题)　设有曲线方程 $y=f(x)(a<x<b)$, $x_0 \in (a,b)$.我们来求曲线上点 $M(x_0,f(x_0))$ 处的切线方程.

如图 2-1-1 所示,在曲线上 M 点附近找另外一点 $M'(x_0+\Delta x, f(x_0+\Delta x))$,作割线 MM',当点 M' 沿曲线无限靠近 M 时,割线的极限位置 MT,我们称之为曲线在点 $M(x_0,f(x_0))$ 处的切线.

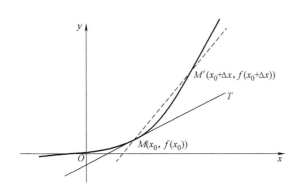

图　2-1-1

注意到割线的斜率为

$$k_{MM'}=\frac{f(x_0+\Delta x)-f(x_0)}{\Delta x},$$

所以切线的斜率应为

$$k=\lim_{\Delta x \to 0}\frac{f(x_0+\Delta x)-f(x_0)}{\Delta x}. \tag{2-1}$$

切线方程应为

$$y-f(x_0)=k(x-x_0).$$

引例 2.1.2（瞬时速度问题） 设物体做变速直线运动,位移 $s=s(t)$,求物体在时刻 $t=t_0$ 的瞬时速度.

注意到当时间 t 从 t_0 变到 $t_0+\Delta t$ 时,物体位移的改变量 $\Delta s = s(t_0+\Delta t)-s(t_0)$,所以物体运动的平均速度为

$$\bar{v}(t)=\frac{\Delta s}{\Delta t}=\frac{s(t_0+\Delta t)-s(t_0)}{\Delta t}.$$

这样,我们用 $\Delta t\to 0$ 时 $\bar{v}(t)$ 的极限作为 t_0 时刻的瞬时速度,即

$$v(t_0)=\lim_{\Delta t\to 0}\frac{\Delta s}{\Delta t}=\lim_{\Delta t\to 0}\frac{s(t_0+\Delta t)-s(t_0)}{\Delta t}. \qquad (2\text{-}2)$$

上面两例的实际意义完全不同,但比较式（2-1）和式（2-2）,我们发现它们的数学形式本质上都是函数的增量与自变量增量之比在自变量的增量趋于零时的极限.我们把这种特定的极限叫作函数的导数.

定义 2.1.1 设函数 $y=f(x)$ 在点 x_0 的某一邻域内有定义,当自变量 x 在 x_0 处有增量 Δx 时,相应函数的增量为 $\Delta y=f(x_0+\Delta x)-f(x_0)$.当 $\Delta x\to 0$ 时,极限

$$\lim_{\Delta x\to 0}\frac{\Delta y}{\Delta x}=\lim_{\Delta x\to 0}\frac{f(x_0+\Delta x)-f(x_0)}{\Delta x}$$

存在,则称函数 $y=f(x)$ 在点 x_0 处可导,并称此极限值为函数 $f(x)$ 在点 x_0 处的导数,记为 $y'\big|_{x=x_0}$,$\dfrac{dy}{dx}\big|_{x=x_0}$ 或 $f'(x_0)$,即

$$y'\big|_{x=x_0}=\lim_{\Delta x\to 0}\frac{\Delta y}{\Delta x}=\lim_{\Delta x\to 0}\frac{f(x_0+\Delta x)-f(x_0)}{\Delta x}.$$

若记 $x=x_0+\Delta x$,则当 $\Delta x\to 0$ 时,有 $x\to x_0$,于是导数定义又可写为

$$y'\big|_{x=x_0}=\lim_{x\to x_0}\frac{f(x)-f(x_0)}{x-x_0}.$$

有时我们也采用如下形式

$$f'(x_0)=\lim_{h\to 0}\frac{f(x_0+h)-f(x_0)}{h}.$$

若函数在区间 I 上任一点 $x\in I$ 处可导,自变量 x 与导数之间确定了一个对应的函数关系,则该函数称为 $f(x)$ 的导函数,简称导数,记为 $\dfrac{dy}{dx}$ 或 $f'(x)$.

例 2.1.1 求常值函数 $f(x)=C$（C 是常数）的导数.

解　由导数的定义有

$$f'(x)=\lim_{\Delta x\to 0}\frac{f(x+\Delta x)-f(x)}{\Delta x}=\lim_{\Delta x\to 0}\frac{C-C}{\Delta x}=0,$$

即$(C)'=0$,常值函数的导数等于零.

例 2.1.2　求函数$f(x)=x^n$的导数.

解　由导数的定义

$$f'(x)=\lim_{h\to 0}\frac{(x+h)^n-x^n}{h}=\lim_{h\to 0}(nx^{n-1}+C_n^2x^{n-2}h+\cdots+h^n)=nx^{n-1},$$

即$(x^n)'=nx^{n-1}.$

一般地,对任意$\mu\in\mathbf{R}$有幂函数的导数公式

$$(x^\mu)'=\mu x^{\mu-1}$$

例 2.1.3　设函数$f(x)=\sin x$,求$(\sin x)'$及$(\sin x)'|_{x=\frac{\pi}{4}}$.

解　由和差化积公式知

$$\sin(x+\Delta x)-\sin x=2\sin\frac{\Delta x}{2}\cos\left(x+\frac{\Delta x}{2}\right),$$

于是

$$f'(x)=\lim_{\Delta x\to 0}\frac{\sin(x+\Delta x)-\sin x}{\Delta x}=\lim_{\Delta x\to 0}\frac{\sin\frac{\Delta x}{2}\cos\left(x+\frac{\Delta x}{2}\right)}{\frac{\Delta x}{2}}=\cos x,$$

即

$$(\sin x)'=\cos x.$$

进而

$$(\sin x)'|_{x=\frac{\pi}{4}}=\cos\frac{\pi}{4}=\frac{\sqrt 2}{2}.$$

类似地,可得

$$(\cos x)'=-\sin x.$$

利用左、右极限的概念,我们可以定义单侧导数:
左导数

$$f'_-(x_0)=\lim_{x\to x_0^-}\frac{f(x)-f(x_0)}{x-x_0}=\lim_{\Delta x\to 0^-}\frac{f(x_0+\Delta x)-f(x_0)}{\Delta x},$$

右导数

$$f'_+(x_0)=\lim_{x\to x_0^+}\frac{f(x)-f(x_0)}{x-x_0}=\lim_{\Delta x\to 0^+}\frac{f(x_0+\Delta x)-f(x_0)}{\Delta x},$$

且有结论:函数在一点可导的充分必要条件是左、右导数存在且相等.

例 2.1.4　讨论函数$f(x)=|x|$在$x=0$处的可导性.

解 注意到

$$\lim_{\Delta x \to 0} \frac{f(0+\Delta x)-f(0)}{\Delta x} = \lim_{\Delta x \to 0} \frac{|\Delta x|}{\Delta x},$$

因此，左导数

$$f'_-(0) = \lim_{\Delta x \to 0^-} \frac{-\Delta x}{\Delta x} = -1,$$

右导数

$$f'_+(0) = \lim_{\Delta x \to 0^+} \frac{\Delta x}{\Delta x} = 1,$$

故函数 $f(x)=|x|$ 在 $x=0$ 处不可导.

2.1.2 导数的几何意义

由引例 2.1.1 知，函数 $y=f(x)$ 在点 x_0 处的导数 $f'(x_0)$ 是曲线在点 $M(x_0,f(x_0))$ 处切线的斜率，因此过点 $M(x_0,f(x_0))$ 的切线方程为

$$y-f(x_0)=f'(x_0)(x-x_0).$$

法线方程为

$$y-f(x_0)=-\frac{1}{f'(x_0)}(x-x_0) \quad (f'(x_0)\neq 0).$$

注意：若函数 $y=f(x)$ 在点 x_0 处的导数 $f'(x_0)=\infty$，则曲线在点 $M(x_0,f(x_0))$ 处具有铅直切线 $x=x_0$.

例 2.1.5 求双曲线 $y=\frac{1}{x}$ 在点 $\left(\frac{1}{2},2\right)$ 处的切线和法线方程.

解 由于 $y'=-\frac{1}{x^2}$，所以，根据导数的几何意义知，在点 $\left(\frac{1}{2},2\right)$ 处的切线斜率为

$$k=y'\Big|_{x=\frac{1}{2}}=-\frac{1}{x^2}\Big|_{x=\frac{1}{2}}=-4,$$

因此，所求切线方程为 $y-2=-4\left(x-\frac{1}{2}\right)$，即

$$4x+y-4=0.$$

法线方程为 $y-2=\frac{1}{4}\left(x-\frac{1}{2}\right)$，即

$$2x-8y+15=0.$$

2.1.3 可导与连续的关系

定理 2.1.1 若函数 $y=f(x)$ 在点 x_0 处可导，则该函数在点 x_0 处连续.

注意：上述命题的逆结果不成立，即连续函数不一定存在导数.

例 2.1.6 讨论函数 $f(x)=\sqrt[3]{x}$ 在 $x=0$ 处的可导性.

解　注意到

$$\lim_{\Delta x \to 0} \frac{f(0+\Delta x)-f(0)}{\Delta x} = \lim_{\Delta x \to 0} \frac{\sqrt[3]{\Delta x}}{\Delta x} = \infty,$$

因此,函数 $f(x)=\sqrt[3]{x}$ 在 $x=0$ 处的导数不存在.

注意:函数 $f(x)=\sqrt[3]{x}$ 在 $x=0$ 处是连续的.与例 2.1.4 不同,这里虽然 $f(x)$ 在 $x=0$ 处导数不存在,但是曲线在原点处存在铅直切线 $x=0$(见图 2-1-2).

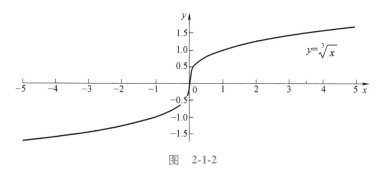

图　2-1-2

习题 2-1

1. 若函数 $y=f(x)$ 的图形在点 $(x_0,f(x_0))$ 处存在切线,则导数 $f'(x_0)$ 一定存在吗?

2. 若函数 $f(x)$ 和 $g(x)$ 在点 x_0 处都不可导,则函数 $f(x)+g(x)$ 在点 x_0 处一定不可导吗?

3. 若 $f'(0)$ 存在且 $f(0)=0$,求极限 $\lim_{x\to 0} \dfrac{f(x)}{x}$.

4. 讨论函数 $y=|\sin x|$ 在 $x=0$ 处的连续性与可导性.

5. 确定常数 a,b 使函数 $f(x)=\begin{cases} x^2, & x\leqslant 1, \\ ax+b, & x>1 \end{cases}$ 在 $x=1$ 处可导.

2.2　函数的求导法则

利用导数的定义求函数的导数过程往往比较复杂,本节我们来建立函数的求导法则.

2.2.1　函数的和、差、积、商的求导法则

定理 2.2.1　如果函数 $u(x),v(x)$ 在点 x 处可导,则它们的和、差、积、商(分母不为零)在点 x 处也可导,并且

（1）$[u(x)\pm v(x)]'=u'(x)\pm v'(x)$；

（2）$[u(x)\cdot v(x)]'=u'(x)v(x)+u(x)v'(x)$；

（3）$\left[\dfrac{u(x)}{v(x)}\right]'=\dfrac{u'(x)v(x)-u(x)v'(x)}{v^2(x)}(v(x)\neq 0)$.

例 2.2.1　设 $y=2\sin x+3\ln x-2$，求 y'.

解　$y'=2\cos x+\dfrac{3}{x}$.

例 2.2.2　设 $y=x\ln x+\sin x\cos x$，求 y'.

解　$y'=\ln x+x\cdot\dfrac{1}{x}+\cos x\cos x-\sin x\sin x=1+\ln x+\cos 2x$.

例 2.2.3　设 $y=\tan x$，求 y'.

解　$y'=\left(\dfrac{\sin x}{\cos x}\right)'=\dfrac{\cos^2 x+\sin^2 x}{\cos^2 x}=\dfrac{1}{\cos^2 x}=\sec^2 x$，即

$$(\tan x)'=\sec^2 x.$$

同理可得

$$(\cot x)'=-\csc^2 x,\ (\sec x)'=\tan x\sec x,\ (\csc x)'=-\cot x\csc x.$$

2.2.2　反函数的求导法则

定理 2.2.2　设函数 $x=f(y)$ 在区间 I_y 内单调、可导且 $f'(y)\neq 0$，则其反函数 $y=f^{-1}(x)$ 在对应区间 $I_x=\{x\mid x=f(y),y\in I_y\}$ 内亦可导，并且

$$[f^{-1}(x)]'=\dfrac{1}{f'(y)}$$

即反函数的导数等于直接函数导数的倒数.

例 2.2.4　求函数 $y=\arcsin x$ 的导数.

解　注意到 $x=\sin y$ 在开区间 $\left(-\dfrac{\pi}{2},\dfrac{\pi}{2}\right)$ 内单调、可导，且 $(\sin y)'=\cos y>0$，因此在对应的开区间 $(-1,1)$ 内有

$$(\arcsin x)'=\dfrac{1}{(\sin y)'}=\dfrac{1}{\cos y}=\dfrac{1}{\sqrt{1-\sin^2 y}}=\dfrac{1}{\sqrt{1-x^2}}.$$

类似地，可得

$$(\arccos x)'=-\dfrac{1}{\sqrt{1-x^2}},\ (\arctan x)'=\dfrac{1}{1+x^2},\ (\text{arccot}\,x)'=-\dfrac{1}{1+x^2}.$$

例 2.2.5　求函数 $y=\log_a x$ 的导数.

解　由于 $x=a^y$ 在 $I_y=(-\infty,+\infty)$ 内单调、可导，且 $(a^y)'=a^y\ln a\neq 0$，所以在 $I_x=(0,+\infty)$ 内有

$$(\log_a x)'=\dfrac{1}{(a^y)'}=\dfrac{1}{a^y\ln a}=\dfrac{1}{x\ln a}.$$

特别地

$$(\ln x)' = \frac{1}{x}.$$

我们将基本导数公式汇集在表 2-2-1 中.

表　2-2-1

1	$(C)' = 0$	
2	$(x^{\mu})' = \mu x^{\mu-1}$	
3	$(a^x)' = a^x \ln x$	$(e^x)' = e^x$
4	$(\log_a x)' = \dfrac{1}{x \ln a}$	$(\ln x)' = \dfrac{1}{x}$
5	$(\sin x)' = \cos x$	$(\cos x)' = -\sin x$
6	$(\tan x)' = \sec^2 x$	$(\cot x)' = -\csc^2 x$
7	$(\sec x)' = \tan x \sec x$	$(\csc x)' = -\cot x \csc x$
8	$(\arcsin x)' = \dfrac{1}{\sqrt{1-x^2}}$	$(\arccos x)' = -\dfrac{1}{\sqrt{1-x^2}}$
9	$(\arctan x)' = \dfrac{1}{1+x^2}$	$(\text{arccot}\, x)' = -\dfrac{1}{1+x^2}$

2.2.3　复合函数的求导法则

至此我们已经建立起基本的求导公式,但是对于形式稍微复杂一些的函数(比如 $\ln\sin x$),我们还不知道如何求其导数.解决这类问题有下面的定理.

复合函数求导

定理 2.2.3　设函数 $u = \varphi(x)$ 在点 x 处可导,而函数 $y = f(u)$ 在对应点 $u = \varphi(x)$ 可导,则复合函数 $y = f[\varphi(x)]$ 在点 x 处可导,并且

$$\frac{dy}{dx} = \frac{dy}{du} \cdot \frac{du}{dx}.$$

例 2.2.6　求函数 $y = \ln\sin x$ 的导数.

解　注意到函数 $y = \ln\sin x$ 是由 $y = \ln u$ 和 $u = \sin x$ 复合而成.而

$$\frac{dy}{du} = \frac{1}{u}, \frac{du}{dx} = \cos x.$$

因此,根据定理 2.2.3,有

$$y' = \frac{dy}{du} \cdot \frac{du}{dx} = \frac{1}{u} \cos x = \frac{1}{\sin x} \cdot \cos x = \cot x.$$

例 2.2.7　求函数 $y = (x^2+1)^{10}$ 的导数.

解　函数 $y = (x^2+1)^{10}$ 是由 $y = u^{10}$ 和 $u = x^2+1$ 复合而成,因此

$$y' = \frac{dy}{du} \cdot \frac{du}{dx} = 10u^9 \cdot 2x = 20x(x^2+1)^9.$$

当我们熟悉了这个法则,可以不必把复合过程写出了.

例 2.2.8　求函数 $y = \ln\dfrac{\sqrt{x^2+1}}{\sqrt[3]{x-2}}$ $(x>2)$ 的导数.

解   注意到 $y=\dfrac{1}{2}\ln(x^2+1)-\dfrac{1}{3}\ln(x-2)$，因此

$$y'=\frac{1}{2}\cdot\frac{1}{x^2+1}\cdot 2x-\frac{1}{3}\cdot\frac{1}{x-2}=\frac{x}{x^2+1}-\frac{1}{3(x-2)}.$$

例 2.2.9   求函数 $y=\mathrm{e}^{\sin\frac{1}{x}}$ 的导数.

解 $y'=\mathrm{e}^{\sin\frac{1}{x}}\left(\sin\dfrac{1}{x}\right)'=\mathrm{e}^{\sin\frac{1}{x}}\cdot\cos\dfrac{1}{x}\cdot\left(\dfrac{1}{x}\right)'=-\dfrac{1}{x^2}\mathrm{e}^{\sin\frac{1}{x}}\cdot\cos\dfrac{1}{x}.$

2.2.4   隐函数的求导法则

隐函数求导

我们通常称形如 $y=f(x)$ 形式的函数为显函数，而称由方程 $F(x,y)=0$ 确定的函数为隐函数，如由 $x+y+\sin xy=0$ 所确定的函数.下面通过例子说明隐函数的求导方法.

例 2.2.10   设由方程 $\mathrm{e}^y+xy-\mathrm{e}=0$ 确定隐函数 $y=y(x)$，求 $\dfrac{\mathrm{d}y}{\mathrm{d}x}$.

解   在方程两端同时对 x 求导数，这里视 y 为 x 的函数，因此方程中 e^y 应视为复合函数.于是有

$$\mathrm{e}^y\frac{\mathrm{d}y}{\mathrm{d}x}+y+x\frac{\mathrm{d}y}{\mathrm{d}x}=0,$$

整理得

$$\frac{\mathrm{d}y}{\mathrm{d}x}=-\frac{y}{\mathrm{e}^y+x}.$$

注意：隐函数的导数表达式中通常会同时含有 x 和 y.

例 2.2.11   求椭圆 $\dfrac{x^2}{16}+\dfrac{y^2}{9}=1$ 在点 $\left(2,\dfrac{3\sqrt{3}}{2}\right)$ 处的切线方程.

解   在椭圆方程 $\dfrac{x^2}{16}+\dfrac{y^2}{9}=1$ 两边对 x 求导，有

$$\frac{2x}{16}+\frac{2yy'}{9}=0,$$

解得 $y'=-\dfrac{9x}{16y}$.于是椭圆在点 $\left(2,\dfrac{3\sqrt{3}}{2}\right)$ 处的切线斜率为

$$k=y'\Big|_{\left(2,\frac{3\sqrt{3}}{2}\right)}=-\frac{\sqrt{3}}{4},$$

故所求切线方程为 $y-\dfrac{3\sqrt{3}}{2}=-\dfrac{\sqrt{3}}{4}(x-2)$，整理即得

$$\sqrt{3}x+4y-8\sqrt{3}=0.$$

2.2.5   对数求导法

所谓对数求导法就是先对方程两边取对数，然后利用隐函数的求导方法求出导数的方法.

例 2.2.12　设函数 $y=x^{\sin x}(x>0)$，求 $\dfrac{dy}{dx}$.

解　方程两端取自然对数得

$$\ln y=\sin x\ln x.$$

两端对 x 求导数，得

$$\frac{y'}{y}=\cos x\ln x+\frac{\sin x}{x},$$

所以有

$$y'=y\left(\cos x\ln x+\frac{\sin x}{x}\right)=x^{\sin x}\left(\cos x\ln x+\frac{\sin x}{x}\right).$$

通常称形如 $y=[f(x)]^{g(x)}$ 的函数为幂指函数.对数求导法是幂指函数求导的非常有效的方法.

例 2.2.13　求函数 $y=\dfrac{(x-1)(x-2)^2}{(x-3)^3}(x>3)$ 的导数.

解　方程两端取对数，得

$$\ln y=\ln(x-1)+2\ln(x-2)-3\ln(x-3).$$

两端对 x 求导数，得

$$\frac{y'}{y}=\frac{1}{x-1}+\frac{2}{x-2}-\frac{3}{x-3},$$

于是

$$y'=\frac{(x-1)(x-2)^2}{(x-3)^3}\left(\frac{1}{x-1}+\frac{2}{x-2}-\frac{3}{x-3}\right).$$

2.2.6　高阶导数

我们注意到函数 $y=x^3$ 的导数是 $3x^2$，而 $3x^2$ 的导数是 $6x$，因此，$6x$ 就是函数 $y=x^3$ 的导数的导数，这就是所谓的二阶导数.

若函数 $y=f(x)$ 的导数关于 x 仍可导，则称其导数为函数 $y=f(x)$ 的二阶导数，记作 y''，$f''(x)$ 或 $\dfrac{d^2y}{dx^2}=\dfrac{d}{dx}\left(\dfrac{dy}{dx}\right)$.同样地，二阶导数的导数称为三阶导数.一般地，$(n-1)$ 阶导数的导数称为 n 阶导数，记作 $y^{(n)}$，$f^{(n)}(x)$ 或 $\dfrac{d^ny}{dx^n}$.

二阶及二阶以上的导数统称为高阶导数.

例 2.2.14　求函数 $y=x^m$ 的 n 阶导数，其中 $m>n$ 为常数.

解　由于

$$y'=mx^{m-1},$$
$$y''=m(m-1)x^{m-2},$$
$$\vdots$$

归纳可得

$$y^{(n)}=(x^m)^{(n)}=m(m-1)(m-n+1)x^{m-n}.$$

注意:求导运算对幂函数而言是一个降幂的过程,求一次导数降一阶.若 $m = n$,则有 $(x^n)^{(n)} = n!$;若 m 是小于 n 的自然数,则 $(x^m)^{(n)} = 0$.

例 2.2.15 求函数 $y = \sin x$ 的 n 阶导数.

解 计算可知

$$y' = \cos x = \sin\left(x + \frac{\pi}{2}\right);$$

$$y'' = \cos\left(x + \frac{\pi}{2}\right) = \sin\left(x + \frac{\pi}{2} + \frac{\pi}{2}\right) = \sin\left(x + 2 \cdot \frac{\pi}{2}\right);$$

$$y''' = \cos\left(x + 2 \cdot \frac{\pi}{2}\right) = \sin\left(x + 2 \cdot \frac{\pi}{2} + \frac{\pi}{2}\right) = \sin\left(x + 3 \cdot \frac{\pi}{2}\right);$$

$$y^{(4)} = \cos\left(x + 3 \cdot \frac{\pi}{2}\right) = \sin\left(x + 3 \cdot \frac{\pi}{2} + \frac{\pi}{2}\right) = \sin\left(x + 4 \cdot \frac{\pi}{2}\right).$$

归纳可得

$$(\sin x)^{(n)} = \sin\left(x + n \cdot \frac{\pi}{2}\right).$$

类似地有

$$(\cos x)^{(n)} = \cos\left(x + n \cdot \frac{\pi}{2}\right).$$

例 2.2.16 求函数 $f(x) = \dfrac{x+4}{x^2-5x+6}$ 的 n 阶导数.

解 由于函数可作如下分解:

$$f(x) = \frac{x+4}{x^2-5x+6} = \frac{-6}{x-2} + \frac{7}{x-3}.$$

归纳计算可知

$$\left(\frac{1}{x-2}\right)^n = (-1)^n \frac{n!}{(x-2)^{n+1}}, \left(\frac{1}{x-3}\right)^n = (-1)^n \frac{n!}{(x-3)^{n+1}}.$$

于是

$$\begin{aligned}
f^{(n)}(x) &= -6\left(\frac{1}{x-2}\right)^n + 7\left(\frac{1}{x-3}\right)^n \\
&= -6 \cdot (-1)^n \frac{n!}{(x-2)^{n+1}} + 7 \cdot (-1)^n \frac{n!}{(x-3)^{n+1}} \\
&= (-1)^n n! \left[\frac{7}{(x-3)^{n+1}} - \frac{6}{(x-2)^{n+1}}\right].
\end{aligned}$$

习题 2-2

1. 求下列函数的导数:

(1) $y = \left(\arcsin\dfrac{x}{3}\right)^2$;

(2) $y = e^{3-2x}\cos 5x$;

(3) $y = \ln(\sec x + \tan x)$;

(4) $y = \dfrac{\sin 2x}{x}$;

(5) $y=\ln(x+\sqrt{x^2+a^2})$;　　　　(6) $y=\ln[\ln(\ln x)]$;

(7) $y=\arcsin\sqrt{\dfrac{1-x}{1+x}}$;　　　　(8) $y=\sqrt{x+\sqrt{x}}$.

2. 求曲线 $y=x^4-3$ 在点 $(1,-2)$ 处的切线方程和法线方程.

3. 设 $f(x)$ 可导, 求 y':

(1) $y=f(\mathrm{e}^x)$;　　　　(2) $y=f(\sin^2 x)+f(\cos^2 x)$.

4. 求由下列方程所确定的隐函数 $y=y(x)$ 的导数 $\dfrac{\mathrm{d}y}{\mathrm{d}x}$:

(1) $x^3+y^3-3axy=0$;　　　　(2) $y=1-x\mathrm{e}^y$;

(3) $xy=\mathrm{e}^{x+y}$.

5. 用对数求导法则求下列函数的导数:

(1) $y=\left(\dfrac{x}{1+x}\right)^x$;　　　　(2) $y=(\sin x)^{\cos x}$.

6. 求下列函数的二阶导数:

(1) $y=x\cos x$;　　　　(2) $y=2x^2+\ln x$;

(3) $y=\mathrm{e}^{2x-1}$;　　　　(4) $y=\ln(1-x^2)$;

(5) $y=\tan x$;　　　　(6) $y=x\mathrm{e}^{x^2}$.

7. 求函数 $y=\cos 2x$ 的 n 阶导数 $y^{(n)}$.

2.3　微分及其应用

一般来说当给函数 $y=f(x)$ 的自变量以增量 Δx 时, 函数的增量 Δy 对 Δx 的依赖关系比较复杂. 如何找出 Δx 的简单表达式来近似表达 Δy 呢? 这就是本节我们要研究的微分问题.

2.3.1　微分的概念

引例 2.3.1　考虑正方形金属薄片受热后面积的改变量.

如图 2-3-1 所示, 设正方形金属薄片受热后边长由 x_0 变为 $x_0+\Delta x$, 于是面积的改变量

$$\Delta A=(x_0+\Delta x)^2-x_0^2=2x_0\cdot\Delta x+(\Delta x)^2.$$

注意到面积的增量由两部分构成, 其中 $2x_0\Delta x$ 是 Δx 的线性函数; 而 $(\Delta x)^2$ 是 Δx 的高阶无穷小. 当 Δx 很小时, $(\Delta x)^2$ 比 $2x_0\Delta x$ 要小得多. 因此

$$\Delta A\approx 2x_0\Delta x.$$

我们称 $2x_0\Delta x$ 是 ΔA 的线性主部, 也称为面积的微分, 记作 $\mathrm{d}A=2x_0\Delta x$.

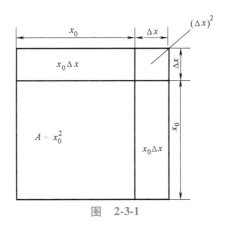

图　2-3-1

定义 2.3.1　设函数 $y=f(x)$ 在点 x 的附近有定义，自变量 x 的增量为 Δx.若相应函数的增量可以表示为

$$\Delta y=f(x+\Delta x)-f(x)=A\Delta x+o(\Delta x).$$

其中，A 是与 Δx 无关的常数，$o(\Delta x)$ 为当 Δx 趋于零时 Δx 的高阶无穷小，则称函数 $y=f(x)$ 在点 x 处可微，其中 $A\Delta x$ 称为函数 $y=f(x)$ 在点 x 处的微分，记为 $\mathrm{d}y=A\Delta x$.

如果函数 $y=f(x)$ 在区间 I 中每一点都可微，则称函数 $y=f(x)$ 在区间 I 上可微.

2.3.2　函数可微的条件

定理 2.3.1　函数 $f(x)$ 在点 x_0 处可微的充分必要条件是函数 $f(x)$ 在点 x_0 处可导，且

$$\mathrm{d}y=f'(x_0)\Delta x,$$

即函数的可导与可微是等价的.

特别地对于函数 $y=x$，有 $\mathrm{d}y=\mathrm{d}x=(x)'\Delta x=\Delta x$.所以通常记 $\mathrm{d}x=\Delta x$，称为自变量的微分，函数的微分记为 $\mathrm{d}y=f'(x)\mathrm{d}x$.

注意：在上述结论之下，导数记号 $\dfrac{\mathrm{d}y}{\mathrm{d}x}=f'(x)$ 可以理解为函数的微分 $\mathrm{d}y$ 与自变量的微分 $\mathrm{d}x$ 的商，所以导数又叫"微商".

例 2.3.1　求函数 $y=\sin x$ 在 $x=\pi,\Delta x=0.01$ 时的微分.

解　由于 $\mathrm{d}y=(\sin x)'\mathrm{d}x=\cos x\mathrm{d}x$，所以

$$\mathrm{d}y\Big|_{\substack{x=\pi\\\Delta x=0.01}}=\cos x\cdot\Delta x\Big|_{\substack{x=\pi\\\Delta x=0.01}}=-0.01.$$

2.3.3　微分运算

1. 微分的基本公式（见表 2-3-1）

表　2-3-1

1	$\mathrm{d}(C)=0$	
2	$\mathrm{d}(x^{\alpha})=\alpha x^{\alpha-1}\mathrm{d}x$	

（续）

3	$d(\sin x) = \cos x dx$	$d(\cos x) = -\sin x dx$
4	$d(\tan x) = \sec^2 x dx$	$d(\cot x) = -\csc^2 x dx$
5	$d(\sec x) = \sec x \tan x dx$	$d(\csc x) = -\csc x \cot x dx$
6	$d(a^x) = a^x \ln a dx$	$d(e^x) = e^x dx$
7	$d(\log_a x) = \dfrac{dx}{x\ln a}$	$d(\ln x) = \dfrac{dx}{x}$
8	$d(\arcsin x) = \dfrac{dx}{\sqrt{1-x^2}}$	$d(\arccos x) = -\dfrac{dx}{\sqrt{1-x^2}}$
9	$d(\arctan x) = \dfrac{dx}{1+x^2}$	$d(\text{arccot} x) = -\dfrac{dx}{1+x^2}$

例 2.3.2　设 $y = \ln(1+x)$，求 $dy\big|_{x=1}$.

解　$dy\big|_{x=1} = (\ln(1+x))'\big|_{x=1}dx = \dfrac{1}{1+x}\bigg|_{x=1}dx = \dfrac{1}{2}dx$.

2. 微分的四则运算

设 $u(x)$ 和 $v(x)$ 可微，则由导数的四则运算法则可得微分的四则运算如下：

（1）$d(Cu) = Cdu$，其中 C 为常数；

（2）$d(u \pm v) = du \pm dv$；

（3）$d(uv) = udv + vdu$；

（4）$d\left(\dfrac{u}{v}\right) = \dfrac{vdu - udv}{v^2}$.

2.3.4　微分的形式不变性

设函数 $y = f(x)$ 可导，则有

$$dy = f'(x)dx. \tag{2-3}$$

进一步，设函数 $x = \varphi(t)$ 可导，则复合函数 $y = f[\varphi(t)]$ 可导，且有

$$dy = \{f[\varphi(t)]\}'dt = f'(x)\varphi'(t)dt.$$

注意到 $x = \varphi(t)$ 的微分 $dx = \varphi'(t)dt$，因此上式可以写为

$$dy = f'(x)dx. \tag{2-4}$$

比较式（2-3）和式（2-4），我们看到对函数 $y = f(x)$ 而言，不论 x 是自变量还是中间变量，其微分的形式是一样的. 此性质被称为函数的微分形式不变性.

例 2.3.3　设函数 $y = \sin(2x+1)$，求 dy.

解　利用微分形式不变性，有

$dy = d[\sin(2x+1)] = \cos(2x+1)d(2x+1) = 2\cos(2x+1)dx$.

2.3.5　微分的应用

当函数 $y = f(x)$ 在点 x_0 处可微，则有 $\Delta y \approx dy$，即

$$\Delta y = f(x_0 + \Delta x) - f(x_0) \approx f'(x_0)\Delta x.$$

移项可得近似公式

$$f(x_0 + \Delta x) \approx f(x_0) + f'(x_0)\Delta x.$$

给定函数表达式，即可得到一些具体的近似公式. 比如取 $f(x) = \sqrt{x}$，则有

$$\sqrt{x_0 + \Delta x} \approx \sqrt{x_0} + \frac{\Delta x}{2\sqrt{x_0}}. \qquad (2\text{-}5)$$

当 $|x|$ 很小时，我们有以下常用近似公式

$$\sqrt[n]{1+x} \approx 1 + \frac{1}{n}x, \sin x \approx x, \tan x \approx x, e^x \approx 1+x, \ln(1+x) \approx x.$$

利用这些结果，可为近似计算提供了便利.

例 2.3.4　求 $\sqrt{16.1}$ 的近似值.

解　在式 (2-5) 中取 $x_0 = 16, \Delta x = 0.1$，即得

$$\sqrt{16.1} \approx \sqrt{16} + \frac{0.1}{2 \times \sqrt{16}} = 4 + \frac{1}{80} = 4.0125.$$

利用计算器，我们可以算得 $\sqrt{16.1} \approx 4.0124805$. 比较可知，这种近似的效果是不错的.

习题 2-3

1. 求函数 $y = x^3 - x$ 在 $x_0 = 2$ 处，$\Delta x = 0.01$ 时的函数改变量 Δy 和微分 dy.

2. 求下列函数的微分：

(1) $y = x \sin 2x$;　　　　　(2) $y = \dfrac{x}{\sqrt{x^2+1}}$;

(3) $y = x^2 e^{2x}$.

总习题 2

1. 讨论函数 $f(x) = |x|$ 在 $x = 0$ 处的连续性与可导性.

2. (质点的垂直运动模型) 一质点以 50m/s 的发射速度垂直射向空中，$t(s)$ 后达到的高度为 $s = 50t - 5t^2 (m)$. 假设在此运动过程中重力为唯一的作用力，试求：

(1) 该质点能达到的最大高度？

(2) 该质点离地面 120m 时的速度是多少？

(3) 何时质点重新落回地面？

3. 求函数 $y = e^{\sin^2(1-x)}$ 的导数.

4. 求导数 $y = f(\tan x) + \tan[f(x)]$，且 $f(x)$ 可导.

5. 求函数 $y = \dfrac{\sqrt{x^2+1}}{\sqrt[3]{x-2}}$ $(x>2)$ 的导数.

6. 求由下列方程所确定的隐函数 $y=y(x)$ 的导数 $\dfrac{\mathrm{d}y}{\mathrm{d}x}$:

（1）$x = 2 - y\mathrm{e}^x$;

（2）$x + y = \mathrm{e}^{xy}$;

（3）$y\sin x - \cos(x-y) = 0$.

7. 求 $y = \sin kx$ 的 n 阶导数.

8. 证明:抛物线 $x^{\frac{1}{2}} + y^{\frac{1}{2}} = a^{\frac{1}{2}}$ 上任意一点的切线所截两坐标轴截距之和等于 a.

9. 利用微分证明:当 $|x|$ 很小时, $\dfrac{1}{1+x^2} \approx 1 - x^2$.

第 3 章

中值定理与导数应用

导数反映了函数的变化率.如何利用导数来进一步研究函数的性质和状态是我们这一章需要解决的问题.在这里我们将讨论利用函数的导数判断函数的单调性,给出极限的计算的更为有效的方法——洛必达法则,研究函数的极值和最值理论等.所有这些导数应用的基础就是下面的中值定理.中值定理不论在理论上还是在实际应用中都占有非常重要的地位.

3.1 中 值 定 理

3.1.1 罗尔[⊖](Rolle)定理

罗尔定理 若函数 $f(x)$ 满足:

(1) 在闭区间 $[a,b]$ 上连续;

(2) 在开区间 (a,b) 内可导;

(3) 在区间端点的函数值相等,即 $f(a)=f(b)$,则在开区间 (a,b) 内至少存在一点 $\xi(a<\xi<b)$,使得 $f'(\xi)=0$.

由图 3-1-1,我们看到满足罗尔定理条件的点 ξ 恰是函数取得极值的极值点.

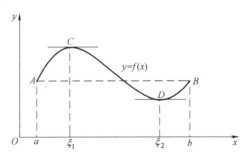

图 3-1-1

例 3.1.1 求证:方程 $4ax^3+3bx^2+2cx=a+b+c$ 在 $(0,1)$ 内至少存在一个根.

⊖ 罗尔(Rolle,1652—1719),法国数学家.

　　证　设 $f(x)=ax^4+bx^3+cx^2-(a+b+c)x$,则 $f(x)$ 在闭区间 $[0,1]$ 上连续,在开区间 $(0,1)$ 内可导,且 $f(0)=f(1)=0$.由罗尔定理知至少存在一点 $\xi\in(0,1)$,使得 $f'(\xi)=0$.又

$$f'(x)=4ax^3+3bx^2+2cx-(a+b+c),$$

因此 $f'(\xi)=0$ 即为

$$4a\xi^3+3b\xi^2+2c\xi-(a+b+c)=0,$$

故结论得证.

　　注意:利用罗尔定理讨论根的问题关键在于找出原来的 $f(x)$.

3.1.2 拉格朗日[⊖](Lagrange)中值定理

　　罗尔定理中的条件 $f(a)=f(b)$ 是比较特殊的.取消这个条件,我们将得到更为深刻的结论.

　　拉格朗日中值定理　若函数 $f(x)$ 满足:

　　(1) 在闭区间 $[a,b]$ 上连续;

　　(2) 在开区间 (a,b) 内可导,

则在开区间 (a,b) 内至少存在一点 $\xi(a<\xi<b)$,使得

$$f'(\xi)=\frac{f(b)-f(a)}{b-a}.$$

　　拉格朗日中值定理的几何解释:如图 3-1-2 所示,注意到 $\dfrac{f(b)-f(a)}{b-a}$ 表示弦 $\overline{AB}$ 的斜率,所以拉格朗日中值定理表明:在曲线弧 AB 上至少存在一点 C 使得该点处的切线平行于弦 $\overline{AB}$.

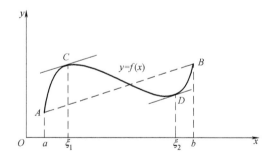

图　3-1-2

　　注意:在拉格朗日中值定理中若增加条件 $f(a)=f(b)$,则结论即化为至少存在一点 $\xi\in(a,b)$ 使得 $f'(\xi)=0$.因此罗尔定理是拉格朗日中值定理的特例.

　　推论　如果函数 $f(x)$ 在区间 I 上的导数恒为零,则函数 $f(x)$ 在 I 上是一个常值函数.

　　⊖ 拉格朗日(Lagrange,1736—1813),法国数学家、物理学家,在数学、力学和天文学三个学科领域中都有历史性的贡献.

证　在区间 I 上取定一点 $x_0 \in I$，同时记 $f(x_0)=C$. 则对任意 $x \in I$，利用拉格朗日中值定理有

$$f(x)-f(x_0)=f'(\xi) \cdot (x-x_0)=0,$$

于是 $f(x) \equiv C$.

例 **3.1.2**　试证：若函数 $f(x)$ 和 $g(x)$ 在区间 (a,b) 内满足 $f'(x)=g'(x)$，则 $f(x)$ 和 $g(x)$ 仅相差一个常数.

证　设 $h(x)=f(x)-g(x)$，则在区间 (a,b) 内，

$$h'(x)=f'(x)-g'(x)=0.$$

于是，利用上面的推论可知 $h(x)$ 恒为常值. 故结论成立.

例 **3.1.3**　证明：$\arcsin x+\arccos x=\dfrac{\pi}{2}, x \in [-1,1]$.

证　设 $f(x)=\arcsin x+\arccos x$，计算可得 $f(-1)=f(1)=\dfrac{\pi}{2}$. 由于在开区间 $(-1,1)$ 内有

$$f'(x)=\frac{1}{\sqrt{1-x^2}}-\frac{1}{\sqrt{1-x^2}}=0$$

所以

$$f(x) \equiv C \quad x \in (-1,1)$$

为了确定 C，取 $x=0$，有 $C=f(0)=\dfrac{\pi}{2}$. 于是有

$$f(x) \equiv \frac{\pi}{2}, x \in [-1,1]$$

故结论得证.

例 **3.1.4**　若 $0<x<1$ 及 $p>1$，证明：$px^{p-1}(1-x)<1-x^p<p(1-x)$.

证　设 $f(t)=t^p, t \in [x,1]$，则由拉格朗日中值定理可得

$$1-x^p=f(1)-f(x)=f'(\xi)(1-x)=p\xi^{p-1}(1-x),$$

其中，$x<\xi<1$. 因此

$$px^{p-1}(1-x)<p\xi^{p-1}(1-x)<p(1-x),$$

即

$$px^{p-1}(1-x)<1-x^p<p(1-x).$$

3.1.3　柯西[⊖]（Cauchy）中值定理

柯西中值定理　若函数 $f(x)$ 及 $F(x)$ 满足：

(1) 在闭区间 $[a,b]$ 上连续；

(2) 在开区间 (a,b) 内可导；

(3) 对任意 $x \in (a,b)$，$F'(x) \neq 0$，

则在开区间 (a,b) 内至少存在一点 $\xi (a<\xi<b)$，使得

[⊖]　柯西（Cauchy，1789—1857），法国高产数学家，很多数学的定理和公式也都以他的名字来命名，如柯西不等式、柯西积分公式等.

$$\frac{f'(\xi)}{F'(\xi)}=\frac{f(b)-f(a)}{F(b)-F(a)}.$$

注意:若取 $F(x)=x$,则有 $F(b)-F(a)=b-a$,且 $F'(x)=1$,此时柯西中值定理的结论化为

$$f'(\xi)=\frac{f(b)-f(a)}{b-a}.$$

因此,拉格朗日中值定理是柯西中值定理的特例.

习题 3-1

1. 若函数 $f(x)$ 在 (a,b) 内具有二阶导数,且 $f(x_1)=f(x_2)=f(x_3)$,证明:在 (x_1,x_3) 内存在一点 ξ 使得 $f''(\xi)=0$,其中 $a<x_1<x_2<x_3<b$.

2. 设函数 $f(x)$ 在 $[0,\pi]$ 上可导,证明:在 $(0,\pi)$ 内至少存在一点 ξ,使得 $f'(\xi)\sin\xi+f(\xi)\cos\xi=0$.

3. 设 $f(x)$ 在 $[a,b]$ 上可微,证明:存在 $\xi\in(a,b)$ 使得

$$\frac{bf(b)-af(a)}{b-a}=f(\xi)+\xi f'(\xi).$$

4. 设 $0<b<a$,证明: $\dfrac{a-b}{a}<\ln\dfrac{a}{b}<\dfrac{a-b}{b}$.

3.2　导数在求不定式极限中的应用

设 $\lim\limits_{x\to a}f(x)=0,\lim\limits_{x\to a}F(x)=0$.此时极限 $\lim\limits_{x\to a}\dfrac{f(x)}{F(x)}$ 可能存在也可能不存在,所以我们称之为 " $\dfrac{0}{0}$ " 型不定式.本节介绍求解这种不定式的有效方法——洛必达法则.

3.2.1　洛必达[⊖]法则

定理 3.2.1　设函数 $f(x)$ 和 $F(x)$ 满足

(1) $\lim\limits_{x\to a}f(x)=\lim\limits_{x\to a}F(x)=0$;

(2) 在点 a 的某一去心邻域内, $f'(x)$ 和 $F'(x)$ 都存在且 $F'(x)\ne0$;

(3) $\lim\limits_{x\to a}\dfrac{f'(x)}{F'(x)}$ 存在(或为无穷大),

则

⊖　洛必达(L.Hospital,1661—1704),法国数学家.

$$\lim_{x \to a} \frac{f(x)}{F(x)} = \lim_{x \to a} \frac{f'(x)}{F'(x)}.$$

3.2.2　"$\frac{0}{0}$"型不定式

罗必达法则
求特殊类型 1 的
不定式极限

洛必达法则为"$\frac{0}{0}$"型不定式的计算提供了非常有效的手段.下面我们通过一些例子来学习一下洛必达法则在极限计算中的技巧.

　　例 3.2.1　求极限 $\lim\limits_{x \to 0} \dfrac{(1+x)^n - 1}{x}$.

　　解　首先容易验证此极限为"$\frac{0}{0}$"型.于是由洛必达法则可得

$$\lim_{x \to 0} \frac{(1+x)^n - 1}{x} = \lim_{x \to 0} \frac{n(1+x)^{n-1}}{1} = n.$$

　　例 3.2.2　求极限 $\lim\limits_{x \to 1} \dfrac{x^3 - 3x + 2}{x^3 - x^2 - x + 1}$.

　　解　此极限为"$\frac{0}{0}$"型.由洛必达法则有

$$\lim_{x \to 1} \frac{x^3 - 3x + 2}{x^3 - x^2 - x + 1} = \lim_{x \to 1} \frac{3x^2 - 3x}{3x^2 - 2x - 1}.$$

注意到上式的右端仍是一个"$\frac{0}{0}$"型.再次使用洛必达法则可得

$$\lim_{x \to 1} \frac{3x^2 - 3x}{3x^2 - 2x - 1} = \lim_{x \to 1} \frac{6x - 3}{6x - 2} = \frac{3}{4}.$$

　　注意：例 3.2.2 表明,对于复杂的"$\frac{0}{0}$"型极限,只要满足定理的条件,可能需要多次使用洛必达法则,但同时也要注意随时检查所求极限是否是"$\frac{0}{0}$"型.

3.2.3　"$\frac{\infty}{\infty}$"型不定式

罗必达法则
求特殊类型 2 的
不定式极限

　　若 $\lim\limits_{x \to a} f(x) = \infty$, $\lim\limits_{x \to a} F(x) = \infty$, 则极限 $\lim\limits_{x \to a} \dfrac{f(x)}{F(x)}$ 被称为"$\frac{\infty}{\infty}$"型.对于此类不定式,洛必达法则同样成立.

　　例 3.2.3　求极限 $\lim\limits_{x \to 0^+} \dfrac{\ln\cot x}{\ln x}$.

　　解　注意到当 $x \to 0^+$ 时, $\ln x \to -\infty$, $\ln\cot x \to +\infty$, 因此这是一个"$\frac{\infty}{\infty}$"型.由洛必达法则有

$$\lim_{x \to 0^+} \frac{\ln\cot x}{\ln x} = \lim_{x \to 0^+} \frac{\tan x \cdot (-\csc^2 x)}{\frac{1}{x}}$$

$$= -\lim_{x\to 0^+}\frac{\dfrac{1}{\sin x\cos x}}{\dfrac{1}{x}} = -\lim_{x\to 0^+}\frac{x}{\sin x}\cdot\frac{1}{\cos x} = -1.$$

例 3.2.4　求极限 $\lim\limits_{x\to+\infty}\dfrac{x^2}{e^{2x}}$.

解　连续使用两次洛必达法则有

$$\lim_{x\to+\infty}\frac{x^2}{e^{2x}} = \lim_{x\to+\infty}\frac{2x}{2e^{2x}} = \lim_{x\to+\infty}\frac{1}{2e^{2x}} = 0.$$

由此例易知,对于任意正整数 n 和任意正实数 λ,极限

$$\lim_{x\to+\infty}\frac{x^n}{e^{\lambda x}} = 0.$$

此结果表明在 $x\to+\infty$ 的过程中,指数函数 $e^{\lambda x}$ 比幂函数 x^n 的增长速度要"快得多".

3.2.4　其他类型的不定式

1. "$0\cdot\infty$"型不定式

这种形式的不定式可以根据需要转换为"$\dfrac{0}{0}$"型或"$\dfrac{\infty}{\infty}$"型来进行计算.

例 3.2.5　求极限 $\lim\limits_{x\to+\infty}x\left(\dfrac{\pi}{2}-\arctan x\right)$.

解　注意到

$$\lim_{x\to+\infty}x\left(\frac{\pi}{2}-\arctan x\right) = \lim_{x\to+\infty}\frac{\dfrac{\pi}{2}-\arctan x}{\dfrac{1}{x}},$$

这是一个"$\dfrac{0}{0}$"型的不定式.由洛必达法则可得

$$\lim_{x\to+\infty}\frac{\dfrac{\pi}{2}-\arctan x}{\dfrac{1}{x}} = \lim_{x\to+\infty}\frac{-\dfrac{1}{1+x^2}}{-\dfrac{1}{x^2}} = \lim_{x\to+\infty}\frac{x^2}{1+x^2} = 1,$$

因此

$$\lim_{x\to+\infty}x\left(\frac{\pi}{2}-\arctan x\right) = 1.$$

2. "$\infty-\infty$"型不定式

这种形式的不定式可以借助于通分转换为"$\dfrac{0}{0}$"型来进行计算.

例 3.2.6　求极限 $\lim\limits_{x\to 1}\left(\dfrac{x}{x-1}-\dfrac{1}{\ln x}\right)$.

解　注意到

$$\lim_{x\to1}\left(\frac{x}{x-1}-\frac{1}{\ln x}\right)=\lim_{x\to1}\frac{x\ln x-(x-1)}{(x-1)\ln x}.$$

这是一个"$\frac{0}{0}$"型的不定式.由洛必达法则可得

$$\lim_{x\to1}\frac{x\ln x-(x-1)}{(x-1)\ln x}=\lim_{x\to1}\frac{\ln x+1-1}{\ln x+\frac{x-1}{x}}=\lim_{x\to1}\frac{x\ln x}{x\ln x+(x-1)}.$$

这仍然是一个"$\frac{0}{0}$"型的不定式,再次使用洛必达法则,可得

$$上式=\lim_{x\to1}\frac{\ln x+1}{\ln x+1+1}=\frac{1}{2},$$

因此

$$\lim_{x\to1}\left(\frac{x}{x-1}-\frac{1}{\ln x}\right)=\frac{1}{2}.$$

3. "0^0""∞^0"及"1^∞"型不定式

这些不定式可以通过取对数将其转化为"$\frac{0}{0}$"型或"$\frac{\infty}{\infty}$"型来进行计算.

例 **3.2.7**　求极限$\lim\limits_{x\to0^+}(\sin x)^x$.

解　这是一个"0^0"型不定式.设$\lim\limits_{x\to0^+}(\sin x)^x=A$,则

$$\ln A=\lim_{x\to0^+}x\ln\sin x=\lim_{x\to0^+}\frac{\ln\sin x}{x^{-1}}.$$

这是一个"$\frac{\infty}{\infty}$"型不定式.由洛必达法则可得

$$\lim_{x\to0^+}\frac{\ln\sin x}{x^{-1}}=\lim_{x\to0^+}\frac{\frac{\cos x}{\sin x}}{-x^{-2}}=-\lim_{x\to0^+}\cos x\cdot\frac{x}{\sin x}\cdot x=0,$$

因此

$$\lim_{x\to0^+}(\sin x)^x=e^0=1.$$

例 **3.2.8**　求极限$\lim\limits_{x\to0^+}(\cot x)^{\frac{1}{\ln x}}$.

解　这是一个"∞^0"型不定式.设$\lim\limits_{x\to0^+}(\cot x)^{\frac{1}{\ln x}}=A$,则

$$\ln A=\lim_{x\to0^+}\frac{\ln\cot x}{\ln x}.$$

这是一个"$\frac{\infty}{\infty}$"型不定式.由洛必达法则可得

$$\lim_{x\to0^+}\frac{\ln\cot x}{\ln x}=\lim_{x\to0^+}\frac{\tan x\cdot(-\csc^2 x)}{x^{-1}}=-\lim_{x\to0^+}\frac{\sin x}{x}\cdot\cos x=-1,$$

因此

$$\lim_{x\to0^+}(\cot x)^{\frac{1}{\ln x}}=e^{-1}.$$

例 3.2.9　求极限 $\lim\limits_{x\to1}x^{\frac{1}{1-x}}$.

解　这是一个"1^∞"型的不定式,注意到 $x^{\frac{1}{1-x}}=e^{\frac{1}{1-x}\ln x}$,所以有

$$\lim_{x\to1}x^{\frac{1}{1-x}}=e^{\lim\limits_{x\to1}\frac{\ln x}{1-x}}=e^{\lim\limits_{x\to1}\frac{\frac{1}{x}}{-1}}=e^{-1}.$$

最后我们来考虑极限

$$\lim_{x\to\infty}\frac{x-\cos x}{x}.$$

这也是一个"$\dfrac{\infty}{\infty}$"型不定式.若使用洛必达法则,有

$$\lim_{x\to\infty}\frac{x-\cos x}{x}=\lim_{x\to\infty}\frac{1+\sin x}{1}=\lim_{x\to\infty}(1+\sin x).$$

注意到极限 $\lim\limits_{x\to\infty}(1+\sin x)$ 不存在.这样我们就不能根据洛必达法则下结论了.事实上,将原式变形并利用"有界函数与无穷小的乘积是无穷小"即得

$$\lim_{x\to\infty}\frac{x-\cos x}{x}=\lim_{x\to\infty}\left(1-\frac{1}{x}\cdot\cos x\right)=1.$$

这个例子告诉我们,某些极限问题不适合使用洛必达法则.

习题 3-2

1. 计算下列极限:

(1) $\lim\limits_{x\to1}\dfrac{x^3-3x+2}{x^3-x^2-x+1}$;　　(2) $\lim\limits_{x\to0}\dfrac{e^x-e^{-x}}{\sin x}$;

(3) $\lim\limits_{x\to+\infty}\dfrac{\frac{\pi}{2}-\arctan x}{\frac{1}{x}}$;　　(4) $\lim\limits_{x\to0^+}\dfrac{\ln\tan7x}{\ln\tan2x}$;

(5) $\lim\limits_{x\to\infty}x(e^{\frac{1}{x}}-1)$;　　(6) $\lim\limits_{x\to0}\left[\dfrac{1}{\ln(x+1)}-\dfrac{1}{x}\right]$.

3.3　导数在求函数极值中的应用

用初等数学的方法讨论函数的单调性和一些简单函数的性质,由于受方法的限制,所以使用范围极其有限.本节将以导数为工具,研究函数的单调性、极值以及它们的应用.

3.3.1 函数的单调性

1. 函数单调性的判定

定理 3.3.1 设函数 $f(x)$ 在 $[a,b]$ 上连续,在 (a,b) 内可导,

(1) 若在 (a,b) 内,恒有 $f'(x)>0$,则函数 $f(x)$ 在 $[a,b]$ 上单调增加;

(2) 若在 (a,b) 内,恒有 $f'(x)<0$,则函数 $f(x)$ 在 $[a,b]$ 上单调减少.

证 我们仅就(1)的情况给出证明.在 $[a,b]$ 上任取 x_1,x_2,并设 $x_1<x_2$,则由拉格朗日中值定理得

$$f(x_2)-f(x_1)=f'(\xi)(x_2-x_1),$$

其中 $\xi\in(x_1,x_2)$.若在 (a,b) 内 $f'(x)>0$,则 $f(x_2)-f(x_1)>0$.故函数 $f(x)$ 在 $[a,b]$ 上单调增加.

一般地,由 $f'(x)\geqslant0$,即可判定 $f(x)$ 单调增加.此外,定理中的区间改成其他各类区间(包括无穷区间),结论仍成立.

例 3.3.1 判断函数 $f(x)=1+x\ln(x+\sqrt{1+x^2})-\sqrt{1+x^2}$ 在 $[0,+\infty)$ 上的单调性.

解 由于当 $x>0$ 时,有

$$f'(x)=\ln(x+\sqrt{1+x^2})+\frac{x}{\sqrt{1+x^2}}-\frac{x}{\sqrt{1+x^2}}$$

$$=\ln(x+\sqrt{1+x^2})>0,$$

所以函数 $f(x)=1+x\ln(x+\sqrt{1+x^2})-\sqrt{1+x^2}$ 在 $[0,+\infty)$ 上单调增加.

2. 单调区间的划分

对于一个给定的函数,它未必在整个定义域内是单调的.更多的情况是它在某些区间单调增加,而在另外一些区间单调减少.由上面的单调性判定定理可知导数的正负决定了函数的增减,因此导数等于零的点通常成为单调区间的分界点.

例 3.3.2 求函数 $f(x)=x^3-\dfrac{9}{2}x^2+6x-1$ 的单调区间.

解 首先注意到函数 $f(x)=x^3-\dfrac{9}{2}x^2+6x-1$ 的定义域是 $(-\infty,+\infty)$. 又

$$f'(x)=3x^2-9x+6=3(x-1)(x-2).$$

令 $f'(x)=0$,解得 $x_1=1,x_2=2$.列表讨论(见表 3-3-1).

表 3-3-1

x	$(-\infty,1)$	$(1,2)$	$(2,+\infty)$
$f'(x)$	+	−	+

因此,函数 $f(x)=x^3-\dfrac{9}{2}x^2+6x-1$ 的单调增加区间是 $(-\infty,1]\cup[2,+\infty)$,

单调减少区间是 $[1,2]$,其图形如图 3-3-1 所示.

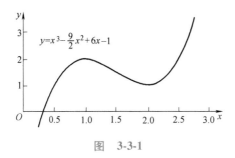

图　3-3-1

通常,我们称使得 $f'(x_0)=0$ 的点 x_0 为 $f(x)$ 的驻点.如例 3.3.2 中 $x_1=1,x_2=2$ 就是函数 $f(x)=x^3-\dfrac{9}{2}x^2+6x-1$ 的驻点.

例 3.3.3　求函数 $f(x)=\sqrt[3]{x^2}$ 的单调区间.

解　函数 $f(x)=\sqrt[3]{x^2}$ 的定义域是 $(-\infty,+\infty)$.当 $x\neq 0$ 时,有

$$f'(x)=\frac{2}{3\sqrt[3]{x}}.$$

于是,当 $x>0$ 时,$f'(x)>0$;当 $x<0$ 时,$f'(x)<0$.因此函数 $f(x)=\sqrt[3]{x^2}$ 的单调增加区间是 $(0,+\infty)$,单调减少区间是 $(-\infty,0)$,其图形如图 3-3-2 所示.

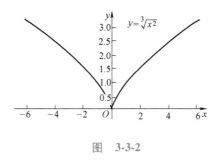

图　3-3-2

此例说明导数不存在的点往往也是单调区间的分界点.

3. 单调性的应用

我们注意到在例 3.3.1 中函数 $f(x)=1+x\ln(x+\sqrt{1+x^2})-\sqrt{1+x^2}$ 在 $[0,+\infty)$ 上是单调增加的,而 $f(0)=0$.因此,当 $x>0$ 时,便有 $f(x)>f(0)=0$.即

$$1+x\ln(x+\sqrt{1+x^2})-\sqrt{1+x^2}>0.$$

移项可得不等式:当 $x>0$ 时,

$$1+x\ln(x+\sqrt{1+x^2})>\sqrt{1+x^2}.$$

利用单调性来证明不等式的本质就在于此.

不等式的证明是高等数学中一个重要内容.

例 3.3.4　证明当 $0<x<\pi$ 时，$\sin x<x$.

证　设 $f(x)=\sin x-x$.则当 $0<x<\pi$ 时，有

$$f'(x)=\cos x-1<0.$$

因此，函数 $f(x)=\sin x-x$ 在 $[0,\pi]$ 上单调减少.

注意到 $f(0)=0$，这样当 $0<x<\pi$ 时，有

$$\sin x-x=f(x)<f(0)=0,$$

移项即为所证.

3.3.2　函数的极值理论

从函数单调性的讨论中，我们看到划分单调区间的点就是对应函数曲线上的"峰点"或"谷点"，比如例 3.3.2 中点 $(1,f(1))$ 和 $(2,f(2))$.这些点在实际应用中有重要意义.由此我们引入极值的概念.

定义 3.3.1　设函数 $f(x)$ 在 x_0 的某个邻域 $(x_0-\delta,x_0+\delta)$ 内有定义.如果对于该邻域内任意异于 x_0 的点 x，恒有

$$f(x)<f(x_0)（或 f(x)>f(x_0)），$$

则称 $f(x_0)$ 是函数 $f(x)$ 的极大值（或极小值），$x=x_0$ 为 $f(x)$ 的极大值点（或极小值点）.极大值和极小值统称为极值，极大值点和极小值点统称为极值点.

注意：(1)极值是函数局部的最值，与函数的整体最值不同，极值点不一定是最值点；(2)对同一函数而言，可能同时存在多个极大值和极小值，其极大值未必大于其极小值；(3)函数的极值必于区间的内部取得，而最值可能在端点处取得，但是当最值位于区间内部时，函数的最值将化为相应的极值.参见图 3-3-3.

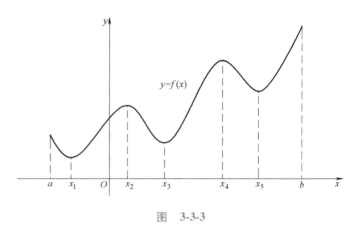

图　3-3-3

定理 3.3.2（极值的必要条件）　函数的极值点源于驻点和不可导点，即若 $f(x)$ 在点 x_0 处取得极值，则必有 $f'(x_0)=0$ 或 $f'(x_0)$ 不存在.

即极值点的来源只能源于驻点和不可导点.

比如例 3.3.2,$x_1=1$ 和 $x_2=2$ 是极值点,$f'(1)=f'(2)=0$;而例 3.3.3 中,$x=0$ 是极值点,$f'(0)$ 不存在.

注意:函数的驻点仅是可能的极值点.考虑函数 $f(x)=x^3$,注意到在 $x=0$ 处其导数为零,但我们都知道 $x=0$ 并不是函数的极值点.因此,我们需要下面的充分性判定定理对这些可能的极值点进行逐一筛选,以确定其是否为极值点以及是极大值点还是极小值点.

定理 3.3.3(第一充分判定条件)　设 $f(x)$ 在 x_0 的某邻域 $(x_0-\delta,x_0+\delta)$ 内连续,在去心邻域 $(x_0-\delta,x_0)\cup(x_0,x_0+\delta)$ 可导.

(1) 若当 $x\in(x_0-\delta,x_0)$ 时,$f'(x)>0$;当 $x\in(x_0,x_0+\delta)$ 时,$f'(x)<0$,则函数 $f(x)$ 在 x_0 点取得极大值;

(2) 若当 $x\in(x_0-\delta,x_0)$ 时,$f'(x)<0$;当 $x\in(x_0,x_0+\delta)$ 时,$f'(x)>0$,则函数 $f(x)$ 在 x_0 点取得极小值.

利用函数的单调性,定理的几何意义是非常明显的,参见图 3-3-4.

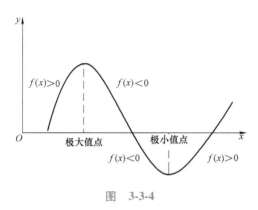

图　3-3-4

下面我们通过两个实例来介绍一下求极值的方法.

例 3.3.5　求函数 $f(x)=x^3-3x^2-9x+5$ 的极值.

解　函数的定义域是 $(-\infty,+\infty)$.由
$$f'(x)=3x^2-6x-9=3(x+1)(x-3)=0$$
解得驻点 $x_1=-1,x_2=3$.列表讨论(见表 3-3-2).

表　3-3-2

x	$(-\infty,-1)$	-1	$(-1,3)$	3	$(3,+\infty)$
$f'(x)$	$+$	0		0	$+$
$f(x)$	↗	极大值	↘	极小值	↗

于是,函数在 $x=-1$ 处取得极大值,极大值为 $f(-1)=10$;在 $x=3$ 处取得极小值,极小值为 $f(3)=-22$,其图形如图 3-3-5 所示.

例 3.3.6　求函数 $f(x)=\sqrt[3]{(1-x)^2}$ 的极值.

解　函数 $f(x)=\sqrt[3]{(1-x)^2}$ 的定义域是 $(-\infty,+\infty)$.当 $x\neq1$ 时,有

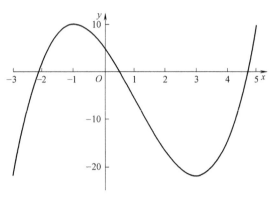

图 3-3-5

$$f'(x) = -\frac{2}{3\sqrt[3]{1-x}}$$

列表讨论（见表 3-3-3）.

表 3-3-3

x	$(-\infty,1)$	1	$(1,+\infty)$
$f'(x)$	$-$	不存在	$+$
$f(x)$	↘	极小值	↗

因此,函数在 $x=1$ 处取得极小值,极小值为 $f(1)=0$.其图形如图 3-3-6 所示.

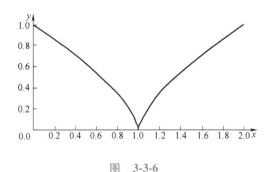

图 3-3-6

定理 3.3.4（第二充分判定条件） 设函数 $f(x)$ 在点 x_0 处具有二阶导数,且 $f'(x_0)=0, f''(x_0) \neq 0$,那么

（1）若 $f''(x_0)<0$,则函数 $f(x)$ 在 x_0 取得极大值；

（2）若 $f''(x_0)>0$,则函数 $f(x)$ 在 x_0 取得极小值.

例 3.3.7 求函数 $f(x)=(x^2-1)^2+1$ 的极值.

解 由 $f'(x)=4x(x^2-1)=0$ 解得驻点 $x_1=-1, x_2=0, x_3=1$.

又

$$f''(x)=8x^2-4,$$

于是有

$$f''(-1)=4>0, f''(0)=-4<0, f''(1)=4>0.$$

根据第二充分性判定定理可知,函数在 $x=-1$ 和 $x=1$ 处取得极小值 $f(-1)=f(1)=1$;在 $x=0$ 处取得极大值 $f(0)=2$,其图形如图 3-3-7 所示.

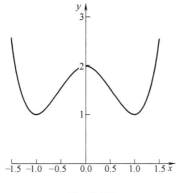

图　3-3-7

3.3.3　最大值、最小值问题

在实际的生产实践活动中,我们经常需要计算函数的最大值与最小值.根据闭区间上连续函数的性质,我们知道若函数 $f(x)$ 在闭区间 $[a,b]$ 上连续,则它在此区间上一定存在最大值和最小值.最值点的位置可能位于区间的端点处,也可能位于区间的内部.若最值点落在区间内部,则转化为相应的极值点.因此,为求函数在此区间上的最值点,我们应首先找出函数 $f(x)$ 在开区间 (a,b) 内部的一切驻点和不可导点,其次将这些驻点和不可导处的函数值与区间端点处的函数值 $f(a)$、$f(b)$ 进行比较,其最大者就是所求的最大值,其最小者就是所求的最小值.

例 3.3.8　求函数 $f(x)=2x^3-9x^2+12x+1$ 在区间 $[0,3]$ 上的最大值与最小值.

解　由
$$f'(x)=6x^3-18x+12=6(x-1)(x-2)=0$$
解得驻点 $x_1=1$ 和 $x_2=2$.计算知
$$f(0)=1, f(1)=6, f(2)=5, f(3)=10.$$
比较可知,函数 $f(x)=2x^3-9x^2+12x+1$ 在 $x=0$ 处取得最小值 $f(0)=1$,在 $x=3$ 处取得最大值 $f(3)=10$.

例 3.3.9　求内接于椭圆 $\dfrac{x^2}{a^2}+\dfrac{y^2}{b^2}=1$,而边平行于轴的面积最大的矩形.

解　如图 3-3-8 所示,在第一象限内任取椭圆上一点 (x,y),则过该点内接于椭圆而边平行于轴的矩形面积为
$$S(x)=4xy, x\in[0,a].$$
由于点 (x,y) 在椭圆上,所以满足椭圆方程.进而有
$$S(x)=4xb\sqrt{1-\frac{x^2}{a^2}}=\frac{4b}{a}x\sqrt{a^2-x^2}.$$

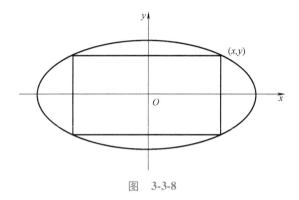

图   3-3-8

至此,问题化为求函数 $S(x)=\dfrac{4b}{a}x\sqrt{a^2-x^2}$ 在闭区间 $[0,a]$ 上的最大值问题.由

$$S'(x)=\frac{4b}{a}\left(\sqrt{a^2-x^2}-\frac{x^2}{\sqrt{a^2-x^2}}\right)=\frac{4b(a^2-2x^2)}{a\sqrt{a^2-x^2}}=0$$

解得驻点 $x=\dfrac{a}{\sqrt{2}}$.由于 $S(0)=S(a)=0,S\left(\dfrac{a}{\sqrt{2}}\right)=2ab$,所以最大的矩形面积是 $2ab$.

例 3.3.10   假设某种商品的需求量 Q 是单价 P（单位:元）的函数: $Q=12000-80P$;商品的总成本 C 是需求量的函数: $C=25000+50Q$,每单位商品需纳税 2 元,试求使销售利润最大的商品价格和最大利润.

解   依题意,销售利润
$$L(P)=(12000-80P)(P-2)-(25000+50Q)$$
$$=-80P^2+16160P-649000,$$
于是有
$$L'(P)=-160P+16160.$$
令 $L'(P)=0$,解得 $P=101$.注意到这是函数 $L(P)$ 唯一的极值点,又 $L''(101)=-160<0$,故当 $P=101$ 时, $L(P)$ 取得最大值,最大值为 $L(101)=167080$ 元.

习题 3-3

1. 确定函数 $y=x^2e^{-x}$ 的单调区间.

2. 求函数 $y=2x^3-6x^2-18x-7$ 的单调区间.

3. 证明:当 $0\leqslant x\leqslant\dfrac{\pi}{2}$ 时, $\sin x\geqslant\dfrac{2}{\pi}x$.

4. 证明:当 $x\neq0$ 时, $e^x>1+x$.

5. 求下列函数的极值:

(1) $y=2x^3-9x^2+12x+7$;   (2) $y=3-\sqrt[3]{(x+1)^2}$.

6. 设函数 $y=(ax)^3-(ax)^2-ax-a$ 在 $x=1$ 处取得极小值,求 a 的值.

7. 求函数 $y=2x^3-3x^2$ 在闭区间 $[-1,4]$ 上的最大值和最小值.

8. 求函数 $y=e^x\cos x$ 的极值.

9. 边长为 $a(\mathrm{m})$ 的正方形铁皮各角剪去同样大小的小方块,做成无盖的长方体盒子,问怎样剪才能使盒子的容积最大?

10. 一房地产公司有 50 套公寓要出租,当月租金定为 1000 元时,公寓会全部租出去,当月租每增加 50 元时,就会多一套公寓租不出去,而租出去的公寓每月花费 100 元维修费,试问房租定为多可获得最大收入?

11. 要造一个体积为 V 圆柱形油罐,问底半径 r 和高 h 为多少时,才能使表面积最小? 此时底面直径与高的比是多少?

总习题 3

1. 证明:方程 $x^5-5x+1=0$ 有且仅有一个小于 1 的正实根.

2. 设函数 $f(x)$ 在 $[a,b]$ 上连续,在 (a,b) 内可导,且 $f(a)\cdot f(b)>0$. 若存在常数 $c\in(a,b)$ 使得 $f(a)\cdot f(c)<0$,试证:至少存在一点 $\xi\in(a,b)$,使得 $f'(\xi)=0$.

3. 证明:当 $x>0$ 时,$\dfrac{x}{1+x}<\ln(1+x)<x$.

4. 证明:若 $f(x)$ 是 $[a,b]$ 上的正值可微函数,则存在 $\xi\in(a,b)$ 使 $\ln\dfrac{f(b)}{f(a)}=\dfrac{f'(\xi)}{f(\xi)}(b-a)$.

5. 求极限 $\lim\limits_{x\to 0}\dfrac{e^x-e^{-x}-2x}{x-\sin x}$.

6. 求极限 $\lim\limits_{x\to +\infty}\dfrac{\ln x}{x^n}(n>0)$.

7. 求极限 $\lim\limits_{x\to +\infty}x\left(\dfrac{\pi}{2}-\arctan x\right)$.

8. 求极限 $\lim\limits_{x\to 0}\left(\dfrac{1}{\sin x}-\dfrac{1}{x}\right)$.

9. 求极限 $\lim\limits_{x\to 0}x^x$.

10. 求极限 $\lim\limits_{x\to 0^+}(\cos\sqrt{x})^{\frac{\pi}{x}}$.

11. 讨论函数 $y=e^x-x-1$ 的单调区间.

12. 求函数 $f(x)=(x-4)\sqrt[3]{(x+1)^2}$ 的极值.

第4章

不 定 积 分

由求物体的运动速度、曲线的切线等问题产生了导数(或微分),构成微积分学的微分学部分;同时由已知速度求路程、已知切线求曲线,求平面图形的面积、空间立体的体积等问题产生不定积分和定积分,构成微积分学中的积分学部分.

前面学习了已知函数求其导数,但在科学、技术和经济的许多问题中,常常需要解决相反的问题,即已知一个函数的导数或微分,求出这个函数.这种由函数的已知导数或微分去求原来函数的问题,就是积分学的基本问题之一——求不定积分.

本章讨论不定积分的概念、性质和基本积分方法.

4.1 不定积分的概念与性质

4.1.1 原函数的概念

引例 4.1.1 设曲线 $y=f(x)$ 上任一点 $(x,f(x))$ 处的切线斜率为 $2x$,求此曲线的方程.

问题即:已知 $f'(x)=2x$,求 $f(x)$.

引例 4.1.2 某商品的边际成本为 $100-2x$,求总成本函数 $C(x)$.

问题即:已知 $C'(x)=100-2x$,求 $C(x)$.

定义 4.1.1 设 $f(x)$ 是定义在某一区间 I 上的函数,若存在函数 $F(x)$,使对任意 $x \in I$,都有

$$F'(x)=f(x) \text{ 或 } d[F(x)]=f(x)dx,$$

则称 $F(x)$ 是 $f(x)$ 在区间 I 上的原函数.

如引例 4.1.1 中,因为 $(x^2)'=2x$,所以 x^2 为 $2x$ 的一个原函数.同理 x^2+C(C 为任意常数)也都是 x^2 的原函数.

注意:一个函数的原函数不唯一.那么原函数之间的关系是怎样的?

定理 4.1.1 如果 $F(x)$ 是 $f(x)$ 的一个原函数,那么 $F(x)+C$ 就包含了 $f(x)$ 的所有原函数(其中 C 为任意常数).也就是说,任意

两个原函数之间只相差一个常数.

事实上,设 $F(x)$ 和 $G(x)$ 是 $f(x)$ 的两个原函数,即 $F'(x)=f(x)$, $G'(x)=f(x)$,则

$$[G(x)-F(x)]'=G'(x)-F'(x)=f(x)-f(x)=0,$$

于是 $G(x)-F(x)=C$,即 $G(x)=F(x)+C$.

至于原函数的存在性,将在下一章讨论,现只给出结论:

定理 4.1.2　区间 I 上的连续函数一定有原函数.

4.1.2　不定积分的定义

定义 4.1.2　函数 $f(x)$ 的原函数全体称为 $f(x)$ 的不定积分,记为

$$\int f(x)\,\mathrm{d}x.$$

式中,称 $\int$ 为积分号; x 为积分变量; $f(x)$ 为被积函数; $f(x)\mathrm{d}x$ 为被积表达式.

由定理 4.1.1 可知,若 $F(x)$ 是 $f(x)$ 的一个原函数,则

$$\int f(x)\,\mathrm{d}x=F(x)+C.$$

因此,求函数的不定积分就归结为求出它的一个原函数,再加上任意常数即可.

例 4.1.1　求下列不定积分

(1) $\int \cos x\,\mathrm{d}x$;　(2) $\int \dfrac{1}{1+x^2}\mathrm{d}x$;　(3) $\int \dfrac{1}{x}\mathrm{d}x$.

解　(1) 因为 $(\sin x)'=\cos x$,所以 $\int \cos x\,\mathrm{d}x=\sin x+C$.

(2) 因为 $(\arctan x)'=\dfrac{1}{1+x^2}$,所以 $\int \dfrac{1}{1+x^2}\mathrm{d}x=\arctan x+C$.

(3) 当 $x>0$ 时,因为 $(\ln x)'=\dfrac{1}{x}$,所以 $\int \dfrac{1}{x}\mathrm{d}x=\ln x+C$. 当 $x<0$ 时,因为 $[\ln(-x)]'=\dfrac{1}{x}$,所以 $\int \dfrac{1}{x}\mathrm{d}x=\ln(-x)+C$.

合并以上两种情况,当 $x\neq 0$ 时,有

$$\int \dfrac{1}{x}\mathrm{d}x=\ln|x|+C.$$

例 4.1.2　某商品的边际成本为 $100-2x$,求总成本函数 $C(x)$.

解　依题意有

$$(100x-x^2)'=100-2x,$$

所以

$$C(x)=\int(100-2x)\,\mathrm{d}x=100x-x^2+C.$$

4.1.3　不定积分的性质与基本积分公式

性质 1　$\left[\int f(x)\,\mathrm{d}x\right]'=f(x)$ 或 $\mathrm{d}\left[\int f(x)\,\mathrm{d}x\right]=f(x)\,\mathrm{d}x$.

性质 2　$\int F'(x)\,\mathrm{d}x=F(x)+C$ 或 $\int \mathrm{d}F(x)=F(x)+C$.

可见，除可能相差一个常数外，微分运算与积分运算是互逆的.当对同一个函数既微分又积分时，或者相互抵消，或者抵消后差一个常数，可以简单归纳为"先积后微，形式不变；先微后积，加一常数".

性质 3　$\int kf(x)\,\mathrm{d}x=k\int f(x)\,\mathrm{d}x\,(k\neq0)$.

性质 4　$\int[f(x)+g(x)]\,\mathrm{d}x=\int f(x)\,\mathrm{d}x+\int g(x)\,\mathrm{d}x$.

性质 3、4 可以合并推广到有限个函数的线性运算的情况，即

推论　$\int\sum_{i=1}^{n}k_i f_i(x)\,\mathrm{d}x=\sum_{i=1}^{n}k_i\int f_i(x)\,\mathrm{d}x$.

由于求不定积分是求导数的逆运算，所以由基本导数公式对应地可以得到基本积分公式：

（1）$\int k\,\mathrm{d}x=kx+C$；　　　　（2）$\int x^{\mu}\,\mathrm{d}x=\dfrac{x^{\mu+1}}{\mu+1}+C\,(\mu\neq-1)$；

（3）$\int\dfrac{1}{x}\,\mathrm{d}x=\ln|x|+C$；

（4）$\int \mathrm{e}^x\,\mathrm{d}x=\mathrm{e}^x+C$；　　　　（5）$\int a^x\,\mathrm{d}x=\dfrac{a^x}{\ln a}+C$；

（6）$\int\dfrac{1}{1+x^2}\,\mathrm{d}x=\arctan x+C$　或　$\int\dfrac{1}{1+x^2}\,\mathrm{d}x=-\mathrm{arccot}\,x+C$；

（7）$\int\dfrac{1}{\sqrt{1-x^2}}\,\mathrm{d}x=\arcsin x+C$　或　$\int\dfrac{1}{\sqrt{1-x^2}}\,\mathrm{d}x=-\arccos x+C$；

（8）$\int\cos x\,\mathrm{d}x=\sin x+C$；　　　（9）$\int\sin x\,\mathrm{d}x=-\cos x+C$；

（10）$\int\sec^2x\,\mathrm{d}x=\tan x+C$；　　（11）$\int\csc^2x\,\mathrm{d}x=-\cot x+C$；

（12）$\int\sec x\tan x\,\mathrm{d}x=\sec x+C$；　（13）$\int\csc x\cot x\,\mathrm{d}x=-\csc x+C$.

这些公式是求不定积分的基础，必须熟记.

例 4.1.3　求 $\int\sqrt{x}\,(x^2-5)\,\mathrm{d}x$.

解　原式 $=\int(x^{\frac{5}{2}}-5x^{\frac{1}{2}})\,\mathrm{d}x=\int x^{\frac{5}{2}}\,\mathrm{d}x-\int 5x^{\frac{1}{2}}\,\mathrm{d}x$

$=\dfrac{1}{\frac{5}{2}+1}x^{\frac{5}{2}+1}-5\dfrac{1}{\frac{1}{2}+1}x^{\frac{1}{2}+1}+C=\dfrac{2}{7}x^{\frac{7}{2}}-\dfrac{10}{3}x^{\frac{3}{2}}+C$.

例 4.1.4 求 $\int 2^x(e^x-5)\,\mathrm{d}x$.

解 原式 $=\int[(2e)^x-5\cdot 2^x]\,\mathrm{d}x=\int(2e)^x\,\mathrm{d}x-5\int 2^x\,\mathrm{d}x$

$$=\frac{(2e)^x}{\ln(2e)}-5\frac{2^x}{\ln2}+C=2^x\left(\frac{e^x}{\ln2+1}-\frac{5}{\ln2}\right)+C.$$

例 4.1.5 求 $\int\dfrac{x^4}{1+x^2}\,\mathrm{d}x$.

解 原式 $=\int\dfrac{x^4-1+1}{1+x^2}\,\mathrm{d}x=\int\left(x^2-1+\dfrac{1}{1+x^2}\right)\mathrm{d}x$

$$=\int x^2\,\mathrm{d}x-\int\mathrm{d}x+\int\frac{1}{1+x^2}\,\mathrm{d}x=\frac{1}{3}x^3-x+\arctan x+C.$$

例 4.1.6 求 $\int\sin^2\dfrac{x}{2}\,\mathrm{d}x$.

解 原式 $=\int\dfrac{1}{2}(1-\cos x)\,\mathrm{d}x=\int\dfrac{1}{2}\,\mathrm{d}x-\dfrac{1}{2}\int\cos x\,\mathrm{d}x=\dfrac{1}{2}x-\dfrac{1}{2}\sin x+C.$

例 4.1.7 求 $\int\tan^2 x\,\mathrm{d}x$.

解 原式 $=\int(\sec^2 x-1)\,\mathrm{d}x=\int\sec^2 x\,\mathrm{d}x-\int\mathrm{d}x=\tan x-x+C.$

利用基本积分公式求不定积分的方法就是将它进行恒等变形,直至可以直接套用公式(这种积分方法称为"直接积分法"),因此要注意积累和总结化简的方法.

习题 4-1

1. 用直接法求下列不定积分:

(1) $\int\left(\sqrt[3]{x}-\dfrac{1}{\sqrt{x}}\right)\mathrm{d}x$;　　(2) $\int 2^x(e^x-5)\,\mathrm{d}x$;

(3) $\int\left[\sqrt[3]{x^2\sqrt{x}}+\dfrac{1}{2x}-2^{x+1}\right]\mathrm{d}x$;　　(4) $\int\dfrac{1+x+x^2}{x+x^3}\,\mathrm{d}x$;

(5) $\int\cos^2\dfrac{x}{2}\,\mathrm{d}x$;　　(6) $\int\dfrac{1}{\sin^2 x\cos^2 x}\,\mathrm{d}x$.

2. 设 $\int xf(x)\,\mathrm{d}x=\arcsin x+C$,求 $\int\dfrac{1}{f(x)}\,\mathrm{d}x$.

4.2　不定积分的换元积分法与分部积分法

利用基本积分公式所能计算的不定积分是非常有限的,只能计算一些简单的积分,对一些稍复杂的函数的不定积分难以得到结果,例如 $\int \sin 5x\mathrm{d}x$、$\int x\cos x\mathrm{d}x$ 等.因此,本节进一步介绍两种基本积分方法——换元积分法和分部积分法.

4.2.1 第一类换元积分法（凑微分法或配元法）

第一类换元积分法

考虑如何求不定积分 $\int \sin 5x\mathrm{d}x$?

分析:本题不能用直接法求解,基本积分公式中只有 $\int \sin u\mathrm{d}u = -\cos u+C$,想到将微分形式 $\sin 5x\mathrm{d}x$ 凑成基本积分公式中的微分形式 $\sin u\mathrm{d}u$,因为

$$\sin 5x\mathrm{d}x = \frac{1}{5}\sin 5x\mathrm{d}(5x),$$

可令 $u=5x$,于是

$$\int \sin 5x\mathrm{d}x = \frac{1}{5}\int \sin 5x\mathrm{d}(5x) = \frac{1}{5}\int \sin u\mathrm{d}u = -\frac{1}{5}\cos u+C = -\frac{1}{5}\cos 5x+C.$$

这种"凑微分"的方法我们称之为第一类换元积分法（也叫凑微分法或配元法）.

定理 4.2.1 若 $F(u)$ 是 $f(u)$ 的一个原函数,即 $\int f(u)\mathrm{d}u = F(u)+C$,$u=\varphi(x)$ 可导,则

$$\int f[\varphi(x)]\varphi'(x)\mathrm{d}x = \int f(u)\mathrm{d}u \big|_{u=\varphi(x)} = F[\varphi(x)]+C.$$

证   由复合函数求导法则

$$\{F[\varphi(x)]\}' = F'(u)\varphi'(x) = f(u)\varphi'(x) = f[\varphi(x)]\varphi'(x).$$

由不定积分的定义,得

$$\int f[\varphi(x)]\varphi'(x)\mathrm{d}x = \int f(u)\mathrm{d}u \big|_{u=\varphi(x)} = F[\varphi(x)]+C.$$

第一类换元积分法解决的是形如 $\int f[\varphi(x)]\varphi'(x)\mathrm{d}x$ 的积分形式,凑微分后（作变换 $\varphi(x)=u$）变为易积的积分形式 $\int f(u)\mathrm{d}u$.其过程表述为

$$\int f[\varphi(x)]\varphi'(x)\mathrm{d}x \xrightarrow{\text{凑微分}} \int f[\varphi(x)]\mathrm{d}\varphi(x) \xrightarrow{\text{令}\ u=\varphi(x)}$$
$$= \int f(u)\mathrm{d}u \xrightarrow{\text{积分}} F(u)+C \xrightarrow{\text{还原}} F[\varphi(x)]+C.$$

容易看出,第一步凑微分是解题的关键.

例 4.2.1   求 $\int \dfrac{2}{3+2x}\mathrm{d}x$.

解 $\int \dfrac{2}{3+2x}\mathrm{d}x = \int \dfrac{1}{3+2x}\mathrm{d}(3+2x)$

$\xrightarrow{u=3+2x} \int \dfrac{1}{u}\mathrm{d}u = \ln|u|+C = \ln|3+2x|+C.$

例 4. 2. 2 求 $\int \dfrac{1}{a^2+x^2}\mathrm{d}x$.

解 $\displaystyle\int \dfrac{1}{a^2+x^2}\mathrm{d}x$

$$= \dfrac{1}{a^2}\int \dfrac{1}{1+\left(\dfrac{x}{a}\right)^2}\mathrm{d}x = \dfrac{1}{a}\int \dfrac{1}{1+\left(\dfrac{x}{a}\right)^2}\mathrm{d}\left(\dfrac{x}{a}\right)$$

$$\xlongequal{u=\frac{x}{a}} \dfrac{1}{a}\int \dfrac{1}{1+u^2}\mathrm{d}u = \dfrac{1}{a}\arctan u + C = \dfrac{1}{a}\arctan \dfrac{x}{a} + C.$$

例 4. 2. 3 求 $\int \sin^2 x\cos x\,\mathrm{d}x$.

解 $\displaystyle\int \sin^2 x\cos x\,\mathrm{d}x = \int \sin^2 x\,\mathrm{d}\sin x$

$$\xlongequal{u=\sin x} \int u^2\mathrm{d}u = \dfrac{1}{3}u^3 + C = \dfrac{1}{3}\sin^3 x + C.$$

换元积分法熟练以后,可不必写出 u,而直接计算下去.

例 4. 2. 4 求 $\int x\sqrt{x^2-1}\,\mathrm{d}x$.

解 $\displaystyle\int x\sqrt{x^2-1}\,\mathrm{d}x = \dfrac{1}{2}\int \sqrt{x^2-1}\,\mathrm{d}(x^2-1) = \dfrac{1}{3}(x^2-1)^{\frac{3}{2}} + C.$

例 4. 2. 5 求 $\int \dfrac{\mathrm{e}^x}{1+\mathrm{e}^{2x}}\mathrm{d}x$.

解 $\displaystyle\int \dfrac{\mathrm{e}^x}{1+\mathrm{e}^{2x}}\mathrm{d}x = \int \dfrac{1}{1+(\mathrm{e}^x)^2}\mathrm{d}\mathrm{e}^x = \arctan \mathrm{e}^x + C.$

凑微分法是一种有效的积分方法,利用基本微分公式可以得到
常用的凑微分公式:

(1) $f(ax+b)\mathrm{d}x = \dfrac{1}{a}f(ax+b)\mathrm{d}(ax+b)$;

(2) $f(x^n)x^{n-1}\mathrm{d}x = \dfrac{1}{n}f(x^n)\mathrm{d}x^n$;

(3) $f(\mathrm{e}^x)\mathrm{e}^x\mathrm{d}x = f(\mathrm{e}^x)\mathrm{d}\mathrm{e}^x$;

(4) $f(a^x)a^x\mathrm{d}x = \dfrac{1}{\ln a}f(a^x)\mathrm{d}a^x$;

(5) $f(\ln x)\dfrac{1}{x}\mathrm{d}x = f(\ln x)\mathrm{d}\ln x$;

(6) $f(\sqrt{x})\dfrac{1}{\sqrt{x}}\mathrm{d}x = 2f(\sqrt{x})\mathrm{d}\sqrt{x}$;

(7) $f(\sin x)\cos x\,\mathrm{d}x = f(\sin x)\mathrm{d}\sin x$;

(8) $f(\cos x)\sin x\,\mathrm{d}x = -f(\cos x)\mathrm{d}\cos x$;

(9) $f(\tan x)\sec^2 x\,\mathrm{d}x = f(\tan x)\mathrm{d}\tan x$;

(10) $f(\cot x)\csc^2 x\,\mathrm{d}x = -f(\cot x)\mathrm{d}\cot x$;

（11）$f(\arcsin x)\dfrac{1}{\sqrt{1-x^2}}\mathrm{d}x = f(\arcsin x)\,\mathrm{d}\arcsin x$；

（12）$f(\arccos x)\dfrac{1}{\sqrt{1-x^2}}\mathrm{d}x = -f(\arccos x)\,\mathrm{d}\arccos x$；

（13）$f(\arctan x)\dfrac{1}{1+x^2}\mathrm{d}x = f(\arctan x)\,\mathrm{d}\arctan x$；

（14）$f(\operatorname{arccot}x)\dfrac{1}{1+x^2}\mathrm{d}x = -f(\operatorname{arccot}x)\,\mathrm{d}\operatorname{arccot}x$.

例 4.2.6　求 $\displaystyle\int\dfrac{\mathrm{d}x}{x(1+2\ln x)}$.

解　$\displaystyle\int\dfrac{\mathrm{d}x}{x(1+2\ln x)}=\int\dfrac{\mathrm{d}\ln x}{1+2\ln x}$

$$=\dfrac{1}{2}\int\dfrac{\mathrm{d}(1+2\ln x)}{1+2\ln x}=\dfrac{1}{2}\ln|1+2\ln x|+C.$$

例 4.2.7　求 $\displaystyle\int\dfrac{\mathrm{e}^{3\sqrt{x}}}{\sqrt{x}}\mathrm{d}x$.

解　$\displaystyle\int\dfrac{\mathrm{e}^{3\sqrt{x}}}{\sqrt{x}}\mathrm{d}x = 2\int\mathrm{e}^{3\sqrt{x}}\,\mathrm{d}\sqrt{x}=\dfrac{2}{3}\int\mathrm{e}^{3\sqrt{x}}\,\mathrm{d}(3\sqrt{x})=\dfrac{2}{3}\mathrm{e}^{3\sqrt{x}}+C.$

4.2.2　第二类换元积分法

第一类换元积分法是通过变量代换 $u=\varphi(x)$ 将积分 $\displaystyle\int f[\varphi(x)]\varphi'(x)\mathrm{d}x$ 化为 $\displaystyle\int f(u)\,\mathrm{d}u$ 的形式，而 $\displaystyle\int f(u)\,\mathrm{d}u$ 是易积分的，但有时却要用变量代换 $x=\varphi(t)$，将积分 $\displaystyle\int f(x)\mathrm{d}x$ 化为 $\displaystyle\int f[\varphi(t)]\varphi'(t)\mathrm{d}t$ 的形式，而后者较易积分.这便是第二类换元法.其求解过程表述为

$$\int f(x)\mathrm{d}x \xrightarrow{\text{令 } x=\varphi(t)}\int f[\varphi(t)]\varphi'(t)\mathrm{d}t \xrightarrow{\text{求积分}} F(t)+C$$

$$\xrightarrow{\text{还原 } t=\varphi^{-1}(x)} F[\varphi^{-1}(x)]+C.$$

例 4.2.8　求 $\displaystyle\int\dfrac{\mathrm{d}x}{1+\sqrt{x}}$.

解　令 $\sqrt{x}=t$，则 $x=t^2$，$\mathrm{d}x=2t\mathrm{d}t$，于是

$$\int\dfrac{\mathrm{d}x}{1+\sqrt{x}}=\int\dfrac{2t}{1+t}\mathrm{d}t=\int\left(2-\dfrac{2}{1+t}\right)\mathrm{d}t=2t-2\ln|1+t|+C$$

$$=2\sqrt{x}-2\ln|1+\sqrt{x}|+C.$$

例 4.2.9　求 $\displaystyle\int\sqrt{a^2-x^2}\,\mathrm{d}x\,(a>0)$.

解　设 $x=a\sin t,\ t\in\left(-\dfrac{\pi}{2},\dfrac{\pi}{2}\right)$，则

$$\sqrt{a^2-x^2}=\sqrt{a^2-a^2\sin^2 t}=a\cos t,\ \mathrm{d}x=a\cos t\mathrm{d}t.$$

于是

$$\int\sqrt{a^2-x^2}\,\mathrm{d}x=a^2\int\cos^2 t\mathrm{d}t=\frac{a^2}{2}\int(1+\cos 2t)\,\mathrm{d}t$$

$$=\frac{a^2}{2}\left(t+\frac{\sin 2t}{2}\right)+C=\frac{a^2}{2}(t+\sin t\cos t)+C.$$

为将 t 代回原变量,根据 $x=a\sin t,t\in\left(-\dfrac{\pi}{2},\dfrac{\pi}{2}\right)$ 构造辅助三角形如

图 4-2-1 所示
则

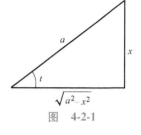

$$t=\arcsin\frac{x}{a},\cos t=\frac{\sqrt{a^2-x^2}}{a}.$$

图　4-2-1

所以,原式 $=\dfrac{a^2}{2}\arcsin\dfrac{x}{a}+\dfrac{x}{2}\sqrt{a^2-x^2}+C.$

例 4.2.10　求 $\displaystyle\int\frac{\mathrm{d}x}{\sqrt{x^2+a^2}}.$

解　设 $x=a\tan t,t\in\left(-\dfrac{\pi}{2},\dfrac{\pi}{2}\right)$,则

$$\sqrt{x^2+a^2}=\sqrt{a^2\tan^2 t+a^2}=a\sec t,\ \mathrm{d}x=a\sec^2 t\mathrm{d}t$$

于是

$$\int\frac{\mathrm{d}x}{\sqrt{x^2+a^2}}=\int\frac{a\sec^2 t}{a\sec t}\mathrm{d}t=\int\sec t\mathrm{d}t=\ln|\sec t+\tan t|+C_1.$$

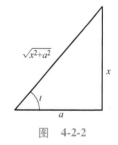

作辅助三角形如图 4-2-2 所示,则 $\sec t=\dfrac{\sqrt{x^2+a^2}}{a}.$

所以

图　4-2-2

$$\int\frac{\mathrm{d}x}{\sqrt{x^2+a^2}}=\ln\left|\frac{\sqrt{x^2+a^2}}{a}+\frac{x}{a}\right|+C_1$$

$$=\ln\left[x+\sqrt{x^2+a^2}\right]+C\ (C=C_1-\ln a).$$

4.2.3　分部积分法

换元积分法解决了大量的积分计算问题,但对有些积分,如

$$\int x\mathrm{e}^x\mathrm{d}x,\int x\arctan x\mathrm{d}x,\int \mathrm{e}^x\sin x\mathrm{d}x,\int\ln x\mathrm{d}x$$

等,换元积分法无法解决.下面介绍另一种积分法——分部积分法.
它是由乘积的微分公式得来的.

分部积分法

设 $u=u(x)$ 及 $v=v(x)$ 有连续的导数,则由

$$\mathrm{d}(uv)=u\mathrm{d}v+v\mathrm{d}u$$

移项得　　　　　　　　　　$u\mathrm{d}v=\mathrm{d}(uv)-v\mathrm{d}u$

两边求不定积分,则有

$$\int u\mathrm{d}v = uv - \int v\mathrm{d}u.$$

此公式称为分部积分公式.

用分部积分法的关键是如何将要求的积分 $\int f(x)\,\mathrm{d}x$ 首先转化成 $\int u\mathrm{d}v$ 的形式, 使它更容易计算. 所采用的方法就是凑微分法, 例如

$$\int x\mathrm{e}^x\mathrm{d}x = \int x\mathrm{d}\mathrm{e}^x = x\mathrm{e}^x - \int \mathrm{e}^x\mathrm{d}x = x\mathrm{e}^x - \mathrm{e}^x + C = (x-1)\mathrm{e}^x + C.$$

同时, 选择好 u、v 非常关键, 选择不当会使计算更复杂, 例如

$$\int x\mathrm{e}^x\mathrm{d}x = \int \mathrm{e}^x\mathrm{d}\left(\frac{x^2}{2}\right) = \frac{x^2}{2}\mathrm{e}^x - \int \frac{x^2}{2}\mathrm{d}\mathrm{e}^x = \frac{x^2}{2}\mathrm{e}^x - \int \frac{x^2}{2}\mathrm{e}^x\mathrm{d}x.$$

例 4.2.11　求 $\int x\sin 3x\mathrm{d}x$.

解　设 $u = x$, $\mathrm{d}v = \sin 3x\mathrm{d}x = \mathrm{d}\left(-\dfrac{1}{3}\cos 3x\right)$, 则

$$\begin{aligned}
\int x\sin 3x\mathrm{d}x &= \int x\mathrm{d}\left(-\frac{1}{3}\cos 3x\right) = -\frac{1}{3}x\cos 3x - \int \left(-\frac{1}{3}\cos 3x\right)\mathrm{d}x \\
&= -\frac{1}{3}x\cos 3x + \frac{1}{9}\sin 3x + C.
\end{aligned}$$

例 4.2.12　求 $\int x^2\mathrm{e}^x\mathrm{d}x$.

解　设 $u = x^2$, $\mathrm{d}v = \mathrm{e}^x\mathrm{d}x = \mathrm{d}\mathrm{e}^x$, 则

$$\int x^2\mathrm{e}^x\mathrm{d}x = \int x^2\mathrm{d}\mathrm{e}^x = x^2\mathrm{e}^x - \int \mathrm{e}^x\mathrm{d}x^2 = x^2\mathrm{e}^x - 2\int x\mathrm{e}^x\mathrm{d}x$$

再次用分部积分

$$\begin{aligned}
x^2\mathrm{e}^x - 2\int x\mathrm{d}\mathrm{e}^x &= x^2\mathrm{e}^x - 2\left(x\mathrm{e}^x - \int \mathrm{e}^x\mathrm{d}x\right) \\
&= x^2\mathrm{e}^x - 2x\mathrm{e}^x + \mathrm{e}^x + C.
\end{aligned}$$

在熟悉了分部积分公式后, 其过程中的中间变量 u,v 可不必写出.

例 4.2.13　求 $\int \ln x\mathrm{d}x$.

解　$\displaystyle\int \ln x\mathrm{d}x = x\ln x - \int x\mathrm{d}\ln x = x\ln x - \int x\,\frac{1}{x}\mathrm{d}x = x\ln x - x + C.$

例 4.2.14　求 $\int \mathrm{e}^x\cos x\mathrm{d}x$.

解　$\displaystyle\int \mathrm{e}^x\cos x\mathrm{d}x = \int \cos x\mathrm{d}\mathrm{e}^x$（取三角函数为 u）

$$= \mathrm{e}^x\cos x - \int \mathrm{e}^x\mathrm{d}(\cos x) = \mathrm{e}^x\cos x + \int \mathrm{e}^x\sin x\mathrm{d}x$$

$$= \mathrm{e}^x\cos x + \int \sin x\mathrm{d}\mathrm{e}^x$$（仍取三角函数为 u）

$$= \mathrm{e}^x\cos x + \mathrm{e}^x\sin x - \int \mathrm{e}^x\mathrm{d}\sin x$$

$$= e^x\cos x + e^x\sin x - \int e^x\cos x\,dx$$

解得

$$\int e^x\cos x\,dx = \frac{e^x}{2}(\sin x + \cos x) + C.$$

小结 分部积分法适应于被积函数是两种不同类型函数的乘积时,可概括为下列三类:

(1) $\int P(x)e^{ax}\,dx, \int P(x)\sin bx\,dx, \int P(x)\cos bx\,dx$;

(2) $\int P(x)\ln x\,dx, \int P(x)\arcsin bx\,dx, \int P(x)\arctan bx\,dx$;

(3) $\int e^{ax}\sin bx\,dx, \int e^{ax}\cos bx\,dx$.

其中,$P(x)$ 为 n 次多项式;a,b 为常数.

对于(1)中的类型,取 $u=P(x)$;对于(2)中的类型,取 $P(x)dx=dv$;对于(3)中的类型,可取 $u=e^{ax}$,亦可取 $e^{ax}dx=dv$.

例 4.2.15 已知 $f(x)$ 的一个原函数是 $\dfrac{\cos x}{x}$,求 $\int xf'(x)\,dx$.

解 由已知 $\int f(x)\,dx = \dfrac{\cos x}{x} + C_1$,故

$$\int xf'(x)\,dx = \int x\,df(x) = xf(x) - \int f(x)\,dx$$

$$= x\left(\frac{\cos x}{x}\right)' - \frac{\cos x}{x} - C_1 = -\sin x - 2\frac{\cos x}{x} + C.$$

习题 4-2

1. 用第一类换元法求下列不定积分:

(1) $\int \dfrac{dx}{\sqrt{x}(1+x)}$;   (2) $\int \dfrac{dx}{x\ln x\ln(\ln x)}$;

(3) $\int \dfrac{dx}{1+e^x}$;   (4) $\int \dfrac{\sin x\,dx}{\cos^3 x}$;

(5) $\int \dfrac{dx}{(3-2x)^2}$;   (6) $\int x\sin x^2\,dx$.

2. 用第二类换元法求下列不定积分:

(1) $\int \dfrac{dx}{(2-x)\sqrt{1-x}}$;   (2) $\int \dfrac{dx}{\sqrt{1+e^x}}$;

(3) $\int \dfrac{dx}{1+\sqrt{2x}}$;   (4) $\int \dfrac{dx}{x+\sqrt{1-x^2}}$.

3. 用分部积分法求下列不定积分:

(1) $\int x\sin x\,dx$;   (2) $\int \arctan x\,dx$;

（3）$\int \ln(1+x^2)\,\mathrm{d}x$；　　　　（4）$\int \mathrm{e}^x \sin x\,\mathrm{d}x$.

4. 已知 $f(x)$ 的一个原函数为 e^{-x^2}，求 $\int xf'(x)\,\mathrm{d}x$.

总习题 4

1. 用直接法计算下列不定积分：

（1）$\int(1-\sqrt[3]{x^2})^2\,\mathrm{d}x$；　　　　（2）$\int \dfrac{\sqrt{1+x^2}}{\sqrt{1-x^4}}\,\mathrm{d}x$；

（3）$\int \dfrac{x^4}{1+x^2}\,\mathrm{d}x$.

2. 求下列不定积分：

（1）$\int \sin^3 x\,\mathrm{d}x$；　　　　（2）$\int \cos^4 x\,\mathrm{d}x$.

3. 求不定积分 $\int \dfrac{\sin x+\cos x}{\sqrt[3]{\sin x-\cos x}}\,\mathrm{d}x$.

4. 求不定积分 $\int 2\mathrm{e}^x \sqrt{1-\mathrm{e}^{2x}}\,\mathrm{d}x$.

5. 求不定积分 $\int \dfrac{1}{x^2-a^2}\,\mathrm{d}x$.

6. 求不定积分 $\int \ln(1+\sqrt{x})\,\mathrm{d}x$.

7. 求不定积分 $\int \mathrm{e}^x \sin x\,\mathrm{d}x$.

第 5 章
定积分及其应用

不定积分是微分逆运算的一个侧面,定积分是它的另一个侧面.17 世纪中叶,牛顿和莱布尼茨先后提出积分的概念,并发现了积分和微分的内在联系,给出了求定积分的一般方法,从而使定积分成为解决实际问题的有力工具.并使各自独立的微分学和积分学联系在一起,构成完整的理论体系——微积分学.

本章从几何问题和经济问题出发引出定积分概念,然后讨论它的性质、计算及其应用.

5.1 定积分的概念与性质

5.1.1 定积分的概念

1. 引例

引例 **5.1.1**(曲边梯形的面积)   我们在中学学过长方形、三角形、矩形等特殊图形的面积公式,那么,任意平面曲线围成的平面图形的面积如何求呢? 事实上,其面积可表示为两个"曲边梯形"的面积之差.

设 $y=f(x)$ 在 $[a,b]$ 上非负、连续.由曲线 $y=f(x)$,直线 $x=a,x=b$ 及 $y=0$ 所围成的图形称为曲边梯形(见图 5-1-1).试求其面积 A.

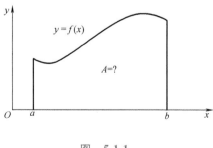

图   5-1-1

我们的基本思想是:把大的曲边梯形分成若干小曲边梯形,用小矩形的面积来近似小曲边梯形的面积(见图 5-1-2).最后,小矩形面积之和的极限就定义为曲边梯形的面积 A.具体步骤如下:

（1）分割：用分点
$$a = x_0 < x_1 < x_2 < \cdots < x_{n-1} < x_n = b$$
将区间 $[a,b]$ 分成 n 个小区间 $[x_{i-1}, x_i]$ $(i=1,2,\cdots,n)$，其长度为 $\Delta x_i = x_i - x_{i-1}(i=1,2,\cdots,n)$，以 $\Delta A_i(i=1,2,\cdots,n)$ 表示第 i 个小曲边梯形的面积.

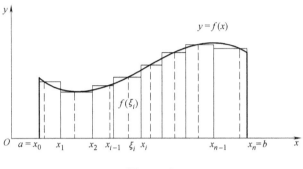

图 5-1-2

（2）近似：任取 $\xi_i \in [x_{i-1}, x_i]$ $(i=1,2,\cdots,n)$，用以 $f(\xi_i)$ 为高，区间 $[x_{i-1}, x_i]$ 为底的小矩形面积来近似代替小曲边梯形的面积，即
$$\Delta A_i \approx f(\xi_i)\Delta x_i (i=1,2,\cdots,n).$$

（3）求和：$A = \sum_{i=1}^{n} \Delta A_i \approx \sum_{i=1}^{n} f(\xi_i)\Delta x_i.$

（4）取极限：记小区间的最大长度 $\lambda = \max\limits_{1 \leqslant i \leqslant n}\{\Delta x_i\}$，则曲边梯形的面积
$$A = \lim_{\lambda \to 0} \sum_{i=1}^{n} f(\xi_i)\Delta x_i.$$

引例 5.1.2（收益问题） 设某商品的价格 P 是销售量 x 的函数 $P=P(x)$.求当销售量从 a 变到 b 时的收益 R.

我们的基本思路是：把整个销售量段分割成若干小段，每小段上价格看作不变，求出各小段的收益，最后各小段收益和的极限就是所求的总收益.步骤如下：

（1）分割：用分点
$$a = x_0 < x_1 < x_2 < \cdots < x_{n-1} < x_n = b$$
将区间 $[a,b]$ 分成 n 个小区间 $[x_{i-1}, x_i]$ $(i=1,2,\cdots,n)$，其长度为 $\Delta x_i = x_i - x_{i-1}(i=1,2,\cdots,n)$，以 $\Delta R_i(i=1,2,\cdots,n)$ 表示第 i 销售段上的收益.

（2）近似：任取 $\xi_i \in [x_{i-1}, x_i]$ $(i=1,2,\cdots,n)$，以 $P(\xi_i)\Delta x_i$ 作为 ΔR_i 的近似值，即
$$\Delta R_i \approx P(\xi_i)\Delta x_i (i=1,2,\cdots,n).$$

（3）求和：$R \approx \sum_{i=1}^{n} P(\xi_i)\Delta x_i.$

（4）取极限：记 $\lambda = \max\limits_{1 \leqslant i \leqslant n} \{\Delta x_i\}$，则

$$R = \lim_{\lambda \to 0} \sum_{i=1}^{n} P(\xi_i) \Delta x_i.$$

从上述两例可以看到，虽然它们的问题不同，但解决问题的方法完全相同，都是通过"分割、近似、求和、取极限"归结为形如 $\sum\limits_{i=1}^{n} f(\xi_i) \Delta x_i$ 这样一种特殊结构的和的极限．由此我们把它抽象出数学上的定积分概念．

2. 定义

定义 5.1.1　设函数 $y = f(x)$ 在闭区间 $[a, b]$ 上有界，在 $[a, b]$ 上插入 $n-1$ 个分点

$$a = x_0 < x_1 < x_2 < \cdots < x_{n-1} < x_n = b$$

将区间 $[a, b]$ 分成 n 个小区间 $[x_{i-1}, x_i]$ $(i = 1, 2, \cdots, n)$，记 $\Delta x_i = x_i - x_{i-1}$ $(i = 1, 2, \cdots, n)$．任取 $\xi_i \in [x_{i-1}, x_i]$ $(i = 1, 2, \cdots, n)$ 作和

$$S = \sum_{i=1}^{n} f(\xi_i) \Delta x_i.$$

记 $\lambda = \max\limits_{1 \leqslant i \leqslant n} \{\Delta x_i\}$，若不论对 $[a, b]$ 怎样分，也不论 $[x_{i-1}, x_i]$ 上的点 ξ_i 如何取，当 $\lambda \to 0$ 时，和 S 总有确定的极限 I，则称此极限值 I 为 $y = f(x)$ 在区间 $[a, b]$ 上的定积分，记为 $\int_a^b f(x) \mathrm{d}x$，即

$$\int_a^b f(x) \mathrm{d}x = I = \lim_{\lambda \to 0} \sum_{i=1}^{n} f(\xi_i) \Delta x_i.$$

此时，我们也说函数 $y = f(x)$ 在 $[a, b]$ 上是可积的．其中，称 $\int$ 为积分号；$y = f(x)$ 为被积函数；$f(x) \mathrm{d}x$ 为被积表达式；x 为积分变量；a 为积分下限；b 为积分上限．

在此定义下，引例 5.1.1 的面积为 $A = \int_a^b f(x) \mathrm{d}x$；引例 5.1.2 的收益为 $R = \int_a^b P(x) \mathrm{d}x$．

注意：定积分的值由被积函数 $f(x)$ 及积分区间 $[a, b]$ 确定，而与积分变量的记号无关，即

$$\int_a^b f(x) \mathrm{d}x = \int_a^b f(t) \mathrm{d}t$$

对于定积分，我们首先要问：什么样的函数一定可积？在此不做深入讨论，仅给出两个充分条件．

定理 5.1.1　若函数 $f(x)$ 在区间 $[a, b]$ 上连续，则 $f(x)$ 在 $[a, b]$ 上可积．

定理 5.1.2　若函数 $f(x)$ 在区间 $[a, b]$ 上有界，且只有有限个

间断点,则 $f(x)$ 在 $[a,b]$ 上可积.

3. 定积分的几何意义

在区间 $[a,b]$ 上,若 $f(x) \geqslant 0$,则 $\int_a^b f(x)\,\mathrm{d}x$ 表示由曲线 $y=f(x)$、直线 $x=a$、$x=b$ 及 $y=0$ 所围成的曲边梯形的面积;若 $f(x) \leqslant 0$,则 $\int_a^b f(x)\,\mathrm{d}x$ 表示上述面积的负值;若 $f(x)$ 有正有负,则 $\int_a^b f(x)\,\mathrm{d}x$ 表示由曲线 $y=f(x)$、直线 $x=a$、$x=b$ 及 $y=0$ 所围成的平面图形面积的代数和(见图 5-1-3),其中在 x 轴上方的面积取"$+$",在 x 轴下方的面积取"$-$".

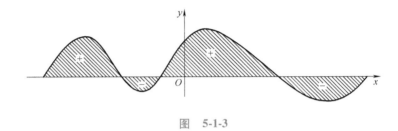

图　5-1-3

5.1.2　定积分的性质

定积分的
奇偶对称性

补充规定: $(1) \int_a^a f(x)\,\mathrm{d}x = 0$; $(2) \int_a^b f(x)\,\mathrm{d}x = -\int_b^a f(x)\,\mathrm{d}x$.

有了上述规定,在以后的讨论中如无特别指出,对定积分的上下限的大小不加以限制.

设函数 $f(x)$ 及 $g(x)$ 在所讨论的区间上可积,则

性质 1(线性性)　$\int_a^b [\alpha f(x)+\beta g(x)]\,\mathrm{d}x = \alpha \int_a^b f(x)\,\mathrm{d}x + \beta \int_a^b g(x)\,\mathrm{d}x$,

其中 α,β 为常数.

(此性质可以推广到有限多个函数的情形.)

性质 2　$\int_a^b \mathrm{d}x = b-a$(表示以区间 $[a,b]$ 为底、$f=1$ 为高的矩形面积).

性质 3(有限可加性或路径性)　对实数 a,b,c 有 $\int_a^b f(x)\,\mathrm{d}x =$

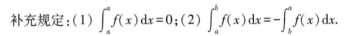

$\int_a^c f(x)\,\mathrm{d}x + \int_c^b f(x)\,\mathrm{d}x$.

性质 4(保序性)　若 $f(x) \leqslant g(x)$,$x \in [a,b]$,则

$$\int_a^b f(x)\,\mathrm{d}x \leqslant \int_a^b g(x)\,\mathrm{d}x \,(a<b).$$

推论 5.1.1　若 $f(x) \geqslant 0$,则

$$\int_a^b f(x)\,\mathrm{d}x \geqslant 0 \,(a<b).$$

推论 5.1.2 $\left|\int_a^b f(x)\,\mathrm{d}x\right| \leqslant \int_a^b |f(x)|\,\mathrm{d}x\,(a<b).$

性质 5（估值不等式） 若 $m\leqslant f(x)\leqslant M, x\in[a,b]$，则

$$m(b-a)\leqslant\int_a^b f(x)\,\mathrm{d}x\leqslant M(b-a)\,(a<b).$$

性质 6（积分中值定理） 设函数 $f(x)$ 在闭区间 $[a,b]$ 上连续，则至少存在一点 $\xi\in[a,b]$，使得

$$\int_a^b f(x)\,\mathrm{d}x=f(\xi)(b-a).$$

其几何意义是：由曲线 $y=f(x)$，直线 $x=a$、$x=b$ 及 $y=0$ 所围成的曲边梯形的面积，等于以区间 $[a,b]$ 为底、以某一点 $\xi\in[a,b]$ 的函数值 $f(\xi)$ 为高的矩形的面积，如图 5-1-4 所示.

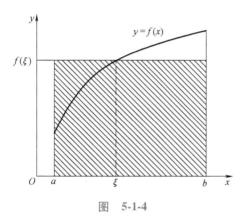

图 5-1-4

习题 5-1

1. 利用定积分的几何意义求下列定积分：

（1）$\int_0^1 x\,\mathrm{d}x$；   （2）$\int_{-a}^{a}\sqrt{a^2-x^2}\,\mathrm{d}x.$

2. 比较下列每组定积分的大小：

（1）$\int_0^1 x^2\,\mathrm{d}x$ 与 $\int_0^1 x^3\,\mathrm{d}x$；   （2）$\int_0^{\frac{\pi}{2}} x\,\mathrm{d}x$ 与 $\int_0^{\frac{\pi}{2}}\sin x\,\mathrm{d}x$；

（3）$\int_0^1 \mathrm{e}^x\,\mathrm{d}x$ 与 $\int_0^1 (x+1)\,\mathrm{d}x.$

5.2 微积分基本公式

原函数和定积分是从两个不同角度引入的两个完全不同的概念，但牛顿和莱布尼茨却找到了它们之间深刻的内在联系，即"微积分基本定理"，并由此解决了求定积分的方法——牛顿和莱布尼茨

公式,从而使积分学和微分学一起构成变量数学的基础学科——微积分学.牛顿和莱布尼茨也因此成为微积分学的创始人而载入史册.本节探讨这两个概念之间的关系,并通过这个关系得出利用原函数计算定积分的公式.

5.2.1 积分上限的函数

定义 5.2.1 设函数 $f(x)$ 在区间 $[a,b]$ 上连续,则对每一个 $x \in [a,b]$,都有一个确定的积分 $\int_a^x f(x)\,dx$ 与之对应,它是定义在 $[a,b]$ 上的函数,记为

$$\Phi(x) = \int_a^x f(t)\,dt, x \in [a,b].$$

称 $\Phi(x)$ 为变上限的函数(或积分上限的函数).这个函数有一个极为重要的性质.

定理 5.2.1(微积分基本定理) 若函数 $f(x)$ 在闭区间 $[a,b]$ 上连续,则变上限的函数

$$\Phi(x) = \int_a^x f(t)\,dt$$

在 $[a,b]$ 上可导,且

$$\Phi'(x) = \left[\int_a^x f(t)\,dt \right]' = f(x), x \in [a,b].$$

换句话说,$\Phi(x) = \int_a^x f(t)\,dt$ 是连续函数 $f(x)$ 的一个原函数.

定理 5.2.2(原函数存在定理) 如果 $f(x)$ 在 $[a,b]$ 上连续,则 $\Phi(x) = \int_a^x f(t)\,dt$ 是 $f(x)$ 在 $[a,b]$ 上的一个原函数.

下面给出揭示定积分与原函数之间的关系的重要定理——牛顿—莱布尼茨公式.

5.2.2 牛顿—莱布尼茨公式

定理 5.2.3 设函数 $f(x)$ 在区间 $[a,b]$ 上连续,$F(x)$ 是 $f(x)$ 的一个原函数,则

$$\int_a^b f(x)\,dx = F(b) - F(a).$$

这个公式称为微积分基本公式,也叫牛顿—莱布尼茨公式.

证 已知 $F(x)$ 是 $f(x)$ 的一个原函数,由定理 5.2.2 知 $\Phi(x) = \int_a^x f(t)\,dt$ 也是 $f(x)$ 的一个原函数,因此

$$\int_a^x f(t)\,dt = F(x) + C.$$

在上式中令 $x=a$,得 $F(a)+C=0$,即 $C=-F(a)$.再令 $x=b$,得

$$\int_a^b f(x)\,\mathrm{d}x = F(b) - F(a).$$

为方便起见，$F(b) - F(a)$ 也记作 $F(x)\,\Big|_a^b$ 或者 $[F(x)]_a^b$，即

$$\int_a^b f(x)\,\mathrm{d}x = F(x)\,\Big|_a^b \;(\text{或}\,[F(x)]_a^b)$$
$$= F(b) - F(a).$$

例 5.2.1　求 $\displaystyle\int_{-2}^{-1} \frac{1}{x}\mathrm{d}x$.

解　$\displaystyle\int_{-2}^{-1} \frac{1}{x}\mathrm{d}x = \ln|x|\,\Big|_{-2}^{-1} = \ln 1 - \ln 2 = -\ln 2.$

例 5.2.2　求 $\displaystyle\int_{-1}^{\sqrt{3}} \frac{\mathrm{d}x}{1+x^2}$.

解　$\displaystyle\int_{-1}^{\sqrt{3}} \frac{\mathrm{d}x}{1+x^2} = \arctan x\,\Big|_{-1}^{\sqrt{3}} = \arctan\sqrt{3} - \arctan(-1)$

$$= \frac{\pi}{3} - \left(-\frac{\pi}{4}\right) = \frac{7}{12}\pi.$$

例 5.2.3　求 $\displaystyle\int_{-1}^{3} |2-x|\,\mathrm{d}x$.

解　因

$$|2-x| = \begin{cases} 2-x, & x \leqslant 2, \\ x-2, & x > 2 \end{cases}$$

由积分的可加性，得

$$\int_{-1}^{3} |2-x|\,\mathrm{d}x = \int_{-1}^{2} (2-x)\,\mathrm{d}x + \int_{2}^{3} (x-2)\,\mathrm{d}x = \left(2x - \frac{x^2}{2}\right)\Big|_{-1}^{2} + \left(\frac{x^2}{2} - 2x\right)\Big|_{2}^{3}$$
$$= 4\frac{1}{2} + \frac{1}{2} = 5.$$

分段函数的定积分

习题 5-2

1. 求 $\displaystyle\frac{\mathrm{d}}{\mathrm{d}x}\int_x^a \mathrm{e}^{2t}\mathrm{d}t$.

2. 计算下列定积分：

（1）$\displaystyle\int_0^1 \mathrm{e}^x\mathrm{d}x$；　　　　　　（2）$\displaystyle\int_1^2 \left(x + \frac{1}{x}\right)^2 \mathrm{d}x$；

（3）$\displaystyle\int_4^9 \sqrt{x}\,(1+\sqrt{x})\,\mathrm{d}x$；　　（4）$\displaystyle\int_0^{\frac{\pi}{2}} (2\cos x + \sin x - 1)\,\mathrm{d}x$；

（5）$\displaystyle\int_1^{\sqrt{3}} \frac{1}{x^2(1+x^2)}\mathrm{d}x$.

3. 设 $f(x) = \begin{cases} 2x, & 0 \leqslant x \leqslant 1, \\ 5, & 1 < x \leqslant 2 \end{cases}$，求 $\displaystyle\int_0^2 f(x)\,\mathrm{d}x$.

5.3 定积分的换元积分法与分部积分法

由牛顿—莱布尼茨公式知,求定积分的关键是求原函数,在不定积分的计算中有换元积分法和分部积分法,因此,本节讨论定积分的换元积分法与分部积分法.

5.3.1 定积分的换元积分法

定理 5.3.1   假设

(1) 函数 $f(x)$ 在区间 $[a,b]$ 上连续;

(2) $x = \varphi(t)$ 在 $[\alpha,\beta]$ 上为单值函数,具有连续的导数;

(3) 当 t 在区间 $[\alpha,\beta]$ 上变化时,$x = \varphi(t)$ 的值在 $[a,b]$ 上变化,且

$$\varphi(\alpha) = a, \varphi(\beta) = b,$$

则有

$$\int_a^b f(x)\,\mathrm{d}x = \int_\alpha^\beta f[\varphi(t)]\varphi'(t)\,\mathrm{d}t.$$

这个公式称为定积分的换元公式.

注意:从左到右使用公式,相当于不定积分的第二类换元法;从右到左使用公式,相当于不定积分的第一类换元法.所不同的是,定积分计算中,换元后只要同时换限,而不必代回原来的变量.

例 5.3.1   求 $\int_0^{\frac{\pi}{2}} \cos^5 x \sin x \mathrm{d}x$.

解 $\int_0^{\frac{\pi}{2}} \cos^5 x \sin x \mathrm{d}x = -\int_0^{\frac{\pi}{2}} \cos^5 x \mathrm{d}(\cos x)$.

令 $\cos x = t$,则 $x = 0$ 时,$t = 1$;$x = \dfrac{\pi}{2}$ 时,$t = 0$.于是

$$\int_0^{\frac{\pi}{2}} \cos^5 x \sin x \mathrm{d}x = -\int_1^0 t^5 \mathrm{d}t = \int_0^1 t^5 \mathrm{d}t = \left[\frac{t^6}{6}\right]_0^1 = \frac{1}{6}.$$

注意:本例中,可以不引进新的变量 t,这时积分限也不改变.可简单计算如下:

$$\int_0^{\frac{\pi}{2}} \cos^5 x \sin x \mathrm{d}x = -\int_0^{\frac{\pi}{2}} \cos^5 x \mathrm{d}(\cos x) = -\left[\frac{\cos^6 x}{6}\right]_0^{\frac{\pi}{2}} = \frac{1}{6}.$$

例 5.3.2   求 $\int_4^9 \dfrac{\mathrm{d}x}{\sqrt{x}-1}$.

解   令 $\sqrt{x} = t$,则 $x = t^2$,$\mathrm{d}x = 2t\mathrm{d}t$,且当 $x = 4$ 时,$t = 2$;$x = 9$ 时,$t = 3$.所以

$$\int_4^9 \frac{\mathrm{d}x}{\sqrt{x}-1} = \int_2^3 \frac{1}{t-1} 2t\mathrm{d}t = 2[t+\ln(t-1)]_2^3 = 2+\ln 4.$$

例 5.3.3　证明定积分的奇偶对称性：

（1）若 $f(x)$ 是偶函数，则 $\int_{-a}^{a} f(x)\mathrm{d}x = 2\int_{0}^{a} f(x)\mathrm{d}x$；

（2）若 $f(x)$ 是奇函数，则 $\int_{-a}^{a} f(x)\mathrm{d}x = 0$.

证　由积分的可加性

$$\int_{-a}^{a} f(x)\mathrm{d}x = \int_{-a}^{0} f(x)\mathrm{d}x + \int_{0}^{a} f(x)\mathrm{d}x$$

对 $\int_{-a}^{0} f(x)\mathrm{d}x$，作变量替换 $x = -t$，则

$$\int_{-a}^{0} f(x)\mathrm{d}x = \int_{a}^{0} f(-t)\mathrm{d}(-t) = \int_{0}^{a} f(-t)\mathrm{d}t = \int_{0}^{a} f(-x)\mathrm{d}x.$$

所以

$$\int_{-a}^{a} f(x)\mathrm{d}x = \int_{0}^{a} [f(-x) + f(x)]\mathrm{d}x$$

（1）若 $f(x)$ 是偶函数，则 $f(-x) = f(x)$，于是

$$\int_{-a}^{a} f(x)\mathrm{d}x = \int_{0}^{a} [f(-x) + f(x)]\mathrm{d}x = 2\int_{0}^{a} f(x)\mathrm{d}x.$$

（2）若 $f(x)$ 是奇函数，则 $f(-x) = -f(x)$，于是

$$\int_{-a}^{a} f(x)\mathrm{d}x = \int_{0}^{a} [f(-x) + f(x)]\mathrm{d}x = 0.$$

例 5.3.4　求 $\int_{-1}^{1} \left(x^2 + \dfrac{\sin^3 x}{\sqrt{1+x^2}} \right)\mathrm{d}x$.

解　利用定积分的奇偶对称性得

$$\int_{-1}^{1} \left(x^2 + \frac{\sin^3 x}{\sqrt{1+x^2}} \right)\mathrm{d}x = \int_{-1}^{1} x^2\mathrm{d}x + \int_{-1}^{1} \frac{\sin^3 x}{\sqrt{1+x^2}}\mathrm{d}x = 2\int_{0}^{1} x^2\mathrm{d}x + 0 = \frac{2}{3}.$$

5.3.2　定积分的分部积分法

设 $u = u(x)$ 及 $v = v(x)$ 有连续的导数，则由

$$\mathrm{d}(uv) = u\mathrm{d}v + v\mathrm{d}u$$

移项得

$$u\mathrm{d}v = \mathrm{d}(uv) - v\mathrm{d}u.$$

两边取 x 由 a 到 b 的定积分，则有

$$\int_{a}^{b} u\mathrm{d}v = uv \Big|_{a}^{b} - \int_{a}^{b} v\mathrm{d}u.$$

这就是定积分的分部积分公式.

例 5.3.5　求 $\int_{0}^{\frac{1}{2}} \arcsin x\,\mathrm{d}x$.

解　由分部积分公式

$$\int_{0}^{\frac{1}{2}} \arcsin x\,\mathrm{d}x = [x\arcsin x]_{0}^{\frac{1}{2}} - \int_{0}^{-\frac{1}{2}} \frac{x}{\sqrt{1-x^2}}\mathrm{d}x$$

$$= \frac{\pi}{12} + \frac{1}{2} \int_0^{\frac{1}{2}} (1-x^2)^{-\frac{1}{2}} \mathrm{d}(1-x^2)$$

$$= \frac{\pi}{12} + [(1-x^2)^{\frac{1}{2}}]_0^{\frac{1}{2}} = \frac{\pi}{12} + \frac{\sqrt{3}}{2} - 1$$

例 5.3.6　求 $\int_0^1 x\mathrm{e}^x \mathrm{d}x$.

解　$\int_0^1 x\mathrm{e}^x \mathrm{d}x = \int_0^1 x \mathrm{d}\mathrm{e}^x = [x\mathrm{e}^x]_0^1 - \int_0^1 \mathrm{e}^x \mathrm{d}x = \mathrm{e} - [\mathrm{e}^x]_0^1 = 1$

习题 5-3

1. 用换元积分法计算下列定积分：

(1) $\int_0^{\sqrt{3}a} \frac{\mathrm{d}x}{a^2 + x^2} (a \neq 0)$；　　(2) $\int_0^\pi (1 - \sin^3\theta) \mathrm{d}\theta$；

(3) $\int_{-\frac{\pi}{2}}^{\frac{\pi}{2}} \sqrt{1 - \cos x}\, \mathrm{d}x$；　　(4) $\int_1^{\mathrm{e}} \frac{\mathrm{d}x}{x\sqrt{1 - (\ln x)^2}}$；

(5) $\int_1^4 \frac{\mathrm{d}x}{x(1 + \sqrt{x})}$；　　(6) $\int_1^{\sqrt{3}} \frac{\mathrm{d}x}{x^2\sqrt{1 + x^2}}$.

2. 用分部积分法计算下列定积分：

(1) $\int_0^1 \mathrm{e}^{-\sqrt{x}} \mathrm{d}x$；　　(2) $\int_1^{\mathrm{e}} x\ln x \mathrm{d}x$；

(3) $\int_0^1 \arctan x \mathrm{d}x$；　　(4) $\int_0^{\frac{\pi}{2}} x\sin 2x \mathrm{d}x$；

(5) $\int_0^1 x\mathrm{e}^{-x} \mathrm{d}x$.

3. $f''(x)$ 在 $[0,1]$ 上连续，且 $f(0) = 0, f(1) = 3, f'(1) = 5$，求 $\int_0^1 x f''(x) \mathrm{d}x$.

5.4　反　常　积　分

前面介绍的定积分有两个基本条件：积分区间是有限的和被积函数是有界函数. 但实际问题中，我们会遇到不满足这两个约束条件的，因此，需要把积分的概念向两个方面拓广，研究无穷区间上的积分和无界函数的积分. 这两类积分统称为反常积分或广义积分. 本节我们仅介绍无穷区间上的积分，即无穷积分.

定义 5.4.1　设函数 $f(x)$ 在区间 $[a, +\infty)$ 上连续，若极限

$$\lim_{b \to +\infty} \int_a^b f(x) \mathrm{d}x$$

存在，则称此极限值为函数 $f(x)$ 在区间 $[a, +\infty)$ 上的反常积分（或

广义积分),记作 $\int_a^{+\infty} f(x)\,\mathrm{d}x$,即

$$\int_a^{+\infty} f(x)\,\mathrm{d}x = \lim_{b\to+\infty} \int_a^b f(x)\,\mathrm{d}x.$$

这时也称反常积分 $\int_a^{+\infty} f(x)\,\mathrm{d}x$ 收敛;如果极限 $\lim\limits_{b\to+\infty} \int_a^b f(x)\,\mathrm{d}x$ 不存

在,则称反常积分 $\int_a^{+\infty} f(x)\,\mathrm{d}x$ 发散.

　　类似地,可定义函数 $f(x)$ 在区间 $(-\infty, b]$ 上的反常积分

$$\int_{-\infty}^b f(x)\,\mathrm{d}x = \lim_{a\to-\infty} \int_a^b f(x)\,\mathrm{d}x.$$

定义 5.4.2　函数 $f(x)$ 在无穷区间 $(-\infty, +\infty)$ 上的反常积分
定义为

$$\int_{-\infty}^{+\infty} f(x)\,\mathrm{d}x = \int_{-\infty}^a f(x)\,\mathrm{d}x + \int_a^{+\infty} f(x)\,\mathrm{d}x.$$

其中,a 为任意实数.当上式右端两个积分都收敛时,称反常积分
$\int_{-\infty}^{+\infty} f(x)\,\mathrm{d}x$ 收敛,否则称 $\int_{-\infty}^{+\infty} f(x)\,\mathrm{d}x$ 发散.

　　若 $F(x)$ 是 $f(x)$ 的原函数,引入记号

$$F(+\infty) = \lim_{x\to+\infty} F(x),\ F(-\infty) = \lim_{x\to-\infty} F(x),$$

则有类似牛顿—莱布尼茨公式的计算表达式:

$$\int_a^{+\infty} f(x)\,\mathrm{d}x = \left[F(x) \right]_a^{+\infty} = F(+\infty) - F(a).$$

$$\int_{-\infty}^b f(x)\,\mathrm{d}x = \left[F(x) \right]_{-\infty}^b = F(b) - F(-\infty).$$

$$\int_{-\infty}^{+\infty} f(x)\,\mathrm{d}x = \left[F(x) \right]_{-\infty}^{+\infty} = F(+\infty) - F(-\infty).$$

例 5.4.1　计算反常积分 $\int_{-\infty}^{+\infty} \dfrac{\mathrm{d}x}{1+x^2}$.

解　$\int_{-\infty}^{+\infty} \dfrac{\mathrm{d}x}{1+x^2} = \left[\arctan x \right]_{-\infty}^{+\infty} = \lim\limits_{x\to+\infty} \arctan x - \lim\limits_{x\to-\infty} \arctan x$

$$= \frac{\pi}{2} - \left(-\frac{\pi}{2} \right) = \pi.$$

例 5.4.2　判断 p 积分 $\int_a^{+\infty} \dfrac{\mathrm{d}x}{x^p}$ 的敛散性 $(a>0)$.

解　当 $p=1$ 时,有

$$\int_a^{+\infty} \frac{\mathrm{d}x}{x^p} = \int_a^{+\infty} \frac{\mathrm{d}x}{x} = \left[\ln |x| \right]_a^{+\infty} = +\infty.$$

当 $p\neq 1$ 时,有

$$\int_a^{+\infty}\frac{\mathrm{d}x}{x^p}=\left[\frac{x^{1-p}}{1-p}\right]_a^{+\infty}=\begin{cases}+\infty,p<1,\\\dfrac{a^{1-p}}{p-1},p>1.\end{cases}$$

因此,p 积分 $\int_a^{+\infty}\dfrac{\mathrm{d}x}{x^p}$:当 $p>1$ 时收敛,其值为 $\dfrac{a^{1-p}}{p-1}$;当 $p\leqslant 1$ 时发散.

习题 5-4

1. 判断下列广义积分的敛散性.若收敛,求其值.

(1) $\displaystyle\int_0^{+\infty}\frac{1}{1+x^2}\mathrm{d}x$;　　　　(2) $\displaystyle\int_1^{+\infty}\frac{1}{x\sqrt{x-1}}\mathrm{d}x$;

(3) $\displaystyle\int_{-\infty}^0 \mathrm{e}^x\mathrm{d}x$;　　　　(4) $\displaystyle\int_{-\infty}^{+\infty}\sin x\mathrm{d}x$;

(5) $\displaystyle\int_1^{+\infty}\frac{1}{x^3}\mathrm{d}x$.

5.5　定积分的应用

定积分是求某种总量的数学模型,它在几何学、物理学、社会学、经济学等领域有着极其广泛的应用.本节介绍定积分解决实际问题的基本思想和方法——微元法,然后介绍定积分在几何学和经济学中的应用.

5.5.1　定积分的微元法

回顾求曲边梯形面积的方法.

求由曲线 $y=f(x)$（连续非负）、直线 $x=a$ 和 $x=b$ 及 $y=0$ 所围成的曲边梯形的面积 A.我们运用了"四步法":

(1) 分割:将区间 $[a,b]$ 分成 n 个长度为 Δx_i 的小区间 $[x_{i-1},x_i]$,$(i=1,2,\cdots,n)$,相应地曲边梯形也分成 n 个面积为 $\Delta A_i(i=1,2,\cdots,n)$ 的小曲边梯形;

(2) 近似:任取 $\xi_i\in[x_{i-1},x_i]$ $(i=1,2,\cdots,n)$,则 $\Delta A_i\approx f(\xi_i)\Delta x_i(i=1,2,\cdots,n)$;

(3) 求和:$A=\displaystyle\sum_{i=1}^n\Delta A_i\approx\sum_{i=1}^n f(\xi_i)\Delta x_i$;

(4) 取极限:记 $\lambda=\max\limits_{1\leqslant i\leqslant n}\{\Delta x_i\}$,则

$$A=\lim_{\lambda\to 0}\sum_{i=1}^n f(\xi_i)\Delta x_i=\int_a^b f(x)\mathrm{d}x.$$

定积分的所有应用问题,一般总可按这四个步骤把所求量表示为定积分形式.但实际问题中我们可略去下标,着眼于导出积分表

达式,将步骤简化为:

(1) 由分割、近似写微元.划分区间 $[a,b]$,任取其中一个小区间 $[x,x+dx]$,取左端点 x 作为 ξ,则 $f(\xi)=f(x)$,因而,对应于小区间 $[x,x+dx]$ 的曲边梯形的面积 ΔA 近似为 $f(x)dx$(称为面积元素或微元,记为 dA),即

$$\Delta A \approx dA = f(x)dx.$$

(2) 由微元写积分.将"求和、取极限"两个步骤,合并成以 dA 为积分表达式,在 $[a,b]$ 上的定积分

$$A = \int_a^b dA = \int_a^b f(x)dx.$$

此方法称为定积分的微元法,其关键步骤是积分元素 dA 的表达式.

5.5.2 定积分在几何上的应用

1. 平面图形的面积

一般地,由两条曲线 $y=f(x)$,$y=g(x)$($f(x) \geqslant g(x)$,$x \in [a,b]$)、直线 $x=a$,$x=b$ 围成的平面图形的面积 A(见图 5-5-1)为

$$A = \int_a^b [f(x) - g(x)]dx.$$

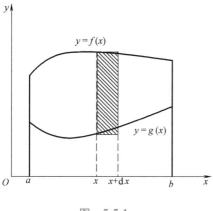

图　5-5-1

事实上,在 $[a,b]$ 上任取小区间 $[x,x+dx]$,对应的小平面图形的面积为

$$\Delta A \approx [f(x) - g(x)]dx,$$

即面积元素

$$dA = [f(x) - g(x)]dx.$$

于是

$$A = \int_a^b [f(x) - g(x)]dx.$$

例 5.5.1　求由两条抛物线 $y^2=x$,$y=x^2$ 在第一象限所围图形的面积.

解　所围面积如图 5-5-2 所示.联立方程

$$\begin{cases} y^2 = x, \\ x^2 = y \end{cases}$$

求得两曲线的交点为 $(0,0)$ 及 $(1,1)$. 由于 $\sqrt{x} \geqslant x^2$，所以

$$A = \int_0^1 (\sqrt{x} - x^2)\,\mathrm{d}x = \left[\frac{2}{3}x^{\frac{3}{2}} - \frac{1}{3}x^3\right]_0^1 = \frac{1}{3}.$$

那么，积分变量只能选 x 吗？

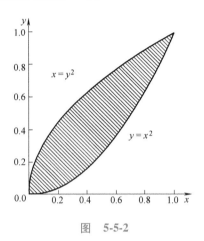

图　5-5-2

例 5.5.2　计算由曲线 $y^2 = 2x$ 和直线 $y = x - 4$ 所围成的图形的面积.

解　所围面积如图 5-5-3 所示，由联立方程

$$\begin{cases} y^2 = 2x, \\ y = x - 4 \end{cases}$$

得两曲线的交点为 $(2,-2)$ 及 $(8,4)$，取 y 作积分变量，则 $y \in [-2,4]$，于是

$$\mathrm{d}A = \left(y + 4 - \frac{1}{2}y^2\right)\mathrm{d}y,$$

所以

$$A = \int_{-2}^4 \left(y + 4 - \frac{1}{2}y^2\right)\mathrm{d}y = \left[\frac{1}{2}y^2 + 4y - \frac{1}{6}y^3\right]_{-2}^4 = 18.$$

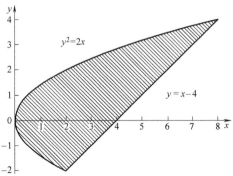

图　5-5-3

2. 旋转体的体积

所谓旋转体是指由一个平面图形绕这个平面上一条定直线旋转一周而成的立体.例如,矩形绕它的一条边旋转一周得到圆柱体;直角三角形绕它的直角边旋转一周得到圆锥体;直角梯形绕它的直角腰旋转一周得到圆台;半圆绕它的直径旋转一周得到球体,等等.

上述旋转体都可以看作由连续曲线 $y=f(x)$,直线 $x=a$ 和 $x=b$ 及 x 轴围成的曲边梯形绕 x 轴或 y 轴旋转一周得到的旋转体,如图 5-5-4 所示,下面我们用微元法来求它的体积 V.

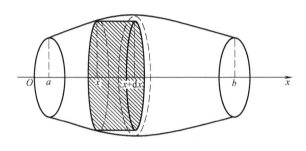

图　5-5-4

分割区间 $[a,b]$,任取小区间 $[x,x+\mathrm{d}x]$,对应于小区间 $[x,x+\mathrm{d}x]$ 的小薄片的体积可近似用以 $f(x)$ 为底半径、$\mathrm{d}x$ 为高的扁圆柱体替代,即旋转体的体积元素为

$$\mathrm{d}V=\pi[f(x)]^2\mathrm{d}x,$$

从而所求旋转体的体积为

$$V=\int_a^b \pi[f(x)]^2\mathrm{d}x.$$

例 5.5.3　求由椭圆 $\dfrac{x^2}{a^2}+\dfrac{y^2}{b^2}=1$ 所围成的图形绕 x 轴旋转而成的椭球体的体积.

解　此立体可以看作由曲线 $y=\dfrac{b}{a}\sqrt{a^2-x^2}\ (-a\leqslant x\leqslant a)$ 及 x 轴围成的半个椭圆面绕 x 轴旋转而成的旋转体.于是

$$V=2\int_0^a \pi y^2\mathrm{d}x=2\int_0^a \frac{\pi b^2}{a^2}(a^2-x^2)\mathrm{d}x=2\frac{\pi b^2}{a^2}\left(a^2x-\frac{x^3}{3}\right)\bigg|_0^a=\frac{4}{3}\pi ab^2.$$

当 $a=b$ 时,旋转椭球体就成为半径为 a 的球体,其体积为 $\dfrac{4}{3}\pi a^3$.

5.5.3　定积分在经济中的应用

设经济函数 $f(x)$ 的边际函数为 $f'(x)$,则经济函数的增量

$$\Delta f=f(x)-f(x_0)=\int_{x_0}^x f'(x)\mathrm{d}x.$$

例 5.5.4   生产某产品的边际成本为 $C'(Q)=150-0.2Q$，当产量由 200 增加到 300 时，需追加成本多少？

解   需追加成本

$$C=\int_{200}^{300}(150-0.2Q)\,\mathrm{d}Q=[150Q-0.1Q^2]_{200}^{300}=10000.$$

例 5.5.5   已知某产品生产 Q 单位时，边际收益为 $R'(Q)=200-\dfrac{Q}{100}(Q>0)$，问：

（1）生产了 50 个单位时的总收益是多少？

（2）若已经生产了 100 个单位，要再生产 100 个单位，总收益将增加多少？

解   （1）因总收益是边际收益函数在 $[0,Q]$ 上的定积分，所以生产了 50 个单位时的总收益为

$$R(50)=\int_0^{50}\left(200-\frac{Q}{100}\right)\mathrm{d}Q=\left[200Q-\frac{Q^2}{200}\right]_0^{50}=9987.5.$$

（2）在生产了 100 个单位的基础上，再生产 100 个单位，这时总收益的增量为

$$\Delta R=\int_{100}^{100+100}\left(200-\frac{Q}{100}\right)\mathrm{d}Q=19850.$$

习题 5-5

1. 求下列各曲线围成平面图形的面积：
（1）由 $[0,\pi]$ 上的曲线 $y=\sin x$ 与 x 轴所围成；
（2）由曲线 $y=6-x^2,y=x$ 所围成.

2. 设平面图形由 $x=0,y=\sin x,y=\cos x\left(0\leqslant x\leqslant\dfrac{\pi}{4}\right)$ 所围成，求：
（1）该平面图形的面积；
（2）该平面图形绕 x 轴旋转而成的旋转体的体积.

3. 求由 $y^2=x$ 及 $y=x-2$ 围成的平面图形绕 y 轴旋转形成旋转体的体积.

4. 某电视设备厂生产某种室内天线的边际成本为 $C'(x)=2$(元/件)（固定成本设为 0），而边际收入 $R'(x)=20-0.02x$(元/件).求：
（1）产量为多少件时，总利润最大？
（2）利润最大的产量又生产了 50 件，总利润为多少？
（3）生产 800 件时的总利润为多少？

5. 汽车以每小时 36km 的速度行驶，到某处需要减速停车.设汽车以匀加速度 $a=-5\mathrm{m/s}^2$ 制动，问从开始制动到停车走了多少距离？

总习题 5

1. 利用定积分的几何意义,说明等式: $\int_0^a \sqrt{a^2-x^2}\,dx = \dfrac{\pi a^2}{4}\,(a>0)$.

2. 求 $\dfrac{d}{dx}\Big[\int_0^x \cos^2 t\,dt\Big]$.

3. 求 $\dfrac{d}{dx}\Big[\int_1^{x^3} e^{t^2}\,dt\Big]$.

4. 求 $\lim\limits_{x\to 0}\dfrac{\displaystyle\int_{\cos x}^1 e^{-t^2}\,dt}{x^2}$.

5. 计算 $\int_0^1 |2x-1|\,dx$.

6. 求定积分 $\int_{-\frac{\pi}{2}}^{\frac{\pi}{3}} \sqrt{1-\cos^2 x}\,dx$.

7. 计算 $\int_{-1}^1 (|x|+\sin x)x^2\,dx$.

8. 求定积分 $\int_0^4 \dfrac{x+2}{\sqrt{2x+1}}\,dx$.

9. 求 $\int_0^{\frac{\pi}{2}} x^2 \sin x\,dx$.

10. 设 $f''(x)$ 在 $[0,1]$ 上连续,且 $f(0)=1,f(2)=3,f'(2)=5$, 求 $\int_0^1 xf''(2x)\,dx$.

11. 已知 $f(x)$ 满足方程 $f(x)=3x-\sqrt{1-x^2}\int_0^1 f^2(x)\,dx$,求 $f(x)$.

12. 求由曲线 $xy=1$ 及直线 $y=x,y=3$ 所围成的平面图形的面积.

13. 求曲线 $xy=4,y\geqslant 1,x>0$ 所围成的图形绕 y 轴旋转构成旋转体的体积.

第6章
微分方程简介

在经济管理和科学技术问题中,常常要寻找变量间的函数关系,但这种函数关系往往不容易直接建立,而比较容易地建立这些变量和它们的导数或微分之间的关系式.数学上称之为微分方程.通过解这种方程,最后可以得到所需要的函数.

本章介绍微分方程的基本概念和几种常用方程的解法,最后介绍它们的应用.

6.1 微分方程的基本概念

含有未知函数的导数或微分的方程,称为微分方程.微分方程中所含未知函数导数的最高阶数,称为微分方程的阶.

例 6.1.1 著名的科学家伽利略[一]在当年研究落体运动时发现,如果自由落体在 t 时刻下落的距离为 x,则加速度 $x''(t)$ 是一个常数,即有方程

$$x''(t) = g.$$

这是二阶微分方程,是微分方程应用的最早的一个例子.

例 6.1.2 设某地区在 t 时刻人口数量为 $P(t)$,在没有人员迁入或迁出的情况下,人口增长率与 t 时刻人口数 $P(t)$ 成正比,于是有方程

$$P'(t) = rP(t) \quad (r \text{ 为常数}).$$

这是一阶微分方程,方程表述的定律称为群体增长的马尔萨斯[二]律.

例 6.1.3 在推广某项新技术时,若设该项技术需要推广的总人数为 N,t 时刻已掌握技术的人数为 $P(t)$,则新技术推广的速度与已推广人数和尚待推广人数成正比,即有方程

$$P'(t) = aP(N-P) \quad (a>0).$$

该一阶微分方程通常称为逻辑斯谛方程,在很多领域有广泛应用.

满足方程的函数称为微分方程的解.

比如,例 6.1.1 中,函数 $x=\dfrac{1}{2}gt^2$, $x=\dfrac{1}{2}gt^2+C_1t+C_2$($C_1$、$C_2$ 是任意常数)都是方程 $x''(t)=g$ 的解.函数 $P(t)=Ce^{rt}$(C 是任意常数)是方程 $P'(t)=rP(t)$ 的解.可见,微分方程的解可能含有任意常数.

如果微分方程的解中所含任意常数的个数等于微分方程的阶数,则此解称为微分方程的通解.在通解中给予任意常数以确定的值而得到的解,称为微分方程的特解.

例如,$x=\dfrac{1}{2}gt^2+C_1t+C_2$ 是方程 $x''(t)=g$ 的通解,而 $x=\dfrac{1}{2}gt^2$,

$x=\dfrac{1}{2}gt^2+2t-3$ 都是其特解.

用来确定微分方程通解中的任意常数的条件,称为初始条件.带有初始条件的微分方程,称为微分方程的初值问题.

比如,例 6.1.1 中,$x(t)$ 还满足初始条件:$x(0)=0$,$x'(0)=0$.

习题 6-1

1. 验证 $y=x+Ce^y$ 是方程 $(x-y+1)y'=1$ 的解.
2. 设 $y=(C_1+C_2x)e^{-x}$ 是方程 $y''+2y'+y=0$ 的通解,求满足初始条件 $y\big|_{x=0}=4$,$y'\big|_{x=0}=-2$ 的特解.

6.2　一阶微分方程

一阶微分方程的一般形式为
$$F(x,y,y')=0 \text{ 或 } y'=f(x,y),$$
也写成对称的形式
$$P(x,y)\mathrm{d}x+Q(x,y)\mathrm{d}y=0.$$
下面,我们介绍几种特殊类型的一阶微分方程及其解法.

6.2.1　可分离变量的微分方程

如果一个微分方程可以化成
$$g(y)\mathrm{d}y=f(x)\mathrm{d}x \qquad (6\text{-}1)$$
的形式,则称该方程为可分离变量的微分方程.

例如,$\dfrac{\mathrm{d}y}{\mathrm{d}x}=f(x)g(y)$ 或 $M_1(x)M_2(y)\mathrm{d}x=N_1(x)N_2(y)\mathrm{d}y$,都是可分离变量的微分方程.

求解可分离变量的微分方程,只需将方程(6-1)两端积分
$$\int g(y)\mathrm{d}y=\int f(x)\mathrm{d}x,$$

可分离变量的
微分方程

设左右两端的原函数分别为 $G(y)$ 与 $F(x)$，则
$$G(y) = F(x) + C$$
即为微分方程的通解.

例 6.2.1 求微分方程 $\dfrac{\mathrm{d}y}{\mathrm{d}x} = 3x^2 y$ 的通解.

解 分离变量得
$$\frac{\mathrm{d}y}{y} = 3x^2 \mathrm{d}x.$$

两端积分
$$\int \frac{\mathrm{d}y}{y} = \int 3x^2 \mathrm{d}x,$$

得
$$\ln |y| = x^3 + C_1,$$
于是有
$$y = \pm e^{x^3 + C_1} = \pm e^{C_1} e^{x^3}.$$
令 $C = \pm e^{C_1}$，得 $y = C e^{x^3}$ $(C \neq 0)$.

显然，$y = 0$ 是方程的解，于是方程的通解为
$$y = C e^{x^3} \ (C \text{ 为任意常数})$$

注意：为简便起见，通常将 C_1 记作 $\ln C$.

例 6.2.2 求方程 $4x\mathrm{d}x - 3y\mathrm{d}y = 3x^2 y\mathrm{d}y$ 的通解.

解 合并 $\mathrm{d}x$ 及 $\mathrm{d}y$ 的各项得
$$4x\mathrm{d}x = 3y(1+x^2)\mathrm{d}y.$$

分离变量，得
$$\frac{4x}{1+x^2}\mathrm{d}x = 3y\mathrm{d}y.$$

两端积分
$$\int \frac{4x}{1+x^2}\mathrm{d}x = \int 3y\mathrm{d}y,$$

得
$$2\ln(1+x^2) = \frac{3}{2}y^2 + C_1,$$

即有通解
$$1+x^2 = C e^{\frac{3}{4}y^2} \ (\text{其中 } C = e^{\frac{C_1}{2}} \text{ 为正常数}).$$

例 6.2.3 求逻辑斯蒂方程 $\dfrac{\mathrm{d}y}{\mathrm{d}x} = ay(N-y)$ 的通解，以及 $y(0) = \dfrac{1}{4}N$ 的特解，式中 $a>0, N>y>0$.

解 分离变量得
$$\frac{\mathrm{d}y}{y(N-y)} = a\mathrm{d}x,$$

即
$$\left(\frac{1}{y} + \frac{1}{N-y} \right)\mathrm{d}y = aN\mathrm{d}x,$$

积分得
$$\ln \left| \frac{y}{N-y} \right| = aNx + \ln C = \ln(C e^{aNx}).$$

由于 $\dfrac{y}{N-y} > 0$，整理得通解
$$y = \frac{CN e^{Nax}}{1 + C e^{Nax}} \ (C \text{ 为正常数}).$$

将 $y(0)=\dfrac{1}{4}N$ 代入通解得 $C=\dfrac{1}{3}$，于是所求特解为

$$y=\frac{N\mathrm{e}^{Nax}}{3+\mathrm{e}^{Nax}}.$$

6.2.2　齐次微分方程

形如

$$\frac{\mathrm{d}y}{\mathrm{d}x}=\varphi\left(\frac{y}{x}\right) \tag{6-2}$$

的微分方程，称为齐次微分方程. 简称齐次方程.

例如，$(xy-y^2)\mathrm{d}x-(x^2-2xy)\mathrm{d}y=0$，可变形为

$$\frac{\mathrm{d}y}{\mathrm{d}x}=\frac{xy-y^2}{x^2-2xy}\text{或}\frac{\mathrm{d}y}{\mathrm{d}x}=\frac{\dfrac{y}{x}-\left(\dfrac{y}{x}\right)^2}{1-2\dfrac{y}{x}}=\varphi\left(\frac{y}{x}\right).$$

对齐次方程(6-2)做变量替换

$$u=\frac{y}{x},$$

则 $y=ux,\dfrac{\mathrm{d}y}{\mathrm{d}x}=u+x\dfrac{\mathrm{d}u}{\mathrm{d}x}$，代入原方程得

$$u+x\frac{\mathrm{d}u}{\mathrm{d}x}=\varphi(u).$$

分离变量有 　　　　　　　　$\dfrac{\mathrm{d}u}{\varphi(u)-u}=\dfrac{\mathrm{d}x}{x},$

两边积分得 　　　　　　　　$\displaystyle\int\dfrac{\mathrm{d}u}{\varphi(u)-u}=\int\dfrac{\mathrm{d}x}{x}$

积分后再用 $\dfrac{y}{x}$ 代替 u，便得原方程的通解.

例 6.2.4　求方程 $(x^3-2xy^2)\mathrm{d}y+(2y^3-3yx^2)\mathrm{d}x=0$ 的通解.

解　将方程化为齐次方程

$$\frac{\mathrm{d}y}{\mathrm{d}x}=-\frac{2\left(\dfrac{y}{x}\right)^3-3\left(\dfrac{y}{x}\right)}{1-2\left(\dfrac{y}{x}\right)^2}.$$

令 $u=\dfrac{y}{x}$，则有 $xu'+u=\dfrac{3u-2u^3}{1-2u^2}$，即

$$x\frac{\mathrm{d}u}{\mathrm{d}x}=\frac{2u}{1-2u^2}.$$

分离变量得 　　　　　　$\left(\dfrac{1}{2u}-u\right)\mathrm{d}u=\dfrac{\mathrm{d}x}{x},$

积分得 　　　　　$\dfrac{1}{2}\ln|u|-\dfrac{1}{2}u^2=\ln|x|+\ln\widetilde{C},$

即 $\qquad u\mathrm{e}^{-u^2}=Cx^2,C=\widetilde{C}^{\,2}.$

将 $u=\dfrac{y}{x}$ 回代,得方程的通解

$$y\mathrm{e}^{-\frac{y^2}{x^2}}=Cx^3(\,C\ \text{是任意常数}\,).$$

6.2.3 一阶线性微分方程

一阶线性微分方程

形如

$$\frac{\mathrm{d}y}{\mathrm{d}x}+P(x)y=Q(x) \tag{6-3}$$

的方程称为一阶线性微分方程.

当 $Q(x)\equiv0$ 时,方程为

$$\frac{\mathrm{d}y}{\mathrm{d}x}+P(x)y=0, \tag{6-4}$$

称之为一阶齐次线性微分方程;

当 $Q(x)\neq0$ 时,方程(6-3)称为一阶非齐次线性微分方程.

1. 一阶齐次线性方程的通解

对齐次线性方程(6-4)分离变量,得

$$\frac{\mathrm{d}y}{y}=-P(x)\mathrm{d}x,$$

两端积分得 $\qquad \ln|y|=-\displaystyle\int P(x)\mathrm{d}x+\ln C.$

于是,对应的齐次线性方程的通解为

$$y=C\mathrm{e}^{-\int P(x)\mathrm{d}x}(\,C\ \text{为任意常数}\,).$$

2. 一阶非齐次线性方程的通解

方程(6-3)的解可用"常数变易法"求得,即将对应的齐次方程(6-4)的通解中的任意常数 C,换成待定函数 $c(x)$,即设

$$y=c(x)\,\mathrm{e}^{-\int P(x)\mathrm{d}x}$$

是非齐次线性方程(6-3)的解,其中 $c(x)$ 为待定函数.

由 $y'=c'(x)\mathrm{e}^{-\int P(x)\mathrm{d}x}-c(x)P(x)\mathrm{e}^{-\int P(x)\mathrm{d}x}$,将 y,y' 代入方程(6-3)得

$$c'(x)\mathrm{e}^{-\int P(x)\mathrm{d}x}=Q(x)\,,\text{或}\,c'(x)=Q(x)\mathrm{e}^{\int P(x)\mathrm{d}x}.$$

积分后得 $\qquad c(x)=\displaystyle\int Q(x)\mathrm{e}^{\int P(x)\mathrm{d}x}\mathrm{d}x+C.$

于是,非齐次方程的通解为

$$y=\mathrm{e}^{-\int P(x)\mathrm{d}x}\left[\int Q(x)\mathrm{e}^{\int P(x)\mathrm{d}x}\mathrm{d}x+C\right]$$

或 $\qquad y=C\mathrm{e}^{-\int P(x)\mathrm{d}x}+\mathrm{e}^{-\int P(x)\mathrm{d}x}\displaystyle\int Q(x)\mathrm{e}^{\int P(x)\mathrm{d}x}\mathrm{d}x.$

由此看到,一阶非齐次线性方程的通解是对应的齐次方程的通解与其本身的一个特解之和.

例 6.2.5　求方程 $y'+\dfrac{1}{x}y=\dfrac{\sin x}{x}$ 的通解.

解　这里 $P(x)=\dfrac{1}{x}$，$Q(x)=\dfrac{\sin x}{x}$. 由公式得

$$y=\mathrm{e}^{-\int\frac{1}{x}\mathrm{d}x}\left(\int\frac{\sin x}{x}\cdot\mathrm{e}^{\int\frac{1}{x}\mathrm{d}x}\mathrm{d}x+C\right)=\mathrm{e}^{-\ln x}\left(\int\frac{\sin x}{x}\cdot\mathrm{e}^{\ln x}\mathrm{d}x+C\right)$$

$$=\frac{1}{x}\left(\int\sin x\mathrm{d}x+C\right)=\frac{1}{x}(-\cos x+C).$$

例 6.2.6　求方程 $(y^2-6x)\dfrac{\mathrm{d}y}{\mathrm{d}x}+2y=0$ 的通解

解　当将 y 看成 x 的函数时，方程变为

$$\frac{\mathrm{d}y}{\mathrm{d}x}=\frac{2y}{6x-y^2},$$

不便求解.

当将 x 看成 y 的函数时，方程变为

$$\frac{\mathrm{d}x}{\mathrm{d}y}-\frac{3}{y}x=-\frac{y}{2}$$

则是一阶线性微分方程，这里 $P(y)=-\dfrac{3}{y}$，$Q(y)=-\dfrac{y}{2}$. 于是

$$x=\mathrm{e}^{3\int\frac{1}{y}\mathrm{d}y}\left[\int\left(-\frac{y}{2}\right)\mathrm{e}^{-3\int\frac{1}{y}\mathrm{d}y}\mathrm{d}y+C\right]$$

$$=\mathrm{e}^{3\ln y}\left[-\int\frac{y}{2}\cdot\mathrm{e}^{-3\ln y}\mathrm{d}y+C\right]=y^3\left(\frac{1}{2y}+C\right).$$

6.2.4　微分方程应用举例

例 6.2.7（商品存储过程中的基本衰减模型）　设在冷库中存储的某蔬菜有 $A(t)$，已发现其中有些开始腐败，其腐败率为未腐败的 λ 倍（$0<\lambda<1$），设腐败的数量为 $x(t)$，则显然它是时间 t 的函数，试求此函数.

解　依题意有

$$\frac{\mathrm{d}x}{\mathrm{d}t}=\lambda(A-x),$$

解此方程得 $\qquad A-x=C\mathrm{e}^{-\lambda t}.$

将 $t=0$ 时，$x=0$ 代入方程得 $C=A$. 所以腐败数量与时间的函数关系为

$$x=A(1-\mathrm{e}^{-\lambda t}).$$

例 6.2.8（价格调整模型）　商品的价格变化主要服从市场供求关系. 一般地，商品供求量 S 是价格 P 的单调递增函数，商品需求量 D 是价格 P 的单调递减函数，设商品的供给函数和需求函数分别为

$$S(P)=a+bP,\quad D(P)=\alpha-\beta P. \tag{6-5}$$

其中 a、b、α、β 均为常数，且 $b>0,\beta>0$.

一般地说，当 $S<D$ 时，商品价格要涨，当 $S>D$，商品价格要落.假设 t 时刻的价格 $P(t)$ 的变化率与超额需求量 $D-S$ 成正比，即

$$\frac{\mathrm{d}P}{\mathrm{d}t}=k\left[D(P)-S(P)\right]. \tag{6-6}$$

其中，$k>0$，用来反应价格的调整系数.假设初始价格 $P(0)=P_0$.

（1）求供需平衡时的价格；

（2）求价格 $P(t)$ 的表达式；

（3）分析价格 $P(t)$ 随时间的变化情况.

解　（1）当供给量和需求量相等时，即 $S(P)=D(P)$ 时可得供求平衡时的价格

$$P_e=\frac{\alpha-a}{\beta+b}\quad（称\ P_e\ 为均衡价格）.$$

（2）将式(6-5)代入方程(6-6)，可得

$$\frac{\mathrm{d}P}{\mathrm{d}t}=\lambda(P_e-P). \tag{6-7}$$

其中，常数 $\lambda=(b+\beta)k>0$.方程(6-7)的通解为

$$P(t)=P_e+C\mathrm{e}^{-\lambda t}.$$

（3）将初始价格 $P(0)=P_0$ 代入通解得 $C=P_0-P_e$，于是上述价格调整模型的解为

$$P(t)=P_e+(P_0-P_e)\mathrm{e}^{-\lambda t}.$$

由 $\lambda>0$ 知，当 $t\to+\infty$ 时，$P(t)\to P(e)$.

说明：随着时间的不断推延，实际价格 $P(t)$ 将逐渐趋近均衡价格 P_e.

习题 6-2

1. 求下列方程的通解：

（1）$\dfrac{\mathrm{d}y}{\mathrm{d}x}=x(y-3)$；　　　　　（2）$xy'-y\ln y=0$；

（3）$(1+\mathrm{e}^x)yy'=\mathrm{e}^x$；　　　　　（4）$\dfrac{\mathrm{d}y}{\mathrm{d}x}=2(x-1)^2(1+y^2)$.

2. 求下列方程的通解：

（1）$y'=\dfrac{y}{x}+\tan\dfrac{y}{x}$；　　　　　（2）$y'=\dfrac{x}{y}+\dfrac{y}{x}$.

3. 求线性方程的通解：

（1）$\dfrac{\mathrm{d}y}{\mathrm{d}x}+2xy=4x$；　　　　　（2）$\dfrac{\mathrm{d}y}{\mathrm{d}x}-\dfrac{y}{x}=x^2$；

（3）$x^2y'+xy=1$；　　　　　（4）$y^3\mathrm{d}x+(2xy^2-1)\mathrm{d}y=0$.

4. 求下列方程的特解：

（1）$y'+y=3x^2,\ y\big|_{x=0}=0$；　　　（2）$\dfrac{\mathrm{d}y}{\mathrm{d}x}+3y=8,\ y\big|_{x=0}=2$.

5. 求一曲线的方程,使其通过 $(0,1)$ 点,且在任一点 $M(x,y)$ 处的切线的斜率为 $2x+y$.

6. 铀的衰变速度与未衰变原子含量 M 成正比,已知 $M\mid_{t=0}=M_0$,求衰变过程中铀含量 $M(t)$ 随时间 t 变化的规律.

7. 降落伞从跳伞塔下落后,所受空气阻力与速度成正比,并设降落伞离开跳伞塔时速度为 0.求降落伞下落速度与时间的函数关系.

8. 在某池塘内养鱼,由于条件限制最多只能养 1000 条.鱼数 y(条)是时间 t(月)的函数 $y=y(t)$,其变化率与鱼数 y 和 $1000-y$ 的乘积成正比.现已知池塘内放养鱼 100 条,3 个月后池塘内有鱼 250 条,求时间 t 后池塘内鱼数 $y(t)$ 的公式.问 6 个月后池塘中有鱼多少?

总习题 6

1. 如果函数 $y=(C_1+C_2x)\mathrm{e}^{2x}$ 满足初始条件:$y\mid_{x=0}=0$,$y'\mid_{x=0}=1$,求 C_1,C_2 的值.

2. 求微分方程 $xy'-y\ln y=0$ 的通解.

3. 求微分方程 $yy'+\mathrm{e}^{2x+y^2}=0$ 满足 $y(0)=0$ 的特解.

4. 求 $y'x^2+xy=y^2$ 满足 $y\mid_{x=1}=1$ 的特解.

5. 求微分方程 $(x^2+y^2)\mathrm{d}x-xy\mathrm{d}y=0$ 的通解.

6. 求微分方程 $xy'+2y=x\ln x$ 的通解.

7. 求微分方程 $x\mathrm{d}y-y\mathrm{d}x=y^2\mathrm{e}^y\mathrm{d}y$ 的通解.

8. 已知连续函数 $f(x)$ 满足方程 $f(x)=\int_0^{3x}f\left(\dfrac{t}{3}\right)\mathrm{d}t+\mathrm{e}^{2x}$,求 $f(x)$.

第 2 篇

线 性 代 数

第 7 章
矩阵与线性方程组

矩阵是线性代数的主要研究对象和工具.它在数学的许多分支以及自然科学、现代经济学、管理学和工程技术领域等方面都有着重要的广泛的应用,许多实际问题都可以用矩阵表达并用有关理论解决.

本章介绍矩阵的概念、矩阵的基本运算及矩阵的初等变换.最后利用矩阵的有关概念与方法讨论线性方程组解的问题.

7.1 矩 阵

7.1.1 矩阵的概念

引例 7.1.1 n 个变量 $x_1, x_2, \cdots, x_n$ 与 m 个变量 $y_1, y_2, \cdots, y_m$ 之间的关系式

$$\begin{cases} y_1 = a_{11}x_1 + a_{12}x_2 + \cdots + a_{1n}x_n, \\ y_2 = a_{21}x_1 + a_{22}x_2 + \cdots + a_{2n}x_n, \\ \qquad\qquad\qquad\vdots \\ y_m = a_{m1}x_1 + a_{m2}x_2 + \cdots + a_{mn}x_n \end{cases} \tag{7-1}$$

称为从变量 $x_1, x_2, \cdots, x_n$ 到变量 $y_1, y_2, \cdots, y_m$ 的线性变换.其变换系数构成表

$$\begin{pmatrix} a_{11} & a_{12} & \cdots & a_{1n} \\ a_{21} & a_{22} & \cdots & a_{2n} \\ \vdots & \vdots & & \vdots \\ a_{m1} & a_{m2} & \cdots & a_{mn} \end{pmatrix}.$$

引例 7.1.2 某航空公司在 A、B、C、D 四城市之间开辟了若干航线,如果两城市间有航班用"1"表示,没有航班用"0"表示,则四城市间的航班情况可用表 7-1-1 表示.

表 7-1-1

起点	终点			
	A	B	C	D
A	0	1	1	0
B	1	0	1	0

（续）

起点	终点			
	A	B	C	D
C	1	0	0	1
D	0	1	0	0

定义 7.1.1　由 $m \times n$ 个数 $a_{ij}(i=1,2,\cdots,m;j=1,2,\cdots,n)$ 排成的 m 行 n 列的数表

$$\begin{pmatrix} a_{11} & a_{12} & \cdots & a_{1n} \\ a_{21} & a_{22} & \cdots & a_{2n} \\ \vdots & \vdots & & \vdots \\ a_{m1} & a_{m2} & \cdots & a_{mn} \end{pmatrix}$$

称为 $m \times n$ 矩阵.通常用大写字母 $A,B,C\cdots$ 表示,或记作 $A_{m \times n} = A_{mn}$，$A=(a_{ij})_{m \times n}$ 等. a_{ij} 叫作矩阵 A 的第 i 行第 j 列元素.

元素是实数的矩阵称为实矩阵;元素是复数的矩阵称为复矩阵(本书仅考虑实矩阵).

只有一行的矩阵称为行矩阵;只有一列的矩阵称为列矩阵.
行数和列数相同的矩阵称为方阵.

例如,$\begin{pmatrix} 1 & 0 & 3 & 5 \\ -9 & 6 & 4 & 3 \end{pmatrix}$ 是 2×4 实矩阵,$\begin{pmatrix} 13 & 6 & 2i \\ 2 & 2 & 2 \\ 2 & 2 & 2 \end{pmatrix}$ 是 3×3 复方

阵,$\begin{pmatrix} 1 \\ 2 \\ 4 \end{pmatrix}$ 是 3×1 列矩阵,$(2,3,5,9)$ 是 1×4 行矩阵.

7.1.2　几种常用的特殊矩阵

1. 零矩阵

元素全为零的矩阵称为零矩阵,记作 $O_{m \times n}$.在不会产生混淆的情况下也记为 O.

注意:不同阶数的零矩阵是不相等的.例如,

$$\begin{pmatrix} 0 & 0 & 0 \\ 0 & 0 & 0 \end{pmatrix} \neq (0,0,0,0).$$

2. 对角矩阵

n 阶方阵 $A = \begin{pmatrix} \lambda_1 & & & \\ & \lambda_2 & & \\ & & \ddots & \\ & & & \lambda_n \end{pmatrix}$ 称为 n 阶对角矩阵(其中未写

出的元素全为零).常记为

$$A = \mathrm{diag}(\lambda_1, \lambda_2, \cdots, \lambda_n).$$

例如

$$\mathrm{diag}(3, -1, 2) = \begin{pmatrix} 3 & 0 & 0 \\ 0 & -1 & 0 \\ 0 & 0 & 2 \end{pmatrix}.$$

3. 单位矩阵

n 阶对角矩阵 $\begin{pmatrix} 1 & & & \\ & 1 & & \\ & & \ddots & \\ & & & 1 \end{pmatrix}$ 称为 n 阶单位矩阵，记作 $E = E_n$

或 $I = I_n$.

单位矩阵 E 在矩阵代数中占有很重要的地位，它的作用与"1"在初等代数中的作用相似.

4. 数量矩阵

n 阶对角矩阵 $\begin{pmatrix} c & & & \\ & c & & \\ & & \ddots & \\ & & & c \end{pmatrix}$（其中 c 为常数）称为 n 阶数量矩

阵（其中未写出的元素全为零）.

5. 三角矩阵

主对角线下（上）方的元素全为零的方阵称为上（下）三角矩阵.

例如，

$\begin{pmatrix} a_{11} & a_{12} & \cdots & a_{1n} \\ & a_{22} & \cdots & a_{2n} \\ & & \ddots & \vdots \\ & & & a_{nn} \end{pmatrix}$ 是上三角矩阵，$\begin{pmatrix} a_{11} & & & \\ a_{21} & a_{22} & & \\ \vdots & \vdots & \ddots & \\ a_{n1} & a_{n2} & \cdots & a_{nn} \end{pmatrix}$ 是

下三角矩阵.

7.2　矩阵的运算

7.2.1　矩阵的加法

1. 矩阵的相等

两个行数相等、列数相等的矩阵称为同型矩阵.若两个同型矩阵 $A = (a_{ij})$ 与 $B = (b_{ij})$ 对应元素相等，即 $a_{ij} = b_{ij}(i = 1, 2, \cdots, m; j = 1, 2, \cdots, n)$，则称矩阵 A 与 B 相等，记作 $A = B$.

2. 矩阵加法

设有两个 $m \times n$ 矩阵 $A = (a_{ij})$，$B = (b_{ij})$，那么矩阵 A 与 B 的和

记作 $A+B$,规定为

$$A+B=\begin{pmatrix} a_{11}+b_{11} & a_{12}+b_{12} & \cdots & a_{1n}+b_{1n} \\ a_{21}+b_{21} & a_{22}+b_{22} & \cdots & a_{2n}+b_{2n} \\ \vdots & \vdots & & \vdots \\ a_{m1}+b_{m1} & a_{m2}+b_{m2} & \cdots & a_{mn}+b_{mn} \end{pmatrix}.$$

注意:只有当两个矩阵是同型矩阵时,才能进行加法运算.

若记 $-A=(-a_{ij})$,则称 $-A$ 为矩阵 A 的负矩阵.显然有 $A+(-A)=O$,由此可定义矩阵的差为 $A-B=A+(-B)$.

3. 矩阵加法满足的运算规律

(1) 交换律:$A+B=B+A$;

(2) 结合律:$(A+B)+C=A+(B+C)$;

(3) $A+O=O+A$,其中 O 与 A 是同型矩阵;

(4) $A+(-A)=O$.

7.2.2 数与矩阵相乘

1. 数乘矩阵

数 λ 与矩阵 A 的乘积记作 λA,规定

$$\lambda A=\begin{pmatrix} \lambda a_{11} & \lambda a_{12} & \cdots & \lambda a_{1n} \\ \lambda a_{21} & \lambda a_{22} & \cdots & \lambda a_{2n} \\ \vdots & \vdots & & \vdots \\ \lambda a_{m1} & \lambda a_{m2} & \cdots & \lambda a_{mn} \end{pmatrix}.$$

矩阵的数乘

2. 数乘矩阵满足的运算规律

(1) $(\lambda\mu)A=\lambda(\mu A)$;

(2) $(\lambda+\mu)A=\lambda A+\mu A$;

(3) $\lambda(A+B)=\lambda A+\lambda B$.

矩阵相加与数乘矩阵合起来,统称为矩阵的线性运算.

例 7.2.1　设 $A=\begin{pmatrix} 3 & 0 \\ -2 & 1 \end{pmatrix}$, $B=\begin{pmatrix} -2 & 1 \\ 2 & 2 \end{pmatrix}$,且 $2A-3X=B$,求矩阵 X.

解　$X=\dfrac{1}{3}(2A-B)=\dfrac{1}{3}\left(2\begin{pmatrix} 3 & 0 \\ -2 & 1 \end{pmatrix}-\begin{pmatrix} -2 & 1 \\ 2 & 2 \end{pmatrix}\right)$

$$=\dfrac{1}{3}\begin{pmatrix} 8 & -1 \\ -6 & 0 \end{pmatrix}=\begin{pmatrix} \dfrac{8}{3} & -\dfrac{1}{3} \\ -2 & 0 \end{pmatrix}.$$

7.2.3 矩阵的乘法

1. 矩阵的乘法

设 $A=(a_{ij})$ 是 $m\times s$ 矩阵,$B=(b_{ij})$ 是 $s\times n$ 矩阵,规定矩阵 A 与 B

的乘积是 $m \times n$ 矩阵 $C = (c_{ij})$，记作 $C = AB$. 其中，

$$c_{ij} = a_{i1}b_{1j} + a_{i2}b_{2j} + \cdots + a_{is}b_{sj} = \sum_{k=1}^{s} a_{ik}b_{kj}, (i=1,2,\cdots,m; j=1,2,\cdots,n)$$

注意：（1）只有当左矩阵的列数等于右矩阵的行数时，两个矩阵才能相乘. 并且乘积矩阵 C 的行数等于左矩阵的行数，C 的列数等于右矩阵的列数.

（2）矩阵 C 的元素 c_{ij} 等于矩阵 A 的第 i 行元素与 B 的第 j 列对应元素的乘积的和.

例 7.2.2　设 $A = \begin{pmatrix} 1 & 2 & 0 \\ 3 & 2 & 1 \\ 0 & 1 & 1 \end{pmatrix}, B = \begin{pmatrix} 1 & 3 & -1 \\ 2 & 0 & 1 \end{pmatrix}$，则 AB 不存在，而

$$BA = \begin{pmatrix} 1 & 3 & -1 \\ 2 & 0 & 1 \end{pmatrix} \begin{pmatrix} 1 & 2 & 0 \\ 3 & 2 & 1 \\ 0 & 1 & 1 \end{pmatrix} = \begin{pmatrix} 10 & 7 & 2 \\ 2 & 5 & 1 \end{pmatrix}.$$

例 7.2.3　（1）$(1,2,3)\begin{pmatrix} 3 \\ 2 \\ 1 \end{pmatrix} = (1 \times 3 + 2 \times 2 + 3 \times 1) = (10)$

（2）$\begin{pmatrix} 3 \\ 2 \\ 1 \end{pmatrix}(1,2,3) = \begin{pmatrix} 3 & 6 & 9 \\ 2 & 4 & 6 \\ 1 & 2 & 3 \end{pmatrix}$

2. 矩阵乘法满足的运算规律

（1）结合律：$(AB)C = A(BC)$；

（2）分配律：$A(B+C) = AB + AC$；$(B+C)A = BA + CA$；

（3）$\lambda(AB) = (\lambda A)B = A(\lambda B)$；

（4）$A_{mn}E_n = A_{mn}$，$E_mA_{mn} = A_{mn}$.

若 A 是 n 阶方阵，则可定义 A 的 k 次幂，即 $A^k = \underbrace{AA\cdots A}_{k}$，且有

$$A^m A^k = A^{m+k}, (A^m)^k = A^{mk} (m, k \text{ 为正整数}).$$

注意：（1）矩阵的乘法运算不满足交换律，即 $AB \neq BA$.

如例 7.2.2、例 7.2.3. 但也有例外. 例如，设

$$A = \begin{pmatrix} 2 & 0 \\ 0 & 2 \end{pmatrix}, B = \begin{pmatrix} 1 & -1 \\ -1 & 1 \end{pmatrix}，则 AB = BA = \begin{pmatrix} 2 & -2 \\ -2 & 2 \end{pmatrix}.$$

（2）不能由 $AB = O$ 推出 $A = O$ 或 $B = O$. 例如，

$$A = \begin{pmatrix} 1 & 0 \\ 0 & 0 \end{pmatrix} \neq O, B = \begin{pmatrix} 0 & 0 \\ 0 & 1 \end{pmatrix} \neq O，但 AB = O.$$

（3）消去律不成立. 即不能由 $AX = AY$，且 $A \neq O$ 推出 $X = Y$.

例如，$A = \begin{pmatrix} 1 & 0 \\ 0 & 0 \end{pmatrix}, X = \begin{pmatrix} 1 & 1 \\ -1 & 1 \end{pmatrix}, Y = \begin{pmatrix} 1 & 1 \\ 0 & 1 \end{pmatrix}$，

尽管 $AX = AY = \begin{pmatrix} 1 & 1 \\ 0 & 0 \end{pmatrix}$,但 $X \neq Y$.

3. 矩阵乘法的意义

在引例 7.1.1 中,若令

$$A = \begin{pmatrix} a_{11} & a_{12} & \cdots & a_{1n} \\ a_{21} & a_{22} & \cdots & a_{2n} \\ \vdots & \vdots & & \vdots \\ a_{m1} & a_{m2} & \cdots & a_{mn} \end{pmatrix}, X = \begin{pmatrix} x_1 \\ x_2 \\ \vdots \\ x_n \end{pmatrix}, Y = \begin{pmatrix} y_1 \\ y_2 \\ \vdots \\ y_m \end{pmatrix},$$

则从变量 $x_1, x_2, \cdots, x_n$ 到变量 $y_1, y_2, \cdots, y_m$ 的线性变换式(7-1)可写成矩阵形式

$$Y = AX.$$

设从变量 $t_1, t_2, \cdots, t_s$ 到变量 $x_1, x_2, \cdots, x_n$ 有线性变换

$$\begin{cases} x_1 = b_{11}t_1 + b_{12}t_2 + \cdots + b_{1s}t_s, \\ x_2 = b_{21}t_1 + b_{22}t_2 + \cdots + b_{2s}t_s, \\ \qquad\qquad\qquad\qquad\vdots \\ x_n = b_{n1}t_1 + b_{n2}t_2 + \cdots + b_{ns}t_s, \end{cases}$$

其矩阵形式为

$$X = BT.$$

这里

$$B = \begin{pmatrix} b_{11} & b_{12} & \cdots & b_{1s} \\ b_{21} & b_{22} & \cdots & b_{2s} \\ \vdots & \vdots & & \vdots \\ b_{n1} & b_{n2} & \cdots & b_{ns} \end{pmatrix}, T = \begin{pmatrix} t_1 \\ t_2 \\ \vdots \\ t_s \end{pmatrix}.$$

则由

$$Y = AX = A(BT) = (AB)T$$

知矩阵 A 与 B 的乘积所对应的线性变换,就是从 $t_1, t_2, \cdots, t_s$ 到 $y_1, y_2, \cdots, y_m$ 的变换.

比如,设有两个变换 $\begin{cases} y_1 = 2x_1, \\ y_2 = -2x_1 + 3x_2, \\ y_3 = 4x_1 + x_2, \end{cases}$ 及 $\begin{cases} x_1 = -3t_1 + t_2, \\ x_2 = 2t_1, \end{cases}$

则 $\begin{pmatrix} y_1 \\ y_2 \\ y_3 \end{pmatrix} = \begin{pmatrix} 2 & 0 \\ -2 & 3 \\ 4 & 1 \end{pmatrix} \begin{pmatrix} x_1 \\ x_2 \end{pmatrix} = \begin{pmatrix} 2 & 0 \\ -2 & 3 \\ 4 & 1 \end{pmatrix} \begin{pmatrix} -3 & 1 \\ 2 & 0 \end{pmatrix} \begin{pmatrix} t_1 \\ t_2 \end{pmatrix} = \begin{pmatrix} -6 & 2 \\ 12 & -2 \\ -10 & 4 \end{pmatrix} \begin{pmatrix} t_1 \\ t_2 \end{pmatrix}.$

即从 t_1, t_2 到 y_1, y_2, y_3 的变换为

$$\begin{cases} y_1 = -6t_1 + 2t_2, \\ y_2 = 12t_1 - 2t_2, \\ y_3 = -10t_1 + 4t_2. \end{cases}$$

7.2.4 矩阵的转置

1. 转置矩阵

把矩阵 A 的行换成同序数的列得到一个新矩阵,叫作 A 的转置

矩阵,记作 A' 或 A^{T}.例如,设 $A=\begin{pmatrix} 1 & -3 & 2 & 8 \\ 5 & 2 & -1 & 0 \end{pmatrix}$,则 $A'=\begin{pmatrix} 1 & 5 \\ -3 & 2 \\ 2 & -1 \\ 8 & 0 \end{pmatrix}$.

2. 转置运算满足的运算规律

（1）$(A')'=A$；

（2）$(A+B)'=A'+B'$；

（3）$(\lambda A)'=\lambda A'$；

（4）$(AB)'=B'A'$.

7.3 逆 矩 阵

在数的乘法中,如果常数 $a\neq0$,则有 a^{-1},使得 $a\cdot a^{-1}=a^{-1}\cdot a=1$.这使得求解一元线性方程 $ax=b$ 变得非常简单.在矩阵代数中,对 n 阶方阵 A,是否也存在着"逆",即是否存在一个 n 阶方阵 B,使 $AB=BA=E$ 呢? 这就是本节要讨论的问题,我们将给出逆矩阵的概念、可逆的条件、求逆阵的方法等.

7.3.1 逆矩阵的概念

1. 逆矩阵的定义

定义 7.3.1 对于 n 阶矩阵 A,如果存在一个 n 阶矩阵 B,使得

$$AB=BA=E,$$

则称矩阵 A 是可逆的,并把矩阵 B 称为 A 的逆矩阵,记作 $B=A^{-1}$.

注意:（1）若矩阵 A 可逆,则其逆矩阵是唯一的.

（2）在定义中 A 与 B 的地位是平等的,即若 $AB=BA=E$ 成立,则 A,B 都是可逆的,且互为逆矩阵.

例 7.3.1 设

$$A=\begin{pmatrix} 1 & -1 \\ 1 & 1 \end{pmatrix},B=\begin{pmatrix} \dfrac{1}{2} & \dfrac{1}{2} \\ -\dfrac{1}{2} & \dfrac{1}{2} \end{pmatrix},$$

因 $AB=BA=E$,所以 B 是 A 的逆矩阵,A 也是 B 的逆矩阵.

例 7.3.2 若 $\lambda_i\neq0(i=1,2,\cdots,n)$,则对角矩阵

$$A = \begin{pmatrix} \lambda_1 & & & \\ & \lambda_2 & & \\ & & \ddots & \\ & & & \lambda_n \end{pmatrix}$$

的逆矩阵为

$$A^{-1} = \begin{pmatrix} \lambda_1^{-1} & & & \\ & \lambda_2^{-1} & & \\ & & \ddots & \\ & & & \lambda_n^{-1} \end{pmatrix}.$$

2. 逆矩阵的运算性质

（1）若 A 可逆，则 A^{-1} 也可逆，且 $(A^{-1})^{-1} = A$；

（2）若 A 可逆，数 $\lambda \neq 0$，则 λA 可逆，且 $(\lambda A)^{-1} = \dfrac{1}{\lambda} A^{-1}$；

（3）若 A、B 同为可逆方阵，则 AB 也可逆，且 $(AB)^{-1} = B^{-1} A^{-1}$；

（4）若 A 可逆，则 A' 可逆，且 $(A')^{-1} = (A^{-1})'$.

7.3.2　用矩阵的初等变换求逆矩阵

下面我们介绍几类最基本的可逆矩阵.

1. 矩阵的初等变换

初等变换求逆矩阵

> **定义 7.3.2**　矩阵的下面三种变换称为矩阵的初等行变换：
> （1）交换矩阵的两行（第 i 行与第 j 行交换，记作 $r_i \leftrightarrow r_j$）；
> （2）以数 $k \neq 0$ 乘以矩阵某一行的所有元素（第 i 行乘以 k，记作 $r_i \times k$）；
> （3）把矩阵某一行所有元素的 k 倍加到另一行对应的元素上（第 j 行的 k 倍加到第 i 行上，记作 $r_i + kr_j$）.
>
> 若将上面行的变换改成列的变换，则称为矩阵的初等列变换.
> 矩阵的初等列变换与初等行变换统称为矩阵的初等变换.

> **定义 7.3.3**　如果矩阵 A 经过有限次初等变换变成矩阵 B，就称矩阵 A 与矩阵 B 等价，记作 $A \sim B$ 或 $A \rightarrow B$.

2. 几种特殊矩阵

（1）行阶梯形矩阵：若一个矩阵的零行（元素全为零的行）全在矩阵的下方；每一个非零行的第一个（从左往右数）非零元（称为主元）所在的列，在该元以下的元素全为零，则称该矩阵为行阶梯形矩阵.

例如 $\begin{pmatrix} 1 & 0 & 2 & 0 & -2 \\ 0 & 1 & -1 & -1 & -1 \\ 0 & 0 & 0 & 1 & 4 \\ 0 & 0 & 0 & 0 & 0 \end{pmatrix}$ 和 $\begin{pmatrix} 0 & 3 & -2 & 2 \\ 0 & 0 & 1 & 3 \\ 0 & 0 & 0 & 0 \end{pmatrix}$ 是行阶梯形矩

阵;而 $\begin{pmatrix} 0 & 3 & -2 & 2 \\ 0 & 0 & 1 & 3 \\ 0 & 0 & 2 & 0 \end{pmatrix}$ 不是行阶梯形.

（2）行最简形矩阵:行阶梯形矩阵中若主元为 1 且主元所在列的其余元素全为零,则称该行阶梯形矩阵为行最简形矩阵.例如

$$\begin{pmatrix} 1 & 0 & 2 & 0 & -2 \\ 0 & 1 & -1 & 0 & -1 \\ 0 & 0 & 0 & 1 & 4 \\ 0 & 0 & 0 & 0 & 0 \end{pmatrix},\begin{pmatrix} 0 & 1 & 0 & 2 \\ 0 & 0 & 1 & 3 \\ 0 & 0 & 0 & 0 \end{pmatrix}等.$$

定理 7.3.1　任何矩阵都可以经过有限次初等行变换化成行最简形矩阵.

例 7.3.3　将矩阵

$$A=\begin{pmatrix} 2 & -1 & -1 & 1 & 2 \\ 1 & 1 & -2 & 1 & 4 \\ 4 & -6 & 2 & -2 & 4 \\ 3 & 6 & -9 & 7 & 9 \end{pmatrix}$$

化为行阶梯形矩阵和行最简形矩阵.

解　$A=\begin{pmatrix} 2 & -1 & -1 & 1 & 2 \\ 1 & 1 & -2 & 1 & 4 \\ 4 & -6 & 2 & -2 & 4 \\ 3 & 6 & -9 & 7 & 9 \end{pmatrix}\xrightarrow[r_3\div2]{r_1\leftrightarrow r_2}\begin{pmatrix} 1 & 1 & -2 & 1 & 4 \\ 2 & -1 & -1 & 1 & 2 \\ 2 & -3 & 1 & -1 & 2 \\ 3 & 6 & -9 & 7 & 9 \end{pmatrix}$

$\xrightarrow[\substack{r_3-2r_1 \\ r_4-3r_1}]{r_2-r_3}\begin{pmatrix} 1 & 1 & -2 & 1 & 4 \\ 0 & 2 & -2 & 2 & 0 \\ 0 & -5 & 5 & -3 & -6 \\ 0 & 3 & -3 & 4 & -3 \end{pmatrix}\xrightarrow[\substack{r_3+5r_2 \\ r_4-3r_2}]{r_2\div2}\begin{pmatrix} 1 & 1 & -2 & 1 & 4 \\ 0 & 1 & -1 & 1 & 0 \\ 0 & 0 & 0 & 2 & -6 \\ 0 & 0 & 0 & 1 & -3 \end{pmatrix}$

$\xrightarrow[r_4-2r_3]{r_3\leftrightarrow r_4}\begin{pmatrix} 1 & 1 & -2 & 1 & 4 \\ 0 & 1 & -1 & 1 & 0 \\ 0 & 0 & 0 & 1 & -3 \\ 0 & 0 & 0 & 0 & 0 \end{pmatrix}=B$ 为行阶梯形;

$B\xrightarrow[r_2-r_3]{r_1-r_2}\begin{pmatrix} 1 & 0 & -1 & 0 & 4 \\ 0 & 1 & -1 & 0 & 3 \\ 0 & 0 & 0 & 1 & -3 \\ 0 & 0 & 0 & 0 & 0 \end{pmatrix}$ 为行最简形.

将一个矩阵经过一系列初等行变换,化成行最简形矩阵,是线性代数的基本技术,一定要掌握.

3. 用矩阵的初等变换求其逆矩阵

对于可逆矩阵来讲,定理 7.3.1 有进一步的结论.

定理 7.3.2　矩阵 A 可逆的充分必要条件是 A 的行最简形是单位矩阵.

下面给出一种求逆矩阵的方法(其理由涉及其他概念和理论,故推导略),其步骤为:

(1) 作 $n \times 2n$ 矩阵 (A, E),其中 E 是与 A 同阶的单位阵;

(2) 对 (A, E) 进行一系列的初等行变换,使 A 化为 E,这时的 E 便化成了 A^{-1},即

$$(A, E) \xrightarrow{\text{初等行变换}} (E, A^{-1}).$$

例 7.3.4　设 $A = \begin{pmatrix} 1 & 2 & 3 \\ 2 & 2 & 1 \\ 3 & 4 & 3 \end{pmatrix}$,求 A^{-1}.

解　$(A, E) = \begin{pmatrix} 1 & 2 & 3 & 1 & 0 & 0 \\ 2 & 2 & 1 & 0 & 1 & 0 \\ 3 & 4 & 3 & 0 & 0 & 1 \end{pmatrix} \xrightarrow[r_3 - 3r_1]{r_2 - 2r_1} \begin{pmatrix} 1 & 2 & 3 & 1 & 0 & 0 \\ 0 & -2 & -5 & -2 & 1 & 0 \\ 0 & -2 & -6 & -3 & 0 & 1 \end{pmatrix}$

$\xrightarrow[r_3 - r_2]{r_1 + r_2} \begin{pmatrix} 1 & 0 & -2 & -1 & 1 & 0 \\ 0 & -2 & -5 & -2 & 1 & 0 \\ 0 & 0 & -1 & -1 & -1 & 1 \end{pmatrix} \xrightarrow[r_2 - 5r_3]{r_1 - 2r_3} \begin{pmatrix} 1 & 0 & 0 & 1 & 3 & -2 \\ 0 & -2 & 0 & 3 & 6 & -5 \\ 0 & 0 & -1 & -1 & -1 & 1 \end{pmatrix}$

$\xrightarrow[r_3 \div (-1)]{r_2 \div (-2)} \begin{pmatrix} 1 & 0 & 0 & 1 & 3 & -2 \\ 0 & 1 & 0 & -\dfrac{3}{2} & -3 & \dfrac{5}{2} \\ 0 & 0 & 1 & 1 & 1 & -1 \end{pmatrix}.$

所以 $A^{-1} = \begin{pmatrix} 1 & 3 & -2 \\ -\dfrac{3}{2} & -3 & \dfrac{5}{2} \\ 1 & 1 & -1 \end{pmatrix}.$

4. 用初等变换解矩阵方程

含有未知矩阵的等式叫作矩阵方程.

对矩阵方程

$$AX = B.$$

当 A 可逆时,方程两端左乘 A^{-1} 得到方程的解

$$X = A^{-1}B.$$

我们可以先求出 A^{-1},再求乘积 $A^{-1}B$.

下面介绍用初等变换法直接求 X 的方法,其步骤为:

(1) 作 $n \times (n+m)$ 矩阵 (A, B),这里 B 是 $n \times m$ 矩阵;

(2) 对 (A, B) 进行一系列初等行变换,使 A 化为 E,这时,B 便化为 $A^{-1}B$,即

$$(A, B) \xrightarrow{\text{初等行变换}} (E, A^{-1}B)$$

例 7.3.5　解矩阵方程 $AX = B$,其中 $A = \begin{pmatrix} 1 & 2 & 3 \\ 2 & 2 & 1 \\ 3 & 4 & 3 \end{pmatrix}$,$B = \begin{pmatrix} 2 & 5 \\ 3 & 1 \\ 4 & 3 \end{pmatrix}$.

解　$(A, B) = \begin{pmatrix} 1 & 2 & 3 & 2 & 5 \\ 2 & 2 & 1 & 3 & 1 \\ 3 & 4 & 3 & 4 & 3 \end{pmatrix} \xrightarrow[r_3-3r_1]{r_2-2r_1} \begin{pmatrix} 1 & 2 & 3 & 2 & 5 \\ 0 & -2 & -5 & -1 & -9 \\ 0 & -2 & -6 & -2 & -12 \end{pmatrix}$

$\xrightarrow[r_3-r_2]{r_1+r_2} \begin{pmatrix} 1 & 0 & -2 & 1 & -4 \\ 0 & -2 & -5 & -1 & -9 \\ 0 & 0 & -1 & -1 & -3 \end{pmatrix} \xrightarrow[r_2-5r_3]{r_1-2r_3} \begin{pmatrix} 1 & 0 & 0 & 3 & 2 \\ 0 & -2 & 0 & 4 & 6 \\ 0 & 0 & -1 & -1 & -3 \end{pmatrix}$

$\xrightarrow[r_3 \div (-1)]{r_2 \div (-2)} \begin{pmatrix} 1 & 0 & 0 & 3 & 2 \\ 0 & 1 & 0 & -2 & -3 \\ 0 & 0 & 1 & 1 & 3 \end{pmatrix}$

所以 $X = \begin{pmatrix} 3 & 2 \\ -2 & -3 \\ 1 & 3 \end{pmatrix}$.

注意：对矩阵方程 $XA = B$，方程两端右乘 A^{-1} 得到其解为 $X = BA^{-1}$；对矩阵方程 $AXB = C$，方程两端左乘 A^{-1}，右乘 B^{-1} 得其解为 $X = A^{-1}CB^{-1}$.

7.4　线性方程组的解

方程组求解是线性代数的主要任务，本节讨论由 m 个方程 n 个未知数组成的一般线性方程组有解的判断以及如何求解.

设有 m 个方程 n 个未知数的线性方程组

$$\begin{cases} a_{11}x_1 + a_{12}x_2 + \cdots + a_{1n}x_n = b_1, \\ a_{21}x_1 + a_{22}x_2 + \cdots + a_{2n}x_n = b_2, \\ \qquad\qquad \vdots \\ a_{m1}x_1 + a_{m2}x_2 + \cdots + a_{mn}x_n = b_m, \end{cases} \qquad (7-2)$$

其矩阵形式为

$$AX = B \qquad (7-3)$$

其中　$A = \begin{pmatrix} a_{11} & a_{12} & \cdots & a_{1n} \\ a_{21} & a_{22} & \cdots & a_{2n} \\ \vdots & \vdots & & \vdots \\ a_{m1} & a_{m2} & \cdots & a_{mn} \end{pmatrix}, X = \begin{pmatrix} x_1 \\ x_2 \\ \vdots \\ x_n \end{pmatrix}, B = \begin{pmatrix} b_1 \\ b_2 \\ \vdots \\ b_m \end{pmatrix}.$

记 $\bar{A} = \begin{pmatrix} a_{11} & a_{12} & \cdots & a_{1n} & b_1 \\ a_{21} & a_{22} & \cdots & a_{2n} & b_2 \\ \vdots & \vdots & & \vdots & \vdots \\ a_{m1} & a_{m2} & \cdots & a_{mn} & b_m \end{pmatrix}$，称 $\bar{A}$ 为方程组（7-2）的增广

矩阵

当 $B = 0$ 时，称方程组（7-2）为齐次的，否则称为非齐次的. 齐次

线性方程组的矩阵形式为

$$AX = 0 \qquad\qquad (7\text{-}4)$$

在 7.3.2 节中给出用矩阵的初等变换求解的方法.现在我们对一般的方程组进行讨论.

线性方程组(7-2)与增广矩阵 $\bar{A}$ 是一一对应的.当对 $\bar{A}$ 实施初等行变换时,方程组(7-2)也相应地进行了以下 3 种变换:

(1) 交换两个方程的次序;

(2) 用一个非零的常数乘以某个方程;

(3) 把一个方程的适当倍数加到另一个方程上.

上述三种变换称为线性方程组的初等变换.显然,方程组经初等变换后解不变,即方程组的初等变换是同解变换.于是,当用初等行变换把增广矩阵化成行最简形时,对应地方程组(7-2)也化成同解的"行最简形方程组",从而通过行最简形可以直接"读"出方程组的解.

1. 求解线性方程组

归纳线性方程组求解步骤(四步法)如下:

(1) (判断)将增广矩阵 $\bar{A}$ 用初等行变换化成行阶梯形矩阵;

(2) 进一步将 $\bar{A}$ 进行初等行变换,将 $\bar{A}$ 进一步化成行最简形 $\bar{A}$;

(3) 写出增广矩阵 $\bar{A}$ 对应的线性方程组,得同解方程组;

(4) 将第一个非零元为系数的未知量作为固定未知量,留在等号的左边,其余的未知量作为自由未知量,移到等号右边,并令自由未知量为任意常数,写出解的参数形式或向量形式.

例 7.4.1　求解非齐次线性方程组

$$\begin{cases} x_1 - x_2 - x_3 + x_4 = 0, \\ x_1 - x_2 + x_3 - 3x_4 = 1, \\ x_1 - x_2 - 2x_3 + 3x_4 = -\dfrac{1}{2}. \end{cases}$$

解　$\bar{A} = \begin{pmatrix} 1 & -1 & -1 & 1 & 0 \\ 1 & -1 & 1 & -3 & 1 \\ 1 & -1 & -2 & 3 & -\dfrac{1}{2} \end{pmatrix} \rightarrow \begin{pmatrix} 1 & -1 & 0 & -1 & \dfrac{1}{2} \\ 0 & 0 & 1 & -2 & \dfrac{1}{2} \\ 0 & 0 & 0 & 0 & 0 \end{pmatrix}.$

根据增广矩阵知,有同解方程组

$$\begin{cases} x_1 = x_2 + x_4 + \dfrac{1}{2}, \\ x_3 = \quad\ 2x_4 + \dfrac{1}{2}. \end{cases}$$

令 $x_2 = c_1, x_4 = c_2$ 为任意常数,则方程组的一般解为

$$\begin{cases} x_1 = c_1 + c_2 + \dfrac{1}{2}, \\ x_2 = c_1, \\ x_3 = 2c_2 + \dfrac{1}{2}, \\ x_4 = c_2 \end{cases}$$

或

$$\begin{pmatrix} x_1 \\ x_2 \\ x_3 \\ x_4 \end{pmatrix} = c_1 \begin{pmatrix} 1 \\ 1 \\ 0 \\ 0 \end{pmatrix} + c_2 \begin{pmatrix} 1 \\ 0 \\ 2 \\ 1 \end{pmatrix} + \begin{pmatrix} \dfrac{1}{2} \\ 0 \\ \dfrac{1}{2} \\ 0 \end{pmatrix} \ (c_1, c_2 \ 为任意常数).$$

2. 线性方程组有解的判定

对于 n 元非齐次方程组 $AX=B$，有以下 3 个有解的判定：

（1）$AX=B$ 有解的充分必要条件是第一个非零元不出现在 $\bar{A}$ 的最后一列；

（2）$AX=B$ 有唯一解的充分必要条件是第一个非零元不出现在 $\bar{A}$ 的最后一列，且第一个非零元的个数等于未知量的个数；

（3）$AX=B$ 有无穷多解的充分必要条件是第一个非零元不出现在 $\bar{A}$ 的最后一列，且第一个非零元的个数小于未知量的个数．

对于 n 元齐次方程组 $AX=0$，因零解总是它的解，对系数矩阵 A 进行初等行变换变成行最简形 $\bar{A}$，所以有下面 2 个结论：

（1）$AX=0$ 有非零解的充分必要条件是 $\bar{A}$ 的非零行数少于列数；

（2）$AX=0$ 只有零解的充分必要条件是 $\bar{A}$ 的非零行数等于列数．

例 7.4.2　求解齐次线性方程组 $\begin{cases} x_1+2x_2+2x_3+x_4=0, \\ 2x_1+x_2-2x_3-2x_4=0, \\ x_1-x_2-4x_3-3x_4=0. \end{cases}$

解　因齐次方程组总有解，所以将系数矩阵 A 化成行最简形：

$$A = \begin{pmatrix} 1 & 2 & 2 & 1 \\ 2 & 1 & -2 & -2 \\ 1 & -1 & -4 & -3 \end{pmatrix} \rightarrow \begin{pmatrix} 1 & 2 & 2 & 1 \\ 0 & -3 & -6 & -4 \\ 0 & -3 & -6 & -4 \end{pmatrix}$$

$$\rightarrow \begin{pmatrix} 1 & 2 & 2 & 1 \\ 0 & 1 & 2 & \dfrac{4}{3} \\ 0 & 0 & 0 & 0 \end{pmatrix} \rightarrow \begin{pmatrix} 1 & 0 & -2 & -\dfrac{5}{3} \\ 0 & 1 & 2 & \dfrac{4}{3} \\ 0 & 0 & 0 & 0 \end{pmatrix}$$

得同解方程组

$$\begin{cases} x_1-2x_3-\dfrac{5}{3}x_4=0, \\ x_2+2x_3+\dfrac{4}{3}x_4=0, \end{cases} 即 \begin{cases} x_1=\ \ 2x_3+\dfrac{5}{3}x_4, \\ x_2=-2x_3-\dfrac{4}{3}x_4. \end{cases}$$

令 $x_3=c_1, x_4=3c_2$ 为任意常数,则方程的一般解为

$$\begin{cases} x_1=\ \ 2c_1+5c_2, \\ x_2=-2c_1-4c_2, \\ x_3=\ \ \ \ \ c_1, \\ x_4=\ \ \ \ \ \ \ \ \ \ 3c_2, \end{cases}$$

或写成向量形式

$$\begin{pmatrix} x_1 \\ x_2 \\ x_3 \\ x_4 \end{pmatrix}=c_1\begin{pmatrix} 2 \\ -2 \\ 1 \\ 0 \end{pmatrix}+c_2\begin{pmatrix} 5 \\ -4 \\ 0 \\ 3 \end{pmatrix}(c_1,c_2 为任意常数).$$

例 7.4.3　设有方程组 $\begin{cases} -2x_1+\ \ x_2+\ \ x_3=0, \\ x_1-2x_2+\ \ x_3=3, \\ x_1+\ \ x_2-2x_3=k, \end{cases}$ 问 k 取何值时,此方

程组(1)有唯一解;(2)无解;(3)有穷多解.并在有无穷多解时求其解.

解　$\bar{\boldsymbol{A}}=\begin{pmatrix} -2 & 1 & 1 & 0 \\ 1 & -2 & 1 & 3 \\ 1 & 1 & -2 & k \end{pmatrix}\to\begin{pmatrix} 1 & -2 & 1 & 3 \\ 0 & -3 & 3 & 6 \\ 0 & 3 & -3 & k-3 \end{pmatrix}\to$

$\begin{pmatrix} 1 & -2 & 1 & 3 \\ 0 & 1 & -1 & -2 \\ 0 & 0 & 0 & k+3 \end{pmatrix}.$

当 $k+3\neq0$,即 $k\neq-3$ 时,故方程组无解;

当 $k=-3$ 时,由

$$\bar{\boldsymbol{A}}\sim\begin{pmatrix} 1 & -2 & 1 & 3 \\ 0 & 1 & -1 & -2 \\ 0 & 0 & 0 & 0 \end{pmatrix}\to\begin{pmatrix} 1 & 0 & -1 & -1 \\ 0 & 1 & -1 & -2 \\ 0 & 0 & 0 & 0 \end{pmatrix}$$

得

$$\begin{cases} x_1=x_3-1, \\ x_2=x_3-2. \end{cases}$$

令 $x_3=c$ 为任意常数,则方程的一般解为

$$\begin{cases} x_1=c-1 \\ x_2=c-2 \\ x_3=c \end{cases}$$

或

$$\begin{pmatrix} x_1 \\ x_2 \\ x_3 \end{pmatrix} = c \begin{pmatrix} 1 \\ 1 \\ 1 \end{pmatrix} + \begin{pmatrix} -1 \\ -2 \\ 0 \end{pmatrix} \quad (c \text{ 为任意常数}).$$

总习题 7

1. 二人零和对策问题:两小孩玩石头—剪子—布游戏,每人的出法只能在{石头,剪子,布}中选择一种,当他们各选定一种出法(亦称策略)时,就确定了一个"局势"也就得出各自的输赢.若规定胜者得 1 分,负者得-1 分,平手各得 0 分,则对于各种可能的局势(每一局势得分之和为零即零和),试用矩阵表示他们的输赢状态.

2. 计算:

$(1) \begin{pmatrix} 4 & 3 & 1 \\ 1 & -2 & 3 \\ 5 & 7 & 0 \end{pmatrix} \begin{pmatrix} 7 \\ 2 \\ 1 \end{pmatrix};$ $(2)\ (1,2,3) \begin{pmatrix} 3 \\ 2 \\ 1 \end{pmatrix};$ $(3) \begin{pmatrix} 2 \\ 1 \\ 3 \end{pmatrix} (-1,2);$

$(4) \begin{pmatrix} a & 0 & 0 \\ 0 & b & 0 \\ 0 & 0 & c \end{pmatrix}^3;$ $(5) \begin{pmatrix} 2 & 1 & 4 & 0 \\ 1 & -1 & 3 & 4 \end{pmatrix} \begin{pmatrix} 1 & 3 & 1 \\ 0 & -1 & 2 \\ 1 & -3 & 1 \\ 4 & 0 & -2 \end{pmatrix}.$

3. 设 $A = \begin{pmatrix} 1 & 1 & 1 \\ 1 & 1 & -1 \\ 1 & -1 & 1 \end{pmatrix}, B = \begin{pmatrix} 1 & 2 & 3 \\ -1 & -2 & 4 \\ 0 & 5 & 1 \end{pmatrix},$ 求 $3AB-2A$ 及 $A^T B$.

4. 设 $A = \begin{pmatrix} 1 & 2 \\ 1 & 3 \end{pmatrix}, B = \begin{pmatrix} 1 & 0 \\ 1 & 2 \end{pmatrix},$ 问:

(1) $AB = BA$ 吗?

(2) $(A+B)^2 = A^2 + 2AB + B^2$ 吗?

(3) $(A+B)(A-B) = A^2 - B^2$ 吗?

5. 设 $A = \dfrac{1}{2} \begin{pmatrix} 2 & 0 & 0 \\ 0 & 1 & 3 \\ 0 & 2 & 5 \end{pmatrix},$ 求 $A^{-1}.$

6. 用初等变换法求下列矩阵的逆矩阵:

$(1) \begin{pmatrix} 1 & 0 & 1 \\ 2 & 1 & 0 \\ -3 & 2 & -5 \end{pmatrix};$ $(2) \begin{pmatrix} 1 & 2 & -1 \\ 3 & 4 & -2 \\ 5 & -4 & 1 \end{pmatrix};$ $(3) \begin{pmatrix} 1 & 1 & 0 & 0 \\ 0 & 1 & 1 & 0 \\ 0 & 0 & 1 & 1 \\ 0 & 0 & 0 & 1 \end{pmatrix}.$

7. 解下列矩阵方程:

（1）设 $A = \begin{pmatrix} 1 & 2 & 3 \\ 0 & 1 & 2 \\ 0 & 0 & 1 \end{pmatrix}, B = \begin{pmatrix} -1 & 4 \\ 2 & 5 \\ 1 & -3 \end{pmatrix}$，求 X 使 $AX = B$；

（2）设 $A = \begin{pmatrix} 1 & -1 & 0 \\ 0 & 1 & -1 \\ -1 & 0 & 1 \end{pmatrix}, AX = 2X + A$，求 X.

8. 利用逆矩阵解下列线性方程组：

（1）$\begin{cases} x_1 + 2x_2 + 3x_3 = 1 \\ 2x_1 + 2x_2 + 5x_3 = 2 \\ 3x_1 + 5x_2 + x_3 = 3 \end{cases}$；　　　（2）$\begin{cases} x_1 - x_2 - x_3 = 2 \\ 2x_1 - x_2 - 3x_3 = 1 \\ 3x_1 + 2x_2 - 5x_3 = 0 \end{cases}$.

9. 求解下列齐次线性方程组：

（1）$\begin{cases} x_1 + x_2 + 2x_3 - x_4 = 0 \\ 2x_1 + x_2 + x_3 - x_4 = 0 \\ 2x_1 + 2x_2 + x_3 + 2x_4 = 0 \end{cases}$；　（2）$\begin{cases} x_1 + 2x_2 + x_3 - x_4 = 0 \\ 3x_1 + 6x_2 - x_3 - 3x_4 = 0 \\ 5x_1 + 10x_2 + x_3 - 5x_4 = 0 \end{cases}$.

10. 求解下列非齐次线性方程组：

（1）$\begin{cases} x_1 - 2x_2 + 3x_3 - x_4 = 1 \\ 3x_1 - x_2 + 5x_3 - 3x_4 = 2 \\ 2x_1 + x_2 + 2x_3 - 2x_4 = 3 \end{cases}$；　（2）$\begin{cases} x_1 - x_2 + x_3 + x_4 = 1 \\ 2x_1 + x_2 + 4x_3 + 5x_4 = 6 \\ x_1 + 2x_2 + 3x_3 + 4x_4 = 5 \end{cases}$.

11. 设 $\begin{cases} x_1 + x_2 + kx_3 = 4 \\ -x_1 + kx_2 + x_3 = k^2 \\ x_1 - x_2 + 2x_3 = -4 \end{cases}$，问 k 取何值时方程组有唯一解？无

解？有无穷多解？并在有无穷多解时求其解.

第 8 章

行 列 式

行列式在数学的许多分支都有着极其广泛的应用,同时结合矩阵,它是研究方程组的重要工具.本章介绍 n 阶行列式的定义、性质及其计算.最后给出求解特殊方程组的方法——克拉默法则.

8.1 n 阶行列式的概念

8.1.1 二阶、三阶行列式

引例 8.1.1 用消元法解二元线性方程组

$$\begin{cases} a_{11}x_1 + a_{12}x_2 = b_1, \\ a_{21}x_1 + a_{22}x_2 = b_2. \end{cases} \tag{8-1}$$

我们得到,当 $a_{11}a_{22} - a_{12}a_{21} \neq 0$ 时,方程组有解

$$x_1 = \frac{b_1 a_{22} - a_{12} b_2}{a_{11}a_{22} - a_{12}a_{21}}, \quad x_2 = \frac{a_{11}b_2 - b_1 a_{21}}{a_{11}a_{22} - a_{12}a_{21}}. \tag{8-2}$$

引入记号

$$\begin{vmatrix} a_{11} & a_{12} \\ a_{21} & a_{22} \end{vmatrix} = a_{11}a_{22} - a_{12}a_{21},$$

称之为二阶行列式.其中,a_{ij} 称为行列式的元素,a_{ij} 的两个下标表示该元素在行列式中的位置,第一个下标称为行标,表示该元素所在的行,第二个下标称为列标,表示该元素所在的列.从左上角到右下角的对角线称为主对角线,从右上角到左下角的对角线称为次对角线.

根据二阶行列式的定义,式(8-2)中 x_1, x_2 的分子可以写成二阶行列式,即

$$b_1 a_{22} - a_{12} b_2 = \begin{vmatrix} b_1 & a_{12} \\ b_2 & a_{22} \end{vmatrix}, \quad a_{11}b_2 - b_1 a_{21} = \begin{vmatrix} a_{11} & b_1 \\ a_{21} & b_2 \end{vmatrix}.$$

若记

$$D = \begin{vmatrix} a_{11} & a_{12} \\ a_{21} & a_{22} \end{vmatrix}, \quad D_1 = \begin{vmatrix} b_1 & a_{12} \\ b_2 & a_{22} \end{vmatrix}, \quad D_2 = \begin{vmatrix} a_{11} & b_1 \\ a_{21} & b_2 \end{vmatrix},$$

则当 $D \neq 0$ 时,方程组(8-1)有唯一解

$$x_1 = \frac{D_1}{D}, \quad x_2 = \frac{D_2}{D}.$$

例 8.1.1　解线性方程组 $\begin{cases} 3x_1-2x_2=12, \\ 2x_1+x_2\ \ =1. \end{cases}$

解　由

$$D=\begin{vmatrix} 3 & -2 \\ 2 & 1 \end{vmatrix}=3-(-4)=7\neq0,$$

$$D_1=\begin{vmatrix} 12 & -2 \\ 1 & 1 \end{vmatrix}=14,$$

$$D_2=\begin{vmatrix} 3 & 12 \\ 2 & 1 \end{vmatrix}=-21.$$

得方程组的解

$$x_1=\frac{D_1}{D}=\frac{14}{7}=2, \quad x_2=\frac{D_2}{D}=\frac{-21}{7}=-3.$$

引例 8.1.2　对三元线性方程组

$$\begin{cases} a_{11}x_1+a_{12}x_2+a_{13}x_3=b_1, \\ a_{21}x_1+a_{22}x_2+a_{23}x_3=b_2, \\ a_{31}x_1+a_{32}x_2+a_{33}x_3=b_3, \end{cases} \tag{8-3}$$

同样可用消元法求解.我们引入记号

$$\begin{vmatrix} a_{11} & a_{12} & a_{13} \\ a_{21} & a_{22} & a_{23} \\ a_{31} & a_{32} & a_{33} \end{vmatrix}=a_{11}a_{22}a_{33}+a_{12}a_{23}a_{31}+a_{13}a_{21}a_{32}-$$

$$a_{11}a_{23}a_{32}-a_{12}a_{21}a_{33}-a_{13}a_{22}a_{31},$$

称之为三阶行列式.则当 $D=\begin{vmatrix} a_{11} & a_{12} & a_{13} \\ a_{21} & a_{22} & a_{23} \\ a_{31} & a_{32} & a_{33} \end{vmatrix}\neq0$ 时,三元线性方程

组(8-3)有唯一解

$$x_1=\frac{D_1}{D}, \quad x_2=\frac{D_2}{D}, \quad x_3=\frac{D_3}{D}.$$

其中,D 为系数行列式;D_j 是将 D 中的第 j 列元素 a_{1j},a_{2j},a_{3j} 分别换成常数项 b_1,b_2,b_3 而得$(j=1,2,3)$.

三阶行列式的计算可用图 8-1-1 所示的对角线法.

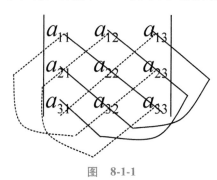

图　8-1-1

其中,每一条实线上的三个元素的乘积带正号,每一条虚线上的三个元素的乘积带负号,所得六项的代数和就是三阶行列式的值.

此外,将三阶行列式定义中的右端,按第一行的元素提取公因子,可得

$$D = \begin{vmatrix} a_{11} & a_{12} & a_{13} \\ a_{21} & a_{22} & a_{23} \\ a_{31} & a_{32} & a_{33} \end{vmatrix}$$

$$= a_{11}(a_{22}a_{33}-a_{23}a_{32})+a_{12}(a_{23}a_{31}-a_{21}a_{33})+a_{13}(a_{21}a_{32}-a_{22}a_{31})$$

$$= a_{11}\begin{vmatrix} a_{22} & a_{23} \\ a_{32} & a_{33} \end{vmatrix} - a_{12}\begin{vmatrix} a_{21} & a_{23} \\ a_{31} & a_{33} \end{vmatrix} + a_{13}\begin{vmatrix} a_{21} & a_{22} \\ a_{31} & a_{32} \end{vmatrix}.$$

上式称为行列式按第一行展开的展开式.

从上述推导过程中容易看到,三阶行列式可以按任一行或任一列提取公因子而得到相应的"展开式",即

$$D = \begin{vmatrix} a_{11} & a_{12} & a_{13} \\ a_{21} & a_{22} & a_{23} \\ a_{31} & a_{32} & a_{33} \end{vmatrix} = a_{i1}A_{i1}+a_{i2}A_{i2}+a_{i3}A_{i3} \quad (i=1,2,3)$$

或

$$D = \begin{vmatrix} a_{11} & a_{12} & a_{13} \\ a_{21} & a_{22} & a_{23} \\ a_{31} & a_{32} & a_{33} \end{vmatrix} = a_{1j}A_{1j}+a_{2j}A_{2j}+a_{3j}A_{3j} \quad (j=1,2,3).$$

这里,$A_{ij}=(-1)^{i+j}M_{ij}$ 称为元素 a_{ij} 的代数余子式.其中,M_{ij} 是行列式中划掉 a_{ij} 所在的第 i 行、第 j 列后,剩下的元素按它们在原行列式中的相对位置组成的二阶行列式,称为 a_{ij} 的余子式.

所以,三阶行列式还可以通过上述降阶法计算.

例 8.1.2   计算行列式 $D = \begin{vmatrix} 2 & 0 & 1 \\ 1 & -4 & -1 \\ -1 & 8 & 3 \end{vmatrix}$.

解 $D = 2\times(-4)\times3+0\times(-1)\times(-1)+1\times1\times8-0\times1\times3-$
$\qquad 2\times(-1)\times8-1\times(-4)\times(-1)$
$\qquad = -24+8+16-4 = -4.$

或按第一行展开得

$$D = \begin{vmatrix} 2 & 0 & 1 \\ 1 & -4 & -1 \\ -1 & 8 & 3 \end{vmatrix} = 2\begin{vmatrix} -4 & -1 \\ 8 & 3 \end{vmatrix} + (-1)^{1+3}\begin{vmatrix} 1 & -4 \\ -1 & 8 \end{vmatrix}$$

$$= 2\times[(-4)\times3-(-1)\times8]+[1\times8-(-4)\times(-1)]$$

$$= -4.$$

例 8.1.3   计算行列式 $D = \begin{vmatrix} 1 & 2 & 3 \\ 4 & 0 & 5 \\ -1 & 0 & 6 \end{vmatrix}$.

解 按第二列展开得

$$D = 2A_{21} = 2 \times (-1)^{1+2} \begin{vmatrix} 4 & 5 \\ -1 & 6 \end{vmatrix} = -2 \times 29 = -58.$$

例 8.1.4 解线性方程组 $\begin{cases} x_1 - 2x_2 + x_3 = -2 \\ 2x_1 + x_2 - 3x_3 = 1 \\ -x_1 + x_2 - x_3 = 0 \end{cases}$.

解 由 $D = \begin{vmatrix} 1 & -2 & 1 \\ 2 & 1 & -3 \\ -1 & 1 & -1 \end{vmatrix} = -5 \neq 0$, $D_1 = \begin{vmatrix} -2 & -2 & 1 \\ 1 & 1 & -3 \\ 0 & 1 & -1 \end{vmatrix} = -5$,

$D_2 = \begin{vmatrix} 1 & -2 & 1 \\ 2 & 1 & -3 \\ -1 & 0 & -1 \end{vmatrix} = -10$, $D_3 = \begin{vmatrix} 1 & -2 & -2 \\ 2 & 1 & 1 \\ -1 & 1 & 0 \end{vmatrix} = -5$.

得方程组的解

$$x_1 = \frac{D_1}{D} = 1, \quad x_2 = \frac{D_2}{D} = 2, \quad x_3 = \frac{D_3}{D} = 1.$$

8.1.2 n 阶行列式

1. n 阶行列式的定义

我们采用递归法定义 n 阶行列式:

(1) 一阶行列式 $D_1 = |a_{11}| = a_{11}$;

(2) 二阶行列式 $D_2 = \begin{vmatrix} a_{11} & a_{12} \\ a_{21} & a_{22} \end{vmatrix} = a_{11}a_{22} - a_{12}a_{21}$;

(3) 三阶行列式

$$D = \begin{vmatrix} a_{11} & a_{12} & a_{13} \\ a_{21} & a_{22} & a_{23} \\ a_{31} & a_{32} & a_{33} \end{vmatrix} = a_{11}A_{11} + a_{12}A_{12} + a_{13}A_{13};$$

(4) 假设 $n-1$ 阶行列式已经定义,那么 n 阶行列式

$$D_n = \begin{vmatrix} a_{11} & a_{12} & \cdots & a_{1n} \\ a_{21} & a_{22} & \cdots & a_{2n} \\ \vdots & \vdots & & \vdots \\ a_{n1} & a_{n2} & \cdots & a_{nn} \end{vmatrix} = a_{11}A_{11} + a_{12}A_{12} + \cdots + a_{1n}A_{1n} = \sum_{j=1}^{n} a_{1j}A_{1j}.$$

这里 $A_{ij} = (-1)^{i+j} M_{ij}$ 称为元素 a_{ij} 的代数余子式. 而 M_{ij} 为 n 阶行列式中划掉 a_{ij} 所在的第 i 行、第 j 列后,剩下的 $(n-1)^2$ 个元素,按它们在原行列式中的相对位置组成的 $n-1$ 阶行列式,称为 a_{ij} 的余子式.

例 8.1.5 证明下列行列式的值:

(1) $\begin{vmatrix} \lambda_1 & & & \\ & \lambda_2 & & \\ & & \ddots & \\ & & & \lambda_n \end{vmatrix} = \lambda_1 \lambda_2 \cdots \lambda_n$;

$$(2)\quad \begin{vmatrix} a_{11} & & & \\ a_{21} & a_{22} & & \\ \vdots & \vdots & \ddots & \\ a_{n1} & a_{n2} & \cdots & a_{nn} \end{vmatrix} = a_{11}a_{22}\cdots a_{nn}.$$

其中未写出的元素都是 0.

证　只需证明式(2),式(1)是式(2)的特例.

由行列式的定义,每次都按第一行展开,而每次的第一行都只有 $a_{ii}\neq 0$,故有

$$\begin{vmatrix} a_{11} & & & \\ a_{21} & a_{22} & & \\ \vdots & \vdots & \ddots & \\ a_{n1} & a_{n2} & \cdots & a_{nn} \end{vmatrix} = a_{11}(-1)^{1+1}\begin{vmatrix} a_{22} & & & \\ a_{32} & a_{33} & & \\ \vdots & \vdots & \ddots & \\ a_{n2} & a_{n3} & \cdots & a_{nn} \end{vmatrix}$$

$$= a_{11}a_{22}(-1)^{1+1}\begin{vmatrix} a_{33} & & & \\ a_{43} & a_{44} & & \\ \vdots & \vdots & \ddots & \\ a_{n3} & a_{n4} & \cdots & a_{nn} \end{vmatrix}$$

$$= \cdots = a_{11}a_{22}\cdots a_{nn}$$

注意:除主对角线以外,其余元素全是 0 的行列式称为对角行列式.主对角线以上(下)元素全为 0 的行列式称为下(上)三角行列式.

2. 行列式按行(列)展开法则

n 阶行列式是按第一行展开来定义的,事实上,我们有下面的定理.

定理 8.1.1　行列式等于它的任一行(列)的各元素与其对应的代数余子式乘积之和,即

$$D = a_{i1}A_{i1} + a_{i2}A_{i2} + \cdots + a_{in}A_{in} \quad (i=1,2,\cdots,n)$$

或

$$D = a_{1j}A_{1j} + a_{2j}A_{2j} + \cdots + a_{nj}A_{nj} \quad (j=1,2,\cdots,n)$$

例 8.1.6　计算行列式 $D = \begin{vmatrix} 1 & -6 & 0 & 7 \\ 4 & -9 & 2 & 10 \\ 0 & 0 & 0 & 3 \\ 3 & 2 & 0 & 8 \end{vmatrix}$.

解　按第三行展开,得

$$D = 3\times(-1)^{3+4}\begin{vmatrix} 1 & -6 & 0 \\ 4 & -9 & 2 \\ 3 & 2 & 0 \end{vmatrix},$$

再按第三列展开,得

$$D = -3\times 2\times(-1)^{2+3}\begin{vmatrix} 1 & -6 \\ 3 & 2 \end{vmatrix} = 120.$$

例 8.1.7 证明下列上三角行列式的值：

$$\begin{vmatrix} a_{11} & a_{12} & \cdots & a_{1n} \\ & a_{22} & \cdots & a_{2n} \\ & & \ddots & \vdots \\ & & & a_{nn} \end{vmatrix} = a_{11}a_{22}\cdots a_{nn},$$

其中未写出的元素都是 0.

证 每次都按最后一行展开, 得

$$\begin{vmatrix} a_{11} & a_{12} & \cdots & a_{1n} \\ & a_{22} & \cdots & a_{2n} \\ & & \ddots & \vdots \\ & & & a_{nn} \end{vmatrix} = a_{nn}(-1)^{n+n} \begin{vmatrix} a_{11} & a_{12} & \cdots & a_{1n-1} \\ & a_{22} & \cdots & a_{2n-1} \\ & & \ddots & \vdots \\ & & & a_{n-1n-1} \end{vmatrix}$$

$$= a_{nn}a_{(n-1)(n-1)}(-1)^{(n-1)+(n-1)} \begin{vmatrix} a_{11} & a_{12} & \cdots & a_{1n-2} \\ & a_{22} & \cdots & a_{2n-2} \\ & & \ddots & \vdots \\ & & & a_{n-2n-2} \end{vmatrix}$$

$$= \cdots = a_{11}a_{22}\cdots a_{nn}.$$

由例 8.1.5 和例 8.1.7 知：

上、下三角行列式和对角行列式的值都等于主对角线上元素的乘积.

8.2 行列式的性质及计算

从例 8.1.4 中我们看到, 当一个行列式的某一行(列)零元素比较多(最好只有一个非零元)时, 计算比较简单. 本节我们讨论行列式的性质, 借此简化行列式的计算.

8.2.1 行列式的性质

将行列式 D 的所有行与对应的列互换得到的行列式, 称为 D 的转置行列式, 记作 D' 或 D^T, 即若

$$D = \begin{vmatrix} a_{11} & a_{12} & \cdots & a_{1n} \\ a_{21} & a_{22} & \cdots & a_{2n} \\ \vdots & \vdots & & \vdots \\ a_{n1} & a_{n2} & \cdots & a_{nn} \end{vmatrix}, \quad 则\ D' = \begin{vmatrix} a_{11} & a_{21} & \cdots & a_{n1} \\ a_{12} & a_{22} & \cdots & a_{n2} \\ \vdots & \vdots & & \vdots \\ a_{1n} & a_{2n} & \cdots & a_{nn} \end{vmatrix}.$$

性质 1(对称性) 行列式和它的转置行列式相等, 即 $D = D'$.

该性质表明, 行列式中的行与列具有同等的地位, 行列式的性质凡对行成立的对列也成立, 反之亦然.

例如, $D = \begin{vmatrix} 1 & -2 & 1 \\ 2 & 1 & -3 \\ -1 & 1 & -1 \end{vmatrix} = -5, \quad D' = \begin{vmatrix} 1 & 2 & -1 \\ -2 & 1 & 1 \\ 1 & -3 & -1 \end{vmatrix} = -5.$

性质 2（反对称性质） 互换行列式的两行（列），行列式变号.

推论 若行列式有两行（列）完全相同，则行列式为零.

事实上，互换相同的两行，则有 $D = -D$，故 $D = 0$.

今后用 r_i 记行列式的第 i 行，用 c_j 记行列式的第 j 列.交换 i, j 两行，记为 $r_i \leftrightarrow r_j$；交换 i、j 两列，记为 $c_i \leftrightarrow c_j$.

例如，$D = \begin{vmatrix} 1 & 2 & 3 \\ 4 & 0 & 5 \\ -1 & 0 & 6 \end{vmatrix} \xlongequal{r_1 \leftrightarrow r_3} - \begin{vmatrix} -1 & 0 & 6 \\ 4 & 0 & 5 \\ 1 & 2 & 3 \end{vmatrix}$.

性质 3（线性性质） 有以下两条：

$$(1) \begin{vmatrix} a_{11} & a_{12} & \cdots & a_{1n} \\ \vdots & \vdots & & \vdots \\ a_{i1}+b_{i1} & a_{i2}+b_{i2} & \cdots & a_{in}+b_{in} \\ \vdots & \vdots & & \vdots \\ a_{n1} & a_n & \cdots & a_{nn} \end{vmatrix} = \begin{vmatrix} a_{11} & a_{12} & \cdots & a_{1n} \\ \vdots & \vdots & & \vdots \\ a_{i1} & a_{i2} & \cdots & a_{in} \\ \vdots & \vdots & & \vdots \\ a_{n1} & a_{n2} & \cdots & a_{nn} \end{vmatrix} + \begin{vmatrix} a_{11} & a_{12} & \cdots & a_{1n} \\ \vdots & \vdots & & \vdots \\ b_{i1} & b_{i2} & \cdots & b_{in} \\ \vdots & \vdots & & \vdots \\ a_{n1} & a_{n2} & \cdots & a_{nn} \end{vmatrix}.$$

（2）行列式的某一行（列）中所有的元素都乘以同一数 k，等于用数 k 乘此行列式.即

$$\begin{vmatrix} a_{11} & a_{12} & \cdots & a_{1n} \\ \vdots & \vdots & & \vdots \\ ka_{i1} & ka_{i2} & \cdots & ka_{in} \\ \vdots & \vdots & & \vdots \\ a_{n1} & a_{n2} & \cdots & a_{nn} \end{vmatrix} = k \begin{vmatrix} a_{11} & a_{12} & \cdots & a_{1n} \\ \vdots & \vdots & & \vdots \\ a_{i1} & a_{i2} & \cdots & a_{in} \\ \vdots & \vdots & & \vdots \\ a_{n1} & a_{n2} & \cdots & a_{nn} \end{vmatrix}.$$

第 i 行（列）所有元素都乘以数 k，记作 $kr_i(kc_i)$.

推论 8.2.1 行列式某一行（列）的所有元素的公因子可以提到行列式符号的外面.

推论 8.2.2 若行列式中两行（列）对应元素成比例，则其值为零.

例如，$\begin{vmatrix} 2 & -4 & 6 \\ 5 & -10 & 5 \\ -3 & 6 & 4 \end{vmatrix}$，因第一列和第二列成比例，故其值为零.

例 8.2.1 设 $\begin{vmatrix} a_{11} & a_{12} & a_{13} \\ a_{21} & a_{22} & a_{23} \\ a_{31} & a_{32} & a_{33} \end{vmatrix} = 1$，求 $\begin{vmatrix} 6a_{11} & -2a_{12} & -10a_{13} \\ -3a_{21} & a_{22} & 5a_{23} \\ -3a_{31} & a_{32} & 5a_{33} \end{vmatrix}$.

解　$\begin{vmatrix} 6a_{11} & -2a_{12} & -10a_{13} \\ -3a_{21} & a_{22} & 5a_{23} \\ -3a_{31} & a_{32} & 5a_{33} \end{vmatrix} = -2 \begin{vmatrix} -3a_{11} & a_{12} & 5a_{13} \\ -3a_{21} & a_{22} & 5a_{23} \\ -3a_{31} & a_{32} & 5a_{33} \end{vmatrix}$

$$= -2 \times (-3) \times 5 \begin{vmatrix} a_{11} & a_{12} & a_{13} \\ a_{21} & a_{22} & a_{23} \\ a_{31} & a_{32} & a_{33} \end{vmatrix} = 30$$

性质 4(倍加行(列)性质)　行列式中某行(列)各元素乘常数 k 加到另一行(列)对应元素上,则行列式不变.即

$$D = \begin{vmatrix} a_{11} & a_{12} & \cdots & a_{1n} \\ \vdots & \vdots & & \vdots \\ a_{i1} & a_{i2} & \cdots & a_{in} \\ \vdots & \vdots & & \vdots \\ a_{j1} & a_{j2} & \cdots & a_{jn} \\ \vdots & \vdots & & \vdots \\ a_{n1} & a_{n2} & \cdots & a_{nn} \end{vmatrix} = \begin{vmatrix} a_{11} & a_{12} & \cdots & a_{1n} \\ \vdots & \vdots & & \vdots \\ a_{i1} & a_{i2} & \cdots & a_{in} \\ \vdots & \vdots & & \vdots \\ a_{j1}+ka_{i1} & a_{j2}+ka_{i2} & \cdots & a_{jn}+ka_{in} \\ \vdots & \vdots & & \vdots \\ a_{n1} & a_{n2} & \cdots & a_{nn} \end{vmatrix}$$

把第 i 行(列)乘数 k 加到第 j 行(列)上,记作 $r_j+kr_i(c_j+kc_i)$.

8.2.2　行列式的计算

计算行列式有两种常用方法.

（1）化三角形法:反复利用倍加行性质 4,把行列式化为上三角行列式求得结果.

例 8.2.2　计算行列式 $D = \begin{vmatrix} 2 & -5 & 1 & 2 \\ -3 & 7 & -1 & 4 \\ 5 & -9 & 2 & 7 \\ 4 & -6 & 1 & 2 \end{vmatrix}$.

化三角法求行列式

解　$D = \begin{vmatrix} 2 & -5 & 1 & 2 \\ -3 & 7 & -1 & 4 \\ 5 & -9 & 2 & 7 \\ 4 & -6 & 1 & 2 \end{vmatrix} \xlongequal{c_1 \leftrightarrow c_3} - \begin{vmatrix} 1 & -5 & 2 & 2 \\ -1 & 7 & -3 & 4 \\ 2 & -9 & 5 & 7 \\ 1 & -6 & 4 & 2 \end{vmatrix}$

$\xlongequal[\substack{r_4-r_1}]{\substack{r_2+r_1 \\ r_3-2r_1}} - \begin{vmatrix} 1 & -5 & 2 & 2 \\ 0 & 2 & -1 & 6 \\ 0 & 1 & 1 & 3 \\ 0 & -1 & 2 & 0 \end{vmatrix} \xrightarrow{r_2 \leftrightarrow r_4} \begin{vmatrix} 1 & -5 & 2 & 2 \\ 0 & -1 & 2 & 0 \\ 0 & 1 & 1 & 3 \\ 0 & 2 & -1 & 6 \end{vmatrix}$

$\xrightarrow[\substack{r_4+2r_2}]{\substack{r_3+r_2}} \begin{vmatrix} 1 & -5 & 2 & 2 \\ 0 & -1 & 2 & 0 \\ 0 & 0 & 3 & 3 \\ 0 & 0 & 3 & 6 \end{vmatrix} \xrightarrow{r_4-r_3} \begin{vmatrix} 1 & -5 & 2 & 2 \\ 0 & -1 & 2 & 0 \\ 0 & 0 & 3 & 3 \\ 0 & 0 & 0 & 3 \end{vmatrix} = -9.$

例 8.2.3　计算行列式 $D=\begin{vmatrix} a & b & b & \cdots & b \\ b & a & b & \cdots & b \\ b & b & a & \cdots & b \\ \vdots & \vdots & \vdots & & \vdots \\ b & b & b & \cdots & a \end{vmatrix}$.

解　将第 $2,3,\cdots,n$ 列都加到第一列得

$$D=\begin{vmatrix} a+(n-1)b & b & b & \cdots & b \\ a+(n-1)b & a & b & \cdots & b \\ a+(n-1)b & b & a & \cdots & b \\ \vdots & \vdots & \vdots & & \vdots \\ a+(n-1)b & b & b & \cdots & a \end{vmatrix}$$

$$=[a+(n-1)b]\begin{vmatrix} 1 & b & b & \cdots & b \\ 1 & a & b & \cdots & b \\ 1 & b & a & \cdots & b \\ \vdots & \vdots & \vdots & & \vdots \\ 1 & b & b & \cdots & a \end{vmatrix}.$$

第 $2,3,\cdots,n$ 行都减第 1 行得

$$D=[a+(n-1)b]\begin{vmatrix} 1 & b & b & \cdots & b \\ & a-b & & & \\ & & a-b & & \\ & & & \ddots & \\ & & & & a-b \end{vmatrix}\quad(\text{未写出的元素都是 0})$$

$$=[a+(n-1)b](a-b)^{n-1}.$$

（2）降阶法：当用倍加行性质 4 把行列式某一行或某一列化成只有一个非零元时，便可将行列式按该行（列）展开，从而降阶计算.

例 8.2.4　在例 8.2.2 中保留 a_{13}，将第 3 列其余元素变为 0

$$D=\begin{vmatrix} 2 & -5 & 1 & 2 \\ -3 & 7 & -1 & 4 \\ 5 & -9 & 2 & 7 \\ 4 & -6 & 1 & 2 \end{vmatrix}\xrightarrow[\substack{r_3-2r_1 \\ r_4-r_1}]{r_2+r_1}\begin{vmatrix} 2 & -5 & 1 & 2 \\ -1 & 2 & 0 & 6 \\ 1 & 1 & 0 & 3 \\ 2 & -1 & 0 & 0 \end{vmatrix}\xrightarrow{\text{展}c_3}\begin{vmatrix} -1 & 2 & 6 \\ 1 & 1 & 3 \\ 2 & -1 & 0 \end{vmatrix}$$

$$\xrightarrow{c_1+2c_2}\begin{vmatrix} 3 & 2 & 6 \\ 3 & 1 & 3 \\ 0 & -1 & 0 \end{vmatrix}\xrightarrow{\text{展}r_3}(-1)(-1)^{3+2}\begin{vmatrix} 3 & 6 \\ 3 & 3 \end{vmatrix}=-9.$$

归纳计算行列式的常用方法和步骤：

（1）首先尽量寻找行与列的公因子，将其提到行列式外面；

（2）如果发现行列式有两行或者两列成比例，则行列式为 0；

（3）利用性质 4 将行列式变换成上三角或下三角行列式，再计算其对角线上元素的乘积；

（4）或者利用性质 4 将行列式的某行（某列）变换成只有一个

非零元,再按该行(列)展开,降阶计算.

8.2.3 方阵的行列式

1. 方阵的行列式

由 n 阶方阵的元素所构成的行列式,叫作方阵的行列式,记作 $|A|$ 或 $\det(A)$.

例如,设 $A = \begin{pmatrix} 2 & 3 \\ 6 & 8 \end{pmatrix}$,则 $|A| = \begin{vmatrix} 2 & 3 \\ 6 & 8 \end{vmatrix} = -2$.

2. 运算性质

(1) $|A^T| = |A|$;

(2) $|\lambda A| = \lambda^n |A|$;

(3) $|AB| = |BA| = |A||B|$.

(4) 若 A 可逆,则有 $|A^{-1}| = |A|^{-1}$.

8.3 矩阵的秩及其求法

矩阵的秩是讨论线性方程组解的问题的重要工具.行阶梯形矩阵中非零行的行数是唯一确定的,这个数实质上就是矩阵的"秩".下面我们用行列式来定义它.

1. 矩阵的 k 阶子式

在 $m \times n$ 矩阵 A 中任取 k 行,k 列($k \leqslant m, k \leqslant n$),位于行、列交叉处的 k^2 个元素,不改变它们在 A 中的位置次序而得到的 k 阶行列式,称为矩阵 A 的 k 阶子式.

例如,矩阵 $A = \begin{pmatrix} 1 & 3 & -2 & 2 \\ 0 & 2 & -1 & 3 \\ -2 & 0 & 1 & 5 \end{pmatrix}$ 中取第一、第二行,第一、第二

列,位于这两行两列交叉处的元素组成二阶行列式 $\begin{vmatrix} 1 & 3 \\ 0 & 2 \end{vmatrix}$ 是它

的二阶子式.取其前三行、前三列得到一个三阶子式 $\begin{vmatrix} 1 & 3 & -2 \\ 0 & 2 & -1 \\ -2 & 0 & 1 \end{vmatrix}$,

还有 $\begin{vmatrix} 1 & 3 & 2 \\ 0 & 2 & 3 \\ -2 & 0 & 5 \end{vmatrix}$,等等.

$m \times n$ 矩阵的 k 阶子式有 $C_m^k C_n^k$ 个.

2. 矩阵的秩

若在矩阵 A 中有一个 r 阶子式 $D_r \neq 0$,而所有 $r+1$ 阶子式(如果存在)全等于 0,那么称 D_r 为矩阵 A 的最高阶非零子式,r 称为矩阵 A 的秩,记作 $R(A)$.

注意：规定零矩阵的秩等于零．

例 8.3.1　求矩阵 $\boldsymbol{A} = \begin{pmatrix} 1 & 3 & -2 & 2 \\ 0 & 2 & -1 & 3 \\ -2 & 0 & 1 & 5 \end{pmatrix}$ 的秩．

解　因为 $\begin{vmatrix} 1 & 3 \\ 0 & 2 \end{vmatrix} = 2 \neq 0$，而 $\boldsymbol{A}$ 的所有三阶子式有 4 个：

$$\begin{vmatrix} 1 & 3 & -2 \\ 0 & 2 & -1 \\ -2 & 0 & 1 \end{vmatrix}, \begin{vmatrix} 1 & 3 & 2 \\ 0 & 2 & 3 \\ -2 & 0 & 5 \end{vmatrix}, \begin{vmatrix} 3 & -2 & 2 \\ 2 & -1 & 3 \\ 0 & 1 & 5 \end{vmatrix}, \begin{vmatrix} 1 & -2 & 2 \\ 0 & -1 & 3 \\ -2 & 1 & 5 \end{vmatrix},$$

计算知全为 0，故 $R(\boldsymbol{A}) = 2$．

可见，用定义去求矩阵的秩是相当麻烦的．

例 8.3.2　求行阶梯形矩阵 $\boldsymbol{A} = \begin{pmatrix} 2 & -1 & 0 & 3 & -2 \\ 0 & 3 & 1 & -2 & 5 \\ 0 & 0 & 0 & 4 & -3 \\ 0 & 0 & 0 & 0 & 0 \end{pmatrix}$ 的秩．

解　因为 $\boldsymbol{A}$ 是一个行阶梯形矩阵，其非零行有 3 行，所以 $\boldsymbol{A}$ 的所有四阶子式都为零．

而存在三阶子式 $\begin{vmatrix} 2 & -1 & 3 \\ 0 & 3 & -2 \\ 0 & 0 & 4 \end{vmatrix} \neq 0$，由定义知 $R(\boldsymbol{A}) = 3$．

由此得出：行阶梯形矩阵的非零行的行数就等于矩阵的秩．

对一个一般矩阵，它总可以化成行阶梯形，即它总可以跟一个阶梯形矩阵等价，这就启发我们借助于初等变换来求矩阵的秩．

3. 用初等变换求矩阵的秩

定理 8.3.1　等价的矩阵有相同的秩．

据此我们得到用初等变换求矩阵秩的方法：

将 $\boldsymbol{A}$ 经初等行变换变成行阶梯形矩阵，那么行阶梯形矩阵中非零行的行数就是该矩阵的秩．

例 8.3.3　求矩阵 $\boldsymbol{A} = \begin{pmatrix} 3 & 2 & 0 & 5 & 0 \\ 3 & -2 & 3 & 6 & -1 \\ 2 & 0 & 1 & 5 & -3 \\ 1 & 6 & -4 & -1 & 4 \end{pmatrix}$ 的秩．

解　$\boldsymbol{A} = \begin{pmatrix} 3 & 2 & 0 & 5 & 0 \\ 3 & -2 & 3 & 6 & -1 \\ 2 & 0 & 1 & 5 & -3 \\ 1 & 6 & -4 & -1 & 4 \end{pmatrix} \xrightarrow[\substack{r_3-2r_1 \\ r_4-3r_1}]{\substack{r_1 \leftrightarrow r_4 \\ r_2-r_4}} \begin{pmatrix} 1 & 6 & -4 & -1 & 4 \\ 0 & -4 & 3 & 1 & -1 \\ 0 & -12 & 9 & 7 & -11 \\ 0 & -16 & 12 & 8 & -12 \end{pmatrix}$

$\xrightarrow[\substack{r_3-3r_2 \\ r_4-4r_2}]{} \begin{pmatrix} 1 & 6 & -4 & -1 & 4 \\ 0 & -4 & 3 & 1 & -1 \\ 0 & 0 & 0 & 4 & -8 \\ 0 & 0 & 0 & 4 & -8 \end{pmatrix} \xrightarrow[\substack{r_4-r_3}]{} \begin{pmatrix} 1 & 6 & -4 & -1 & 4 \\ 0 & -4 & 3 & 1 & -1 \\ 0 & 0 & 0 & 4 & -8 \\ 0 & 0 & 0 & 0 & 0 \end{pmatrix},$

可知 $R(A) = 3$.

8.4　矩阵求逆和克拉默法则

前面给出用二阶三阶行列式求解二元三元线性方程组的方法. 本节将把它推广到 n 元线性方程组的情形,就是用 n 阶行列式求解 n 元线性方程组.

8.4.1　方阵可逆的充要条件

定理 8.4.1　矩阵 A 可逆的充分必要条件是 $|A| \neq 0$,此时 $A^{-1} = \dfrac{1}{|A|} A^*$.这里

$$A^* = \begin{pmatrix} A_{11} & A_{21} & \cdots & A_{n1} \\ A_{12} & A_{22} & \cdots & A_{n2} \\ \vdots & \vdots & & \vdots \\ A_{1n} & A_{2n} & \cdots & A_{nn} \end{pmatrix}$$

称为 A 的伴随矩阵,其中 A_{ij} 为 a_{ij} 的代数余子式($i = 1, 2, \cdots, n; j = 1, 2, \cdots, n$).

例 8.4.1　判断矩阵

$$A = \begin{pmatrix} 1 & 2 & 3 \\ 2 & 2 & 1 \\ 3 & 4 & 3 \end{pmatrix}$$

是否可逆? 若可逆试求其逆矩阵.

解　因为 $|A| = \begin{vmatrix} 1 & 2 & 3 \\ 2 & 2 & 1 \\ 3 & 4 & 3 \end{vmatrix} = 2 \neq 0$,所以 A^{-1} 存在.

由

$$A_{11} = \begin{vmatrix} 2 & 1 \\ 4 & 3 \end{vmatrix} = 2, A_{12} = -\begin{vmatrix} 2 & 1 \\ 3 & 3 \end{vmatrix} = -3, A_{13} = 2, A_{21} = 6, A_{22} = -6$$

$$A_{23} = 2, A_{31} = -4, A_{32} = 5, A_{33} = -2$$

得

$$A^* = \begin{pmatrix} 2 & 6 & -4 \\ -3 & -6 & 5 \\ 2 & 2 & -2 \end{pmatrix},$$

于是

$$A^{-1} = \frac{1}{|A|} A^* = \frac{1}{2} \begin{pmatrix} 2 & 6 & -4 \\ -3 & -6 & 5 \\ 2 & 2 & -2 \end{pmatrix} = \begin{pmatrix} 1 & 3 & -2 \\ -\dfrac{3}{2} & -3 & \dfrac{5}{2} \\ 1 & 1 & -1 \end{pmatrix}.$$

用伴随矩阵的方法求矩阵的逆,计算量相当大,所以实际中多用 7.3.2 节初等变换求逆矩阵.然而,求逆公式 $\boldsymbol{A}^{-1}=\dfrac{1}{|\boldsymbol{A}|}\boldsymbol{A}^*$ 适用于理论证明.例如借助于这求逆公式可以得到解线性方程组的克拉默法则.

8.4.2 克拉默[一]法则

定理 8.4.2（克拉默法则） 对 n 元线性方程组

$$\begin{cases} a_{11}x_1+a_{12}x_2+\cdots+a_{1n}x_n=b_1, \\ a_{21}x_1+a_{22}x_2+\cdots+a_{2n}x_n=b_2, \\ \qquad\qquad\vdots \\ a_{n1}x_1+a_{n2}x_2+\cdots+a_{nn}x_n=b_n, \end{cases} \tag{8-4}$$

当系数行列式

$$D=\begin{vmatrix} a_{11} & a_{12} & \cdots & a_{1n} \\ a_{21} & a_{22} & \cdots & a_{2n} \\ \vdots & \vdots & & \vdots \\ a_{n1} & a_{n2} & \cdots & a_{nn} \end{vmatrix}\neq 0$$

时,方程组有解且有唯一解,即

$$x_1=\frac{D_1}{D},x_2=\frac{D_2}{D},x_3=\frac{D_3}{D},\cdots,x_n=\frac{D_n}{D}.$$

其中,D_j 就是把系数行列式 D 中第 j 列的元素 $a_{1j},a_{2j},\cdots,a_{nj}$ 分别用常数项 $b_1,b_2,\cdots,b_n$ 代替后所得行列式.

例 8.4.2 用克拉默法则求解方程组 $\begin{cases} x_1+\ x_2+\ x_3+\ \ x_4=5, \\ x_1+2x_2-\ x_3+\ 4x_4=-2, \\ 2x_1-3x_2-\ x_3-\ 5x_4=-2, \\ 3x_1+\ x_2+2x_3+11x_4=0. \end{cases}$

解 $D=\begin{vmatrix} 1 & 1 & 1 & 1 \\ 1 & 2 & -1 & 4 \\ 2 & -3 & -1 & -5 \\ 3 & 1 & 2 & 11 \end{vmatrix}=\begin{vmatrix} 1 & 1 & 1 & 1 \\ 0 & 1 & -2 & 3 \\ 0 & -5 & -3 & -7 \\ 0 & -2 & -1 & 8 \end{vmatrix}=\begin{vmatrix} 1 & -2 & 3 \\ -5 & -3 & -7 \\ -2 & -1 & 8 \end{vmatrix}$

$\qquad =\begin{vmatrix} 1 & -2 & 3 \\ 0 & -13 & 8 \\ 0 & -5 & 14 \end{vmatrix}=-\begin{vmatrix} 13 & 8 \\ 5 & 14 \end{vmatrix}=-142$

$D_1=\begin{vmatrix} 5 & 1 & 1 & 1 \\ -2 & 2 & -1 & 4 \\ -2 & -3 & -1 & -5 \\ 0 & 1 & 2 & 11 \end{vmatrix}=-142,D_2=-284,D_3=-426,D_4=142.$

⊖ 克拉默（Cramer,1704—1782）,瑞士—法国数学家.

于是得方程组的解为

$$x_1 = \frac{D_1}{D} = 1, x_2 = \frac{D_2}{D} = 2, x_3 = \frac{D_3}{D} = 3, x_4 = \frac{D_4}{D} = -1.$$

8.4.3　线性方程组有解的判定

1. n 元齐次线性方程组

若方程组(8-4)中的常数项 $b_1, b_2, \cdots, b_n$ 全为零,即

$$\begin{cases} a_{11}x_1 + a_{12}x_2 + \cdots + a_{1n}x_n = 0, \\ a_{21}x_1 + a_{22}x_2 + \cdots + a_{2n}x_n = 0, \\ \quad\quad\quad\vdots \\ a_{n1}x_1 + a_{n2}x_2 + \cdots + a_{nn}x_n = 0, \end{cases} \quad (8\text{-}5)$$

称之为 n 元齐次线性方程组.

将克拉默法应用于方程组(8-5),则有:

推论 8.4.1　如果齐次线性方程组(8-5)的系数行列式 $D \neq 0$,那么它只有零解而没有非零解.

推论 8.4.2　如果齐次线性方程组(8-5)有非零解,则其系数行列式 $D = 0$.

例 8.4.3　问 λ 取何值时,齐次线性方程组

$$\begin{cases} x_1 + \lambda x_2 + x_3 = 0, \\ x_1 - x_2 + x_3 = 0, \\ \lambda x_1 + x_2 + 2x_3 = 0 \end{cases}$$

有非零解?

解　由推论 8.4.2,如果方程组有非零解,那么其系数行列式为零,于是由

$$D = \begin{vmatrix} 1 & \lambda & 1 \\ 1 & -1 & 1 \\ \lambda & 1 & 2 \end{vmatrix} = -(1+\lambda)(2-\lambda) = 0$$

得 $\lambda = -1$ 或 $\lambda = 2$.

注意:克拉默法则仅适用于方程的个数与未知数个数相同,且系数行列式不等于零的情形,否则不能直接用.此外,用克拉默法则求解线性方程组时,要计算 $n+1$ 个 n 阶行列式,这个计算量是相当大的,所以,在具体求解线性方程组时,很少用克拉默法则,但这并不影响克拉默法则在线性方程组理论中的重要地位.克拉默法则不仅给出了方程组有唯一解的条件,并且给出了方程组的解与方程组的系数和常数项的关系.

2. 有解的判定

把增广矩阵的秩和系数矩阵的秩应用于 n 元非齐次方程组 $\boldsymbol{AX} = \boldsymbol{B}$,有以下三个有解的判定:

（1）$AX=B$ 有解的充分必要条件是 $R(A)=R(\bar{A})$；

（2）当 $R(A)=R(\bar{A})=n$ 时，有唯一解；当 $R(A)=R(\bar{A})<n$ 时，有无穷多解；

（3）$AX=B$ 无解的充分必要条件是 $R(A)\neq R(\bar{A})$.

对于 n 元齐次方程组 $AX=0$，因零解总是它的解，所以有下面两个结论：

（1）$AX=0$ 有非零解的充分必要条件是 $R(A)<n$；

（2）$AX=0$ 只有零解的充分必要条件是 $R(A)=n$.

求解线性方程组

例 8.4.4   试问 k 为何值时，非齐次线性方程组 $\begin{cases}-x_1-4x_2+x_3=1,\\ kx_2-3x_3=3,\\ x_1+3x_2+(k+1)x_3=0\end{cases}$ 有唯一解；无解；有无穷多解？并在有无穷多解时求其通解.

解 $(Ab)=\begin{pmatrix}-1 & -4 & 1 & 1\\ 0 & k & -3 & 3\\ 1 & 3 & k+1 & 0\end{pmatrix}\sim\begin{pmatrix}-1 & -4 & 1 & 1\\ 0 & k & -3 & 3\\ 0 & -1 & k+2 & 1\end{pmatrix}\sim$

$\begin{pmatrix}1 & 4 & -1 & -1\\ 0 & -1 & k+2 & 1\\ 0 & 0 & (k+3)(k-1) & k+3\end{pmatrix}\overset{k+3\neq0}{\sim}$

$\begin{pmatrix}1 & 4 & -1 & -1\\ 0 & -1 & k+2 & 1\\ 0 & 0 & k-1 & 1\end{pmatrix}$,

则（1）$k\neq-3,k\neq1$ 时，$R(A)=R(Ab)=3$，方程组有唯一解；

（2）$k=1$ 时，$R(A)\neq R(Ab)$，方程组无解；

（3）$k=-3$ 时，$R(A)=R(Ab)=2$，方程组有无穷多解.此时，

$(Ab)\sim\begin{pmatrix}1 & 4 & -1 & -1\\ 0 & -1 & -1 & 1\\ 0 & 0 & 0 & 0\end{pmatrix}\sim\begin{pmatrix}1 & 0 & -5 & 3\\ 0 & 1 & 1 & -1\\ 0 & 0 & 0 & 0\end{pmatrix}$,

得 $\begin{cases}x_1=5x_3+3,\\ x_2=-x_3-1,\\ x_3=\quad x_3\end{cases}\Rightarrow\begin{pmatrix}x_1\\ x_2\\ x_3\end{pmatrix}=c\begin{pmatrix}5\\ -1\\ 1\end{pmatrix}+\begin{pmatrix}3\\ -1\\ 0\end{pmatrix}(c=x_3)$.

总习题 8

1. 计算下列三阶行列式：

（1）$D=\begin{vmatrix}1 & -2 & 1\\ 2 & 1 & -3\\ -1 & 1 & -1\end{vmatrix}$；

(2) $\begin{vmatrix} 7 & -5 & 13 \\ 2 & -1 & 2 \\ 7 & -7 & 12 \end{vmatrix}$.

2. 求方程 $\begin{vmatrix} 1 & 1 & 1 \\ 2 & 3 & x \\ 4 & 9 & x^2 \end{vmatrix} = 0$ 的根.

3. 设 $D = \begin{vmatrix} 3 & -5 & 2 & 1 \\ 1 & 1 & 0 & -5 \\ -1 & 3 & 1 & 3 \\ 2 & -4 & -1 & -3 \end{vmatrix}$, 求 $A_{11} + A_{12} + A_{13} + A_{14}$.

4. 如果 $D = \begin{vmatrix} a_{11} & a_{12} & a_{13} \\ a_{21} & a_{22} & a_{23} \\ a_{31} & a_{32} & a_{33} \end{vmatrix} = 1$, 求 $\begin{vmatrix} 4a_{11} & 2a_{11}-3a_{12} & a_{13} \\ 4a_{21} & 2a_{21}-3a_{22} & a_{23} \\ 4a_{31} & 2a_{31}-3a_{32} & a_{33} \end{vmatrix}$.

5. 计算下列行列式:

(1) $\begin{vmatrix} 1+x & 2 & 3 \\ 1 & 2+y & 3 \\ 1 & 2 & 3+z \end{vmatrix}$;   (2) $\begin{vmatrix} a_1 & 0 & 0 & b_1 \\ 0 & a_2 & b_2 & 0 \\ 0 & b_3 & a_3 & 0 \\ b_4 & 0 & 0 & a_4 \end{vmatrix}$;

(3) $\begin{vmatrix} 3 & 1 & -1 & 2 \\ -5 & 1 & 3 & -4 \\ 2 & 0 & 1 & -1 \\ 1 & -5 & 3 & -3 \end{vmatrix}$;   (4) $\begin{vmatrix} 1 & 2 & 3 & 4 \\ 2 & 3 & 4 & 1 \\ 3 & 4 & 1 & 2 \\ 4 & 1 & 2 & 3 \end{vmatrix}$;

(5) $\begin{vmatrix} x & a & \cdots & a \\ a & x & \cdots & a \\ \vdots & \vdots & & \vdots \\ a & a & \cdots & x \end{vmatrix}$;   (6) $\begin{vmatrix} 2 & 1 & 0 & 0 \\ -1 & 3 & 0 & 0 \\ 0 & 0 & 1 & 4 \\ 0 & 0 & 1 & 2 \end{vmatrix}$.

6. 求下列矩阵的秩, 并求一个最高阶非零子式.

(1) $\begin{pmatrix} 1 & 3 & -1 & -2 \\ 2 & -1 & 2 & 3 \\ 3 & 2 & 1 & 1 \\ 1 & -4 & 3 & 5 \end{pmatrix}$;   (2) $\begin{pmatrix} 2 & 1 & 8 & 3 & 7 \\ 2 & -3 & 0 & 7 & -5 \\ 3 & -2 & 5 & 8 & 0 \\ 1 & 0 & 3 & 2 & 0 \end{pmatrix}$.

7. 试求一个二次多项式 $f(x)$ 满足: $f(1) = 0, f(2) = 3, f(-3) = 28$.

8. 用克拉默法则求解下列线性方程组:

(1) $\begin{cases} 2x_1 + x_2 - 5x_3 + x_4 = 8, \\ x_1 - 3x_2 \quad\quad -6x_4 = 9, \\ \quad\quad 2x_2 - x_3 + 2x_4 = -5, \\ x_1 + 4x_2 - 7x_3 + 6x_4 = 0. \end{cases}$

$$(2)\begin{cases}3x_1+5x_2+2x_3+x_4=3,\\ \quad\;\;3x_2\quad\;\;+4x_4=4,\\ x_1+x_2+x_3+x_4=\dfrac{11}{6},\\ x_1-x_2-3x_3+2x_4=\dfrac{5}{6}.\end{cases}$$

9. 问 λ,μ 取何值时,齐次方程组 $\begin{cases}\lambda x_1+x_2+x_3=0,\\ x_1+\mu x_2+x_3=0,有非零解?\\ x_1+2\mu x_2+x_3=0,\end{cases}$

第 3 篇

概率论与数理统计

第 9 章
随机事件及其概率

概率论诞生于 1654 年,一个名叫梅累的骑士就"两个赌徒约定赌若干局,且谁先赢 c 局便算赢家,若在一赌徒胜 a 局($a<c$)、另一赌徒胜 b 局($b<c$)时便终止赌博,问应如何分赌本"为题求教于帕斯卡[一],帕斯卡与费尔马[二]通信讨论这一问题,于 1654 年共同建立了概率论的第一个基本概念——数学期望.

从亚里士多德[三]时代,哲学家们就已经认识到随机性在生活中的作用,但直到 20 世纪初,人们才认识到随机现象也可以通过数量化方法进行研究.概率论就是以数量化方法研究随机现象及其规律性的一门应用数学学科,它已广泛应用于自然科学、社会科学、技术科学及管理科学中.

中国的概率论统计研究发展也经历了几个阶段,例如《周易》中已出现了一些基本的统计原理,"贾宪三角"比西方的"帕斯卡三角"早了 600 多年.《决疑数学》第一次把西方概率论较为系统地引进到了中国.在西南联大期间,中国概率统计事业的奠基人——许宝騄(1910—1970)先生更是首次开设了"数理统计"课程,着意培养我国自己的概率统计人才.现如今随着我国概率统计队伍的逐渐壮大,中国学者已经在多个概率统计分领域取得了具有国际先进水平的科研成果,并且在概率统计与其他学科融合方面取得了原创性研究成果。

本章介绍就从概率论中最基本、最重要的概念开始.

9.1 随机事件及其运算

9.1.1 随机现象与随机试验

自然界中普遍存在两类现象,一类是在一定条件下必然发生的现象,称为确定性现象,比如异性电荷相吸,同性电荷相斥,在一个大气压下 100℃ 的水一定沸腾等.另一类是在一定条件下我们事先

[一] 帕斯卡(Pascal. 1623—1662),法国数学家、物理学家.

[二] 费尔马(Fermat,1601—1665),法国数学家.

[三] 亚里士多德(公元前 384—公元前 322),古希腊科学家和哲学家.

无法预知结果的现象,称之为随机现象,比如未来某日某种股票的价格是多少,明天会不会下雨,某手机的寿命是多少,将出生的婴儿是男是女等.

随机现象的结果初看似乎完全是偶然的,但人们通过长期的观察和实践发现,在大量的重复试验或观察下,它的结果呈现某种规律性,我们称之为统计规律性.概率论就是研究随机现象统计规律性的学科.

我们把对随机现象的观察或实验统称为试验.

如果一个试验具有以下三个特征,则称为随机试验,用 E 表示.

(1) 试验在相同条件下可重复进行;

(2) 每次试验的可能结果不止一个,并且能事先明确试验的所有可能结果;

(3) 进行试验之前不能确定哪一个结果会出现.

9.1.2 样本空间与随机事件

随机试验 E 的所有可能的结果组成的集合称为 E 的样本空间,记为 S(或 Ω).

样本空间中的元素,即 E 的每个结果称为样本点,记为 ω,一般记为 $S = \{\omega\}$.

例 9.1.1 E_1:抛一枚硬币,观察字面 H、花面 T 出现的情况,则 $S_1 = \{H, T\}$.

E_2:抛一枚骰子,观察出现的点数,则 $S_2 = \{1, 2, 3, 4, 5, 6\}$.

E_3:记录某公共汽车站某上午某时刻的等车人数,则 $S_3 = \{0, 1, 2, 3, \cdots\}$.

E_4:从一批产品中,依次任选三件,记录出现正品 N 与次品 D 的情况,则

$$S_4 = \{NNN, NND, NDN, DNN, NDD, DDN, DND, DDD\}.$$

E_5:在一大批电视机中任意抽取一台,测试其寿命,则 $S_5 = \{t \mid t \geq 0\}$,其中 t 为电视机的寿命.

随机试验 E 的样本空间 S 的子集称为 E 的随机事件,简称事件.常用 A、B、C 等表示.由一个样本点组成的单点集是一个随机事件,称为基本事件.

例如,E_2 中骰子出现"点数不大于 4""点数为偶数"等都为随机事件.而出现"1 点""2 点"…"6 点"等都是基本事件.

样本空间 S 作为特殊子集,也是一个随机事件,在每次试验中它是必然发生的,称为必然事件;空集 $\varnothing$ 在每次试验中都不可能发生的,称之为不可能事件.

例如,E_2 中"点数不大于 6"就是必然事件,"点数大于 6"就是不可能事件.

9.1.3 随机事件间的关系及运算

设试验 E 的样本空间为 S,而 A、B 是 S 的子集.

（1）子事件.若 $A \subset B$,则称事件 A 是事件 B 的子事件,或事件 A 包含于事件 B.表示:事件 A 发生必导致事件 B 发生.

例如:E_5 中记 $A=\{$电视机寿命不超过 8000 小时$\}$,$B=\{$电视机寿命不超过 10000 小时$\}$,则 $A \subset B$.

若 $A=B$,则称事件 A 与事件 B 相等.

（2）事件 $A \cup B=\{\omega \mid \omega \in A$ 或 $\omega \in B\}$ 称为事件 A 与事件 B 的并（或和）,也记作 $A+B$.表示:事件 A、B 中至少一个发生时,事件 $A \cup B$ 发生.

（3）事件 $A \cap B=\{\omega \in A$ 且 $\omega \in B\}$ 称为事件 A 与事件 B 的积（或交）,也记作 $A \cdot B$ 或 AB.表示:当且仅当事件 A 与事件 B 同时发生时,事件 $A \cap B$ 发生.

（4）事件 $A-B=\{\omega \mid \omega \in A$ 且 $\omega \notin B\}$ 称为事件 A 与事件 B 的差.表示:当且仅当事件 A 发生但事件 B 不发生时,事件 $A-B$ 发生.

例如 E_2 中,设 A 表示"出现偶数点",B 表示"出现的点数小于 4",则

$$A \cup B=\{1,2,3,4,6\}, A \cap B=\{2\}, A-B=\{4,6\}$$

（5）事件 $S-A$ 称为事件 A 的对立事件,或逆事件,记作 $\bar{A}$.表示:每次试验中,事件 A 与 $\bar{A}$ 必有一个且只有一个发生.

易知 A 也是 $\bar{A}$ 的对立事件,所以事件 A 与 $\bar{A}$ 互逆.它们满足

$$A \cup \bar{A}=S, A \cap \bar{A}=\varnothing.$$

（6）若 $A \cap B=\varnothing$,则称事件 A 与事件 B 互不相容（或互斥）.表示:事件 A 与事件 B 不能同时发生.

注意:（1）基本事件都是两两互不相容的.（2）$A-B=A\bar{B}$.

上述各运算及关系可用维恩$^\ominus$图表示（见图 9-1-1）.

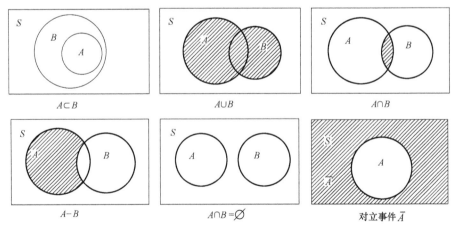

图　9-1-1

$\ominus$　维恩(Venn,1834—1923),英国数学家.

事件的运算满足下列运算规律：

（1）交换律：$A \cup B = B \cup A$，$A \cap B = B \cap A$；

（2）结合律：$(A \cup B) \cup C = A \cup (B \cup C)$，$(A \cap B) \cap C = A \cap (B \cap C)$；

（3）分配律：$(A \cup B) \cap C = (A \cap C) \cup (B \cap C)$，

　　　　　　　$(A \cap B) \cup C = (A \cup C) \cap (B \cup C)$；

（4）对偶律：$\overline{A \cup B} = \overline{A} \cap \overline{B}$，$\overline{A \cap B} = \overline{A} \cup \overline{B}$.

例 9.1.2　A、B、C、D 是四个事件，用事件的运算表示下列事件：

（1）A、B、C、D 中只有 A 发生；

（2）A、B、C、D 中恰有一个发生；

（3）A、B 中至少有一个发生，但 C、D 都不发生；

（4）A、B 中至少有一个发生，C、D 中至少有一个不发生.

解　（1）$A\overline{B}\,\overline{C}\,\overline{D}$；

（2）$A\overline{B}\,\overline{C}\,\overline{D} \cup \overline{A}BC\overline{D} \cup \overline{A}\,\overline{B}CD \cup \overline{A}\,\overline{B}\,\overline{C}D$；

（3）$(A \cup B)\overline{C}\,\overline{D}$；

（4）$(A \cup B)(\overline{C} \cup \overline{D})$.

例 9.1.3　在建筑学院任选一名学生，以 A 表示"该生是男生"，B 表示"该生是大三年级"，C 表示"该生是篮球队的".则：

（1）$\overline{A}BC$ 的含义是什么？

（2）什么条件下 $ABC = C$ 成立？

（3）什么时候关系 $C \subset B$ 成立？

解　（1）$\overline{A}BC$ 表示"选出的学生是大三年级的女生，她是篮球队的"；

（2）由于 $ABC \subset C$，所以 $ABC = C$ 当且仅当 $C \subset ABC$，即 $C \subset AB$，也就是说，篮球队员都是大三年级的男生时，$ABC = C$ 成立；

（3）当篮球队员全是大三年级学生时，有 $C \subset B$ 成立.

9.2　随机事件的概率

尽管我们不能确定一个随机事件在一次试验中能否发生，但我们希望知道它发生的可能性有多大？直观地讲，在一次试验中随机事件发生的可能性大小的量度称为该事件的概率.为此我们首先引入"频率"的概念.

9.2.1　频率与概率

在相同的条件下，进行 n 次试验，如果事件 A 在这 n 次重复试验中出现了 n_A 次，则称比值 $\dfrac{n_A}{n}$ 为事件 A 发生的频率，记为 $f_n(A)$，即

$$f_n(A) = \frac{n_A}{n}.$$

频率反映了一个随机事件在大量重复试验中发生的频繁程度.历史上有人做过著名的抛硬币试验,得到的数据如表 9-2-1 所示.

表 9-2-1 历史上抛硬币试验的记录

试验者	n	n_H	$f_n(H) = \dfrac{n_H}{n}$
德·摩根	2048	1061	0.5181
蒲丰	4040	2048	0.5069
K. 皮尔逊	12000	6019	0.5016
K. 皮尔逊	24000	12012	0.5005
罗曼诺夫斯基	80640	40941	0.5077

从数据中可以看出:

（1）频率有随机波动性,即对于同样的 n,所得的 f_n 也不一定相同;

（2）抛硬币次数 n 较小时,频率 f_n 的随机波动幅度较大,但随着 n 的增大,频率 f_n 呈现出稳定性.即当 n 逐渐增大时,频率 f_n 总是在 0.5 附近摆动,且逐渐稳定于 0.5.

这个稳定值从本质上反映了事件在试验中出现可能性的大小,我们把这个稳定值定义为事件的概率,称这一定义为概率的统计定义.

1933 年,苏联数学家柯尔莫哥洛夫提出了概率的公理化定义,使概率论有了迅速的发展.公理化体系是利用一系列公理建立的数学范式。公理是依据人类理性的,可以不证自明的基本事实.下列定义中的"非负性""规范性"和"可列可加性"即为不证自明的公理.

9.2.2 概率的数学定义

设 E 是随机试验,S 是它的样本空间,对 E 的每一个事件 A,对应地有一个实数 $P(A)$,满足下列条件:

（1）非负性:对任意事件 A,有 $0 \leqslant P(A) \leqslant 1$;

（2）规范性:$P(S) = 1$;

（3）可列可加性:对两两互斥的事件 $A_1, A_2, \cdots, A_i$ 有

$$P\left(\bigcup_{i=1}^{\infty} A_i \right) = \sum_{i=1}^{\infty} P(A_i),$$ 则称 $P(A)$ 为事件 A 的概率.

由定义我们可以得到概率的性质.

9.2.3 概率的性质

性质 1　$P(\varnothing) = 0$.

性质 2（有限可加性）　若事件 $A_1, A_2, \cdots, A_n$ 两两互斥,则

$$P(A_1 \cup A_2 \cup \cdots \cup A_n) = P(A_1) + P(A_2) + \cdots + P(A_n).$$

性质 3(减法公式)　$P(B-A)=P(B)-P(AB)$；

特别地,若 $A \subset B$,则有

(1)(可减性)$P(B-A)=P(B)-P(A)$；

(2)(单调性)$P(A) \leqslant P(B)$.

性质 4(对立事件的概率)　$P(\bar{A})=1-P(A)$.

性质 5(加法公式)　$P(A \cup B)=P(A)+P(B)-P(AB)$.

例 9.2.1　设 A,B 为两事件,$P(A)=0.4,P(B)=0.3,P(A \cup B)=0.6$,求 $P(A-B)$.

解　因为 $P(A-B)=P(A)-P(AB)$,所以先求 $P(AB)$.

由加法公式得

$$P(AB)=P(A)+P(B)-P(A \cup B)=0.4+0.3-0.6=0.1,$$

所以

$$P(A-B)=P(A)-P(AB)=0.4-0.1=0.3.$$

例 9.2.2　小王参加"智力大冲浪"游戏,他能答出甲、乙二类问题的概率分别为 0.7 和 0.2,两类问题都能答出的概率为 0.1.求小王

(1) 答出甲类而答不出乙类问题的概率；

(2) 至少有一类问题能答出的概率；

(3) 两类问题都答不出的概率.

解　以 A,B 分别表示"能答出甲类问题"和"能答出乙类问题",则

(1) $P(A-B)=P(A)-P(AB)=0.7-0.1=0.6$.

(2) $P(A \cup B)=P(A)+P(B)-P(AB)=0.7+0.2-0.1=0.8$.

(3) $P(\bar{A}\bar{B})=P(\overline{A \cup B})=1-P(A \cup B)=1-0.8=0.2$.

性质 5 的推广

(1) 对于事件 A,B,C 有

$$P(A \cup B \cup C)=P(A)+P(B)+P(C)-P(AB)-P(AC)-P(BC)+P(ABC).$$

(2)对于有限个事件 $A_1,A_2,\cdots,A_n$,有

$$P(A_1 \cup A_2 \cup \cdots \cup A_n)=\sum_{i=1}^{n} P(A_i)-\sum_{1 \leqslant i < j \leqslant n} P(A_i A_j)+\sum_{1 \leqslant i < j < k \leqslant n} P(A_i A_j A_k)-\cdots+$$
$$(-1)^{n-1}P(A_1 A_2 \cdots A_n)$$

9.2.4　等可能概型(古典概型)

具有以下两个特点的随机试验,称为等可能概型,也称为古典概型.

(1) 样本空间只有有限个样本点；

(2) 每个基本事件的发生是等可能的.

古典概型中,事件 A 的概率

$$P(A)=\frac{A \text{ 所含样本点个数}}{S \text{ 中样本点总数}}$$

古典概型

称为概率的古典定义.

这个方法把概率的问题转化成对基本事件的计数问题.

例 9.2.3　将一枚硬币抛两次,求正面只出现一次及正面至少出现一次的概率.

解　样本空间 $S = \{HH, HT, TH, TT\}$,分别以 A 和 B 表示"正面只出现一次"及"正面至少出现一次"两个随机事件.则 $A = \{HT, TH\}$,故

$$P(A) = \frac{2}{4} = \frac{1}{2}.$$

因为 $\bar{B} = \{TT\}$,于是

$$P(B) = 1 - P(\bar{B}) = 1 - \frac{1}{4} = \frac{3}{4}.$$

例 9.2.4　货架上有外观相同的商品 15 件,其中 12 件来自场地甲,3 件来自场地乙,先从 15 件商品中随机地抽取两件,求这两件商品来自同一场地的概率.

解　从 15 件商品中取两件,共有 $C_{15}^2 = \frac{15 \times 14}{2 \times 1} = 105$ 种取法,设 A 表示"两件商品来自同一场地";A_1、A_2 分别表示"两件商品都来自甲"和"两件商品都来自乙",则 $A = A_1 \cup A_2$.而 A_1 含样本点数为 $C_{12}^2 = \frac{12 \times 11}{2 \times 1} = 66$,$A_2$ 含样本点数为 $C_3^2 = 3$,且 A_1 与 A_2 互斥,于是

$$P(A) = \frac{C_{12}^2 + C_3^2}{C_{15}^2} = \frac{69}{105} \approx 0.66,$$

即两件商品来自同一场地的概率是 0.66.

例 9.2.5　设某校高一年级一、二、三班男生与女生的人数如表 9-2-2 所示.

表 9-2-2　高一各班男、女生人数

性别	班级			
	一班	二班	三班	总计
男	23	22	24	69
女	25	24	22	71
总计	48	46	46	140

现从中任点一人,问该学生是二班的或是女生的概率是多少?

解　以 A、B 分别表示"点到的学生是二班的"和"点到的学生是女生",则

$$P(A) = \frac{46}{140}, P(B) = \frac{71}{140}, P(AB) = \frac{24}{140}.$$

由加法公式有

$$P(A \cup B) = P(A) + P(B) - P(AB) = \frac{46}{140} + \frac{71}{140} - \frac{24}{140} = \frac{93}{140} \approx 0.66,$$

即该学生是二班的或是女生的概率是 0.66.

例 9.2.6　把 C、C、E、E、I、N、S 七个字母分别写在七张同样的卡片上,并且将卡片放入同一盒中,现从盒中任意一张一张地将卡片取出,并将其按取到的顺序排成一列,求排列结果恰好拼成一个英文单词"SCIENCE"的概率.

解　七个字母的排列总数为 7!."能拼成单词 SCIENCE"所含样本数为 4,故

$$p = \frac{4}{7!} = \frac{1}{1260} \approx 0.00079.$$

9.2.5　几何概型

在所有概率问题中,仅假设样本空间为有限个样本点的集合是不够的,很多时候要处理有无穷多个样本点的情况.

例如,车站每 5min 发一次车,而车到达车站的时刻是等可能的,求乘客在 2min 内能等到车的概率.这里总体的样本空间可以看作区间[0,5],每一时刻等到车都是等可能的,那么,2min 的时间长度里能等到车的概率即为 $\frac{2}{5} = 0.4$.

当所要描述的样本空间 Ω 为欧氏空间的一个子集,其样本点在 Ω 内等可能分布,当集合 $A \subset \Omega$,如果 A 中的样本点出现,我们就说事件 A 发生了,则 A 发生的概率按照如下定义:

设 Ω 为欧氏空间的一个区域,以 $m(\Omega)$ 表示 Ω 的度量(度量包括长度、面积或者体积等).$A \subset \Omega$ 是 Ω 中的一个可以度量的子集,定义

$$P(A) = \frac{m(A)}{m(\Omega)}$$

为事件 A 发生的概率,称其为几何概率.

例 9.2.7　从区间[0,1]中任取两个随机数,求两数之和大于 1 的概率.

解　设 x,y 分别表示这两个随机数,则样本空间 $\Omega = \{(x,y) \mid 0 \leqslant x \leqslant 1, 0 \leqslant y \leqslant 1\}$,此为二维平面的正方形区域.

设 A 表示{两数之和大于 1},则有 $A = \{(x,y) \mid x+y>1, 0 \leqslant x \leqslant 1, 0 \leqslant y \leqslant 1\}$,$A$ 中的样本点组成图 9-2-1 中的阴影三角形区域

则有

$$P(A) = \frac{m(A)}{m(\Omega)} = \frac{\frac{1}{2} \times 1 \times 1}{1 \times 1} = \frac{1}{2}.$$

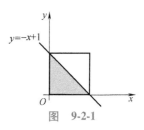

图　9-2-1

9.3　条 件 概 率

9.3.1　条件概率的概念

引例 9.3.1　一个家庭中有两个小孩，已知其中一个是女孩，问另一个也是女孩的概率是多少(假定生男生女是等可能的)？

解　样本空间 $S=\{(男，男)，(男，女)，(女，男)，(女，女)\}$.

设 A 表示事件"至少有一个是女孩"，B 表示事件"两个都是女孩"，则有

$A=\{(男，女)，(女，男)，(女，女)\}$，$B=\{(女，女)\}$.

问题即求在事件 A 发生的条件下，事件 B 发生的概率，这就是条件概率，记作 $P(B\mid A)$.

这时试验的所有可能结果只有三种，而事件 B 包含的基本事件只占其中的一种，所以有 $P(B\mid A)=\dfrac{1}{3}$. 而 $P(A)=\dfrac{3}{4}$，$P(AB)=\dfrac{1}{4}$，从而有 $P(B\mid A)=\dfrac{P(AB)}{P(A)}$.

> **定义 9.3.1**　设 A、B 是两个事件，且 $P(A)>0$，称
> $$P(B\mid A)=\frac{P(AB)}{P(A)}$$
> 为事件 A 发生的条件下事件 B 发生的条件概率.

例 9.3.1　人寿保险公司常常需要知道存活到某一个年龄段的人在下一年仍然存活的概率. 根据统计资料可知，某城市的人由出生活到 50 岁的概率为 0.90718，存活到 51 岁的概率为 0.90135. 问现在已经 50 岁的人，能够活到 51 岁的概率是多少？

解　设 $A=\{活到 50 岁\}$，$B=\{活到 51 岁\}$，要求 $P(B\mid A)$. 由已知

$$P(A)=0.90718，P(B)=0.90135，又 B\subset A，$$

所以　　　　　　$$AB=B，P(AB)=P(B)=0.90135，$$

$$P(B\mid A)=\frac{P(AB)}{P(A)}=\frac{0.90135}{0.90718}\approx 0.99357.$$

可知该城市的人在 50 岁到 51 岁之间死亡的概率约为 0.00643. 在平均意义下，该年龄段中每千个人中间约有 6.43 人死亡.

9.3.2　乘法公式

由条件概率的定义得到

$$P(AB)=P(B\mid A)P(A)\quad (P(A)>0).$$

由 $AB=BA$ 及 A、B 的对称性得

$$P(AB)=P(A\mid B)P(B) \quad (P(B)>0).$$

上两式称为乘法公式.利用它们可计算两个事件同时发生的概率.

一般地,若 $A_1,A_2,\cdots,A_n$ 是 n 个事件,且 $P(A_1,A_2,\cdots,A_{n-1})>0$,则

$$P(A_1A_2\cdots A_n)=P(A_1)P(A_2\mid A_1)\cdots P(A_n\mid A_1A_2\cdots A_{n-1}).$$

例 9.3.2 袋中有 a 个白球和 b 个红球.从中取两次球,每次取一个,取后不再放回.试求两次均取到白球的概率.

解 设 A_i 表示"第 i 次取到白球"$(i=1,2)$,要求 $P(A_1A_2)$.显然

$$P(A_1)=\frac{a}{a+b}, \quad P(A_2\mid A_1)=\frac{a-1}{a+b-1},$$

于是

$$P(A_1A_2)=P(A_2\mid A_1)P(A_1)=\frac{a-1}{a+b-1}\cdot\frac{a}{a+b}.$$

例 9.3.3 盒中装有 5 个产品,其中 3 个一等品,2 个二等品,从中不放回地取产品,每次 1 个,求:

(1) 取两次,两次都取得一等品的概率;

(2) 取两次,第二次取得一等品的概率;

(3) 取三次,第三次才取得一等品的概率.

解 设 A_i 表示第 i 次取到一等品$(i=1,2,3)$,则:

(1) $P(A_1A_2)=P(A_1)P(A_2\mid A_1)=\dfrac{3}{5}\cdot\dfrac{2}{4}=\dfrac{3}{10}.$

(2) $P(A_2)=P(\overline{A_1}A_2\cup A_1A_2)=P(\overline{A_1}A_2)+P(A_1A_2)=\dfrac{2}{5}\cdot\dfrac{3}{4}+$

$\dfrac{3}{5}\cdot\dfrac{2}{4}=\dfrac{3}{5}.$

(3) $P(\overline{A_1}\,\overline{A_2}A_3)=P(\overline{A_1})P(\overline{A_2}\mid\overline{A_1})P(A_3\mid\overline{A_1}\,\overline{A_2})=\dfrac{2}{5}\cdot\dfrac{1}{4}\cdot\dfrac{3}{3}=\dfrac{1}{10}.$

9.3.3 全概率公式与贝叶斯公式

1. 样本空间的划分

设 S 为试验 E 的样本空间,$A_1,A_2,\cdots,A_n$ 为 E 的一组事件,若:

(1) $A_iA_j=\varnothing$,$i\neq j,i,j=1,2,\cdots,n$;

(2) $A_1\cup A_2\cup\cdots\cup A_n=S$,

则称 $A_1,A_2,\cdots,A_n$ 为样本空间 S 的一个划分.

注意:基本事件是样本空间的一个划分.

2. 全概率公式

定理 9.3.1 设试验 E 的样本空间为 S,B 为 E 的事件,A_1,

全概率公式

$A_2,\cdots,A_n$ 为 S 的一个划分,且 $P(A_i)>0(i=1,2,\cdots,n)$,则

$$P(B)=P(A_1)P(B\,|\,A_1)+P(A_2)P(B\,|\,A_2)+\cdots+P(A_n)P(B\,|\,A_n),$$

称此公式为全概率公式.

注意:全概率公式的主要用处在于,它可以将一个复杂事件的概率计算问题,分解为若干个简单事件的概率计算问题,最后应用概率的可加性求出最终结果.而样本空间的划分往往通过寻找导致事件发生的原因即"找原因"的方法去找.

例 9.3.4　在 5 张票中有两张优惠券,两个人依次抓取,问两人抓到优惠券的概率是否相同?

解　设 A_i 表示"第 i 人抓到优惠券"($i=1,2$),则 $P(A_1)=\dfrac{2}{5}$. 而 A_1 和 $\overline{A}_1$ 是样本空间的划分,所以由全概率公式有

$$P(A_2)=P(A_1)P(A_2\,|\,A_1)+P(\overline{A_1})P(A_2\,|\,\overline{A_1})=\frac{2}{5}\times\frac{1}{4}+\frac{3}{5}\times\frac{2}{4}=\frac{2}{5}.$$

$$P(A_1)=P(A_2)=\frac{2}{5}.$$

说明抓阄与次序无关.

例 9.3.5　假设在某时期内影响股票价格变化的因素只有银行存款利率的变化.经分析,该时期内利率下调的概率为 60%,利率不变的概率为 40%.根据经验,在利率下调时某支股票上涨的概率为 80%,在利率不变时,这支股票上涨的概率为 40%.求这支股票上涨的概率.

解　设 A 和 $\overline{A}$ 分别表示"利率下调"和"利率不变"这两个事件,B 表示股票上涨,A 和 $\overline{A}$ 是导致 B 发生的原因,且 A 和 $\overline{A}$ 是样本空间的划分,所以由全概率公式有

$$P(B)=P(A)P(B\,|\,A)+P(\overline{A})P(B\,|\,\overline{A})=60\%\times80\%+40\%\times40\%=64\%.$$

3. 贝叶斯公式

定理 9.3.2　设试验 E 的样本空间为 S,B 为 E 的事件,A_1,$A_2,\cdots,A_n$ 为 S 的一个划分,且 $P(A_i)>0(i=1,2,\cdots,n)$,$P(B)>0$,则

$$P(A_i\,|\,B)=\frac{P(A_i)P(B\,|\,A_i)}{\displaystyle\sum_{j=1}^{n}P(A_j)P(B\,|\,A_j)}(j=1,2,\cdots,n)$$

此公式称为贝叶斯公式.

与全概率公式刚好相反,贝叶斯公式主要用于当观察到一个事件已经发生时,去求导致事件发生的各种原因、情况或途径的可能性大小.

例 9.3.6　某一地区患有癌症的人占 0.005,患者对一种试验反应是阳性的概率为 0.95,正常人对这种试验反应是阳性的概率为 0.04,现抽查了一个人,试验反应是阳性,问此人是癌症患者的概率有多大? 这种试验对于诊断一个人是否患有癌症有无意义?

解　设 A 表示"抽查的人患有癌症", B 表示"试验结果是阳性",则 $\bar{A}$ 表示"抽查的人没患癌症".问题要求 $P(A|B)$.

依题意,有
$$P(A) = 0.005, P(B|A) = 0.95, P(B|\bar{A}) = 0.04.$$
又 $P(\bar{A}) = 0.995$,由贝叶斯公式
$$
\begin{aligned}
P(A|B) &= \frac{P(A)P(B|A)}{P(A)P(B|A) + P(\bar{A})P(B|\bar{A})} \\
&= \frac{0.005 \times 0.95}{0.005 \times 0.95 + 0.995 \times 0.04} = \frac{95}{891} = 0.1066.
\end{aligned}
$$

结果分析:(1)如果不做试验,抽查一人,他是患者的概率为 0.005,若试验后得阳性反应,则根据试验得来的信息,此人是患者的概率为 0.1066,从 0.005 增加到 0.1066,将近增加约 21 倍.说明这种试验对于诊断一个人是否患有癌症有意义.

(2)检出阳性是否一定患有癌症? 试验结果为阳性,此人确患癌症的概率为 0.1066,即使检出阳性,尚可不必过早下结论患有癌症,这种可能性只有 10.66%(平均来说,每 1000 个人中大约只有 107 人确患癌症),此时医生常要通过再试验来确认.

9.4　事件的独立性

设 A, B 是随机试验 E 的两个事件,若 $P(A) > 0$,一般说来, $P(B|A) \neq P(B)$,即 A 的发生对 B 的发生有影响,但实际问题中也有可能出现 $P(B|A) = P(B)$ 的情况,这时有 $P(AB) = P(A)P(B)$,这就是事件之间的相互独立问题.

9.4.1　两个事件的独立性

定义 9.4.1　设 A、B 为两个事件,如果满足等式
$$P(AB) = P(A)P(B),$$
则称事件 A 与 B 相互独立,简称 A、B 独立.

注意:区别事件的互斥与独立两个概念,它们表达了事件之间两种不同的关系.互斥(或互不相容)指在一次试验中,两事件不能同时发生;而独立指的是两事件的发生互不受影响.

定理 9.4.1　设 A、B 为两个事件,若 $P(A) > 0$,则 A、B 独立等价于
$$P(B|A) = P(B)$$

定理 9.4.2　若事件 A 与 B 相互独立,则 $\bar{A}$ 与 B, A 与 $\bar{B}$, $\bar{A}$ 与 $\bar{B}$ 也相互独立.

注意:实际应用中,事件的独立性往往根据实际意义来判断,例如,返回抽样、甲乙两人分别工作、重复试验等.

例 9.4.1　两射手独立地向同一目标射击一次,其命中率分别为 0.9 和 0.8,求目标被击中的概率.

解　设 A、B 分别表示甲、乙击中目标,则 $A \cup B$ 表示目标被击中.由于 A、B 独立,故

$P(A \cup B) = P(A) + P(B) - P(AB)$

$\qquad\qquad = P(A) + P(B) - P(A)P(B) = 0.9 + 0.8 - 0.9 \times 0.8 = 0.98.$

注意:当求和事件的概率时考虑是否互斥,当求积事件的概率时,考虑是否独立.

9.4.2　多个事件的独立性

设 A、B、C 是三个事件,如果满足等式

$$\begin{cases} P(AB) = P(A)P(B), \\ P(BC) = P(B)P(C), \\ P(AC) = P(A)P(C), \\ P(ABC) = P(A)P(B)P(C), \end{cases}$$

则称事件 A、B、C 相互独立.

n 个事件的相互独立可类似定义:设 $A_1, A_2, \cdots, A_n$ 是 n 个事件,如果任意 $k(1 < k \le n)$ 个事件积事件的概率都等于 $k(1 < k \le n)$ 个事件的概率之积,则称 $A_1, A_2, \cdots, A_n$ 相互独立.

利用独立性的概念可以简化计算:

(1) n 个独立事件 $A_1, A_2, \cdots, A_n$ 的积事件的概率可简化为

$$P(A_1 A_2 \cdots A_n) = P(A_1) P(A_2) \cdots P(A_n)$$

(2) n 个独立事件 $A_1, A_2, \cdots, A_n$ 的和事件的概率可简化为

$$P(A_1 \cup A_2 \cup \cdots \cup A_n) = 1 - \prod_{i=1}^{n} P(\overline{A_i})$$

比如,例 9.4.1 又可以解为

$P(A \cup B) = 1 - P(\overline{A})P(\overline{B}) = 1 - (1 - 0.9) \times (1 - 0.8) = 0.98.$

例 9.4.2(保险赔付问题)　设有 n 个人向保险公司购买人身意外保险(保险期为 1 年),假定投保人在一年内发生意外的概率为 0.01.

(1) 求保险公司赔付的概率;

(2) 当 n 为多大时,使得以上赔付的概率超过 0.5.

解　(1) 设 A_i 表示第 i 个投保人出现意外 $(i = 1, 2, \cdots, n)$,B 表示保险公司赔付,则由实际问题可知,$A_1, A_2, \cdots, A_n$ 相互独立且 $B = \bigcup\limits_{i=1}^{n} A_i$,因此

$$P(B) = 1 - P(\overline{\bigcup_{i=1}^{n} A_i}) = 1 - P(\bigcap_{i=1}^{n} \overline{A_i}) = 1 - \prod_{i=1}^{n} P(\overline{A_i}) = 1 - (0.99)^n.$$

(2) 欲使 $P(B) \ge 0.5$,即有 $(0.99)^n \le 0.5$,得 $n \ge \dfrac{\lg 2}{2 - \lg 99} \approx$ 684.16,即当投保人数 $n \ge 685$ 时,保险公司有大于一半的赔付率.

总习题 9

1. 将硬币抛两次,事件 A、B、C 分别表示"第一次出现正面""两次出现同一面""至少有一次出现正面".若正面记作 H,反面记作 T,试写出样本空间及事件 A、B、C 所含样本点.

2. 设事件 A 表示"甲种产品畅销,乙种产品滞销",试述 A 的对立事件.

3. 设 x 表示一个沿数轴做随机运动的质点位置,试说明下列各对事件间的关系:

(1) $A=\{|x-a|<0\}$,$B=\{x-a<0\}$;(2)$A=\{x>0\}$,$B=\{x\leqslant 22\}$;

(3) $A=\{x>22\}$,$B=\{x<19\}$.

4. 判断下列式子哪个成立,哪个不成立,并说明理由.

(1) $A\subset B$ 则 $\bar{B}\subset\bar{A}$;(2) $(A\cup B)-B=A$;(3) $A(B-C)=AB-AC$.

5. 设一个工人生产了 4 个零件,A_i 表示他生产的第 i 个零件是正品,试用 A_i 的运算表示下列事件($i=1,2,3$):

(1) 没有一个是次品;(2) 至少有一个是次品;

(3) 只有一个是次品;(4) 至少有两个不是次品.

6. 某人射击 3 次,A_i 表示"第 i 次击中靶"($i=1,2,3$),试用语言描述下列事件:

(1) $\overline{A_1}\cup\overline{A_2}\cup\overline{A_3}$;(2)$\overline{A_1\cup A_2}$;(3)$\overline{A_1}A_2A_3\cup A_1A_2\overline{A_3}$.

7. 设 $AB=\varnothing$,$P(A)=0.6$,$P(A\cup B)=0.8$,求 $P(\bar{B})$.

8. 设 $P(B)=0.3$,$P(A\cup B)=0.6$,求 $P(A\bar{B})$.

9. 一颗骰子掷 4 次,求至少出现一次 6 点的概率.

10. 从一副扑克牌(52 张)中任取 3 张(不重复),求 3 张中至少有 2 张花色相同的概率.

11. 口袋中有 5 个白球、7 个黑球、4 个红球.从中取球三次,每次取一球,采取不放回方式,求取出的 3 个球颜色各不相同的概率.

12. 某班有 20 个学生都是同一年出生的,求有 10 个学生生日是 1 月 1 日、另外 10 个学生生日是 12 月 31 日的概率.

13. 某厂生产的灯泡能用 1000h 的概率为 0.8,能用 1500h 的概率为 0.4,求已用 1000h 的灯泡能用到 1500h 的概率.

14. 从混有 5 张假钞的 20 张百元钞票中任意抽出 2 张,将其中 1 张放到验钞机上检验发现是假钞.求 2 张都是假钞的概率.

15. 甲口袋有 a 只白球、b 只黑球;乙口袋有 n 只白球、m 只黑球.从甲口袋任取一球放入乙口袋,然后从乙口袋中任取一球,求从乙口袋中取出的是白球的概率.

16. 甲乙两选手进行乒乓球单打比赛,甲先发球,甲发球成功后,乙回球失误的概率为 0.3;若乙回球成功,甲回球失误的概率为 0.4;若甲回球成功,乙再次回球失误的概率为 0.5,试计算这几个回合中乙输掉 1 分的概率.

17. 玻璃杯成箱出售,每箱 20 只,假设各箱含 0、1、2 只残次品的概率相应地为 0.8、0.1 和 0.1.一顾客欲买一箱玻璃杯,在购买时,售货员随机地查看 4 只,若无残次品,则买下该箱玻璃杯,否则退回.试求:

(1)顾客买下该箱玻璃杯的概率 α;

(2)在顾客买下的一箱玻璃杯中,确实没有残次品的概率 β.

18. 由医学统计数据分析可知,人群中患由某种病菌引起的疾病占总人数的 0.5%.一种血液化验以 95% 的概率将患有此疾病的人检查出呈阳性,但也以 1% 的概率误将不患此疾病的人检验出呈阳性.现设某人检查出呈阳性反应,问他确患有此疾病的概率是多少?

19. 口袋中有一只球,不知它是黑的还是白的.现再往口袋中放入一只白球,然后从口袋中任意取出一只,发现是白球.试问口袋中原来的那只球是白球的可能性多大?

20. 设每一名机枪射击手击落飞机的概率都是 0.2,若 10 名机枪射击手同时向一架飞机射击,问击落飞机的概率是多少?

21. 两射手轮流对同一目标进行射击,甲先射,谁先击中则得胜.每次射击中,甲、乙命中目标的概率分别为 α 和 β,求甲得胜的概率.

22. 设有电路如习题 22 图所示,其中 1、2、3、4 为继电器接点,设各继电器接点闭合与否是相互独立的,且每一继电器接点闭合的概率均为 p,求 L 至 R 为通路的概率.

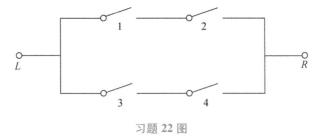

习题 22 图

第 10 章

随机变量及其分布

为了更方便更全面地研究随机现象,充分利用数学工具和方法,我们需要将任意的随机事件数量化.当把一些非数量表示的随机事件用数字来表示时,就建立起了随机变量的概念.本章首先引入随机变量的概念,然后介绍描述随机变量统计规律性的分布.

10.1 随机变量的概念及其分布

10.1.1 随机变量的概念

引例 10.1.1 在一装有红球、白球的袋中任摸一个球,观察摸出球的颜色.试验的样本空间 $S = \{红色,白色\}$,我们引入样本的函数,令

$$X(\omega) = \begin{cases} 1, & \omega = 红色, \\ 0, & \omega = 白色, \end{cases}$$

使样本点与数对应起来.

随机变量

引例 10.1.2 抛掷骰子,观察出现的点数,则 $S = \{1,2,3,4,5,6\}$,样本点本身就是数量,故引入样本的函数

$$X(i) = i(i = 1,2,\cdots,6),且 P\{X = i\} = \frac{1}{6}(i = 1,2,3,4,5,6).$$

定义 10.1.1 设 $X = X(\omega)$ 是定义在样本空间 S 上的实值函数,称 $X = X(\omega)$ 为随机变量.随机变量通常用大写字母 $X,Y,Z,W,\cdots$ 表示.

注意:与普通的函数相比:

(1) 随机变量的定义域是样本空间,不一定是数集;

(2) 随机变量依一定的概率取值.

例 10.1.1 掷一个硬币,观察出现的面,共有两个结果,则

$$X(\omega) = \begin{cases} 1, & \omega = 正面, \\ 0, & \omega = 反面 \end{cases}$$

是随机变量.

例 10.1.2   掷两个硬币,观察出现的正反面,共有 4 个结果,即

$$\omega_1 = (正,正), \omega_2 = (正,反), \omega_3 = (反,正), \omega_4 = (反,反)$$

则

$$X(\omega) = \begin{cases} 0, & \omega = \omega_1, \\ 1, & \omega = \omega_2, \omega = \omega_3, \\ 2, & \omega = \omega_4 \end{cases}$$

表示反面出现的次数,也是随机变量.

例 10.1.3   设某射手每次射击击中目标的概率是 0.8,现该射手不断向目标射击,直到击中目标为止,则

$$X(\omega) = \{所需射击次数\}$$

是一个随机变量,且 $X(\omega)$ 的所有可能取值为 $1, 2, 3, \cdots$.

例 10.1.4   某公共汽车站每隔 5min 有一辆汽车通过,如果某人到达该车站的时刻是随机的,则

$$X(\omega) = \{此人的等车时间\}$$

是一个随机变量,且 $X(\omega)$ 的所有可能取值为区间 $[0, 5)$.

注意:引入随机变量后,任何随机事件都可以用随机变量的取值表示.比如例 10.1.3 中事件"第 5 次击中"可用随机变量的取值表示为"$X = 5$";例 10.1.4 中事件"等候时间不超过 2min"可用随机变量的取值表示为"$X \leqslant 2$"等.

10.1.2   随机变量的分布函数

定义 10.1.2   设 X 是一个随机变量,x 是任意实数,函数

$$F(x) = P\{X \leqslant x\}, -\infty < x < +\infty$$

称为 X 的**分布函数**.

注意:(1) 分布函数是一个普通的函数,其定义域是整个实数轴;

(2) 若把随机变量 X 看成数轴上的随机点,则分布函数在 x 的函数值表示随机点 X 落在半区间 $(-\infty, x]$ 上的概率;

(3) 随机变量 X 落在任意区间 $(x_1, x_2]$ 上的概率可表示为

$$P\{x_1 < X \leqslant x_2\} = P\{X \leqslant x_2\} - P\{X \leqslant x_1\} = F(x_2) - F(x_1).$$

分布函数的基本性质:

(1) $0 \leqslant F(x) \leqslant 1$;

(2) $F(x)$ 是 x 的单调不减函数;

(3) $F(-\infty) = \lim\limits_{x \to -\infty} F(x) = 0, F(+\infty) = \lim\limits_{x \to +\infty} F(x) = 1$;

(4) $F(x+0) = F(x)$,即 $F(x)$ 是右连续的.

10.2　离散型随机变量及其分布律

随机变量按取值的情况,可分为离散型随机变量和非离散型随机变量,而非离散型随机变量中最重要的是连续型随机变量.因此,我们主要研究离散型及连续型随机变量.

如果随机变量可能的取值只有有限个或可列无限个,则称这种随机变量为离散型随机变量.若随机变量可能的取值充满某个区间,则称这种随机变量为连续型随机变量.

10.2.1　离散型随机变量的分布律

定义 10.2.1　设离散型随机变量 X 所有可能的取值为 $x_k(k=1,2,\cdots)$,称

$$P\{X=x_k\}=p_k,k=1,2,\cdots$$

为 X 的分布律或分布列或概率函数或概率分布.

分布律满足:

(1) 非负性: $p_k\geqslant 0(k=1,2,\cdots)$;

(2) 归一性: $\sum\limits_{k=1}^{\infty}p_k=1.$

分布律也可表示为

$$X\sim\begin{pmatrix} x_1 & x_2 & \cdots & x_n & \cdots \\ p_1 & p_2 & \cdots & p_n & \cdots \end{pmatrix}$$

或

X	x_1	x_2	$\cdots$	x_n	$\cdots$
p_k	p_1	p_2	$\cdots$	p_n	$\cdots$

例 10.2.1　某系统有两台机器相互独立地运转.设第一台与第二台机器发生故障的概率分别为 0.1,0.2,以 X 表示系统中发生故障的机器数,求 X 的分布律.

解　设 A_i 表示事件"第 i 台机器发生故障"$(i=1,2)$,则

$P\{X=0\}=P(\bar{A}_1\bar{A}_2)=0.9\times0.8=0.72,$

$P\{X=1\}=P(A_1\overline{A_2})+P(\overline{A_1}A_2)=0.1\times0.8+0.9\times0.2=0.26,$

$P\{X=2\}=P(A_1A_2)=0.1\times0.2=0.02.$

故所求概率分布为

X	0	1	2
p_k	0.72	0.26	0.02

例 10.2.2　设随机变量 X 的分布律为

X	-1	0	1
p_k	$\dfrac{1}{4}$	$\dfrac{1}{2}$	$\dfrac{1}{4}$

求 X 的分布函数 $F(x)$，并求 $P\left\{X \leqslant -\dfrac{1}{2}\right\}$ 及 $P\{0 \leqslant X \leqslant 1\}$.

解

$$F(x) = P(X \leqslant x) = \begin{cases} 0, & x < -1, \\ P\{X = -1\}, & -1 \leqslant x < 0, \\ P\{X = -1\} + P\{X = 0\}, & 0 \leqslant x < 1, \\ 1, & x \geqslant 1, \end{cases}$$

即

$$F(x) = \begin{cases} 0, & x < -1, \\ \dfrac{1}{4}, & -1 \leqslant x < 0, \\ \dfrac{3}{4}, & 0 \leqslant x < 1, \\ 1, & x \geqslant 1. \end{cases}$$

从而得

$$P\left\{X \leqslant -\frac{1}{2}\right\} = F\left(-\frac{1}{2}\right) = \frac{1}{4},$$

$$P\{0 \leqslant X \leqslant 1\} = P(X = 0) + P(X = 1) = \frac{1}{2} + \frac{1}{4} = \frac{3}{4}.$$

$F(x)$ 的图形如图 10-2-1 所示.

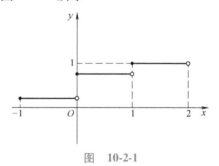

图　10-2-1

函数 $F(x)$ 的图形是一条阶梯曲线，它在 $X = -1, 0, 1$ 处有跃度，其跃度值分别是 X 取 $-1, 0, 1$ 的概率 $\dfrac{1}{4}$、$\dfrac{1}{2}$、$\dfrac{1}{4}$.

10.2.2　几种常见离散型随机变量的概率分布

1. 两点分布（（0-1）分布）

若 X 的分布律为

X	0	1
p_k	$1-p$	p

则称 X 服从(0-1)分布或两点分布.

注意:两点分布是最简单的一种分布,任何一个只有两种可能结果的随机现象,比如新生婴儿是男是女、明天是否下雨、取得正品或次品、射击中或不中等都属于两点分布.

2. 二项分布

若试验 E 只有两个可能的结果 A 和 $\bar{A}$,则称 E 为伯努利试验.

将 E 独立地重复进行 n 次,称为 n 重伯努利试验.

设在 n 重伯努力试验中,事件 A 每次发生的概率为 p.若 X 表示 n 重伯努利试验中事件 A 发生的次数,则 X 的分布律为

$$P\{X=k\}=C_n^k p^k q^{n-k}, \quad q=1-p, k=0,1,\cdots,n$$

它表示"事件 A 在 n 次试验中恰好发生 k 次"的概率.

定义 10.2.2 若随机变量的分布率为

$$P\{X=k\}=C_n^k p^k q^{n-k}, \quad q=1-p, k=0,1,\cdots,n,$$

则称 X 服从参数为 n,p 的二项分布,记为 $X \sim b(n,p)$.

注意:当 $n=1$ 时,二项分布即是(0-1)分布.

例 10.2.3 某种型号的电子元件的使用寿命超过 1500h 的为一级品,已知某一批元件的一级品率为 0.2.现从中抽查 20 只,问 20 只元件中恰有 k 只 $(k=1,2,\cdots,20)$ 一级品的概率是多少?

解 以 X 表示 20 只元件中一级品的只数,则 $X \sim b(20,0.2)$,于是

$$P\{X=k\}=C_{20}^k (0.2)^k (0.8)^{20-k}, \quad k=0,1,\cdots,20.$$

例 10.2.4 某人射击命中率为 0.2,独立射击 10 次,求至少命中两次的概率.

解 设命中的次数为 X,则 $X \sim b(10,0.2)$.

$$P\{X=k\}=C_{10}^k (0.2)^k (0.8)^{10-k}, \quad k=0,1,\cdots,10.$$

所求概率

$$P\{X\geqslant 2\}=1-P\{X=0\}-P\{X=1\}$$
$$=1-(0.8)^{10}-10\times(0.2)\times(0.8)^9=0.624.$$

3. 泊松分布

若随机变量的分布律为 $P\{X=k\}=\dfrac{\lambda^k e^{-\lambda}}{k!}, k=0,1,2,\cdots$,其中 $\lambda>0$ 是常数,则称 X 服从参数为 λ 的泊松分布,记为 $X \sim P(\lambda)$.

在生物学、医学、工业统计、保险科学及公用事业的排队等问题中,泊松分布是常见的.

10.3　连续型随机变量及其概率密度

10.3.1　连续型随机变量的概率密度

连续型随机变量及其密度函数

定义 10.3.1　对随机变量 X 的分布函数 $F(x)$，如果存在非负函数 $f(x)$，使得对于任意实数 x，有 $F(x)=\int_{-\infty}^{x}f(t)\,\mathrm{d}t$，则称 X 为连续型随机变量，其中函数 $f(x)$ 称为 X 的概率密度函数，简称概率密度或密度函数.

概率密度 $f(x)$ 具有以下性质：

（1）非负性：$f(x)\geqslant 0$；

（2）归一性：$\int_{-\infty}^{+\infty}f(x)\,\mathrm{d}x=1$；

（3）$P\{x_1<X\leqslant x_2\}=F(x_2)-F(x_1)=\int_{x_1}^{x_2}f(x)\,\mathrm{d}x$；

（4）若 $f(x)$ 在点 x 处连续，则有 $F'(x)=f(x)$.

注意：连续型随机变量在单点取值的概率为零，即对任意数 a，有 $P\{X=a\}=0$. 这说明连续型随机变量落在某一区间的概率与区间的开闭无关.

例 10.3.1　设连续型随机变量 X 具有分布函数

$$F(x)=\begin{cases}0, & x<0,\\ x^2, & 0\leqslant x\leqslant 1,\\ 1, & x>1,\end{cases}$$

求（1）X 的概率密度 $f(x)$；（2）$P\{0.3<X\leqslant 0.7\}$.

解　（1）$f(x)=F'(x)=\begin{cases}2x, & 0\leqslant x\leqslant 1,\\ 0, & \text{其他.}\end{cases}$

（2）$P\{0.3<X\leqslant 0.7\}=F(0.7)-F(0.3)=0.7^2-0.3^2=0.4$

或

$$P\{0.3<X\leqslant 0.7\}=\int_{0.3}^{0.7}f(x)\,\mathrm{d}x=\int_{0.3}^{0.7}2x\,\mathrm{d}x=0.4.$$

10.3.2　几种常见的连续型随机变量的分布

1. 均匀分布

连续型随机变量 X 具有概率密度

$$f(x)=\begin{cases}\dfrac{1}{b-a}, & a<x<b,\\ 0, & \text{其他}\end{cases}$$

则称 X 在区间 (a,b) 上服从均匀分布，记作 $X\sim U(a,b)$. 密度函数的图形如图 10-3-1 所示.

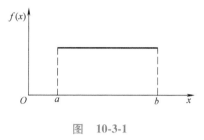

图 10-3-1

注意:均匀分布的意义是在区间(a,b)上服从均匀分布的随机变量 X,落在区间(a,b)中任意等长度的子区间内的可能性是相同的.

例 10.3.2 某公共汽车站从上午 7 点起,每 15min 来一班车,即 7:15,7:30,7:45 等时刻有汽车到达此站.如果某乘客到达车站的时间 X 均匀分布在 7:00 到 7:30 之间,试求他候车时间不超过 5min 的概率.

解 以 7:00 为起点 0,以 min 为单位,依题意 $X \sim U(0,30)$,即

$$f(x) = \begin{cases} \dfrac{1}{30}, & 0<x<30, \\ 0, & 其他. \end{cases}$$

设乘客候车时间为 $Y(\min)$,则

$$P\{Y \leq 5\} = P\{10 \leq X \leq 15\} + P\{25 \leq X \leq 30\}$$
$$= \int_{10}^{15} \frac{1}{30} dx + \int_{25}^{30} \frac{1}{30} dx = \frac{1}{3}.$$

2. 指数分布

若随机变量 X 具有概率密度

$$f(x) = \begin{cases} \lambda e^{-\lambda x}, & x>0, \\ 0, & x \leq 0, \end{cases}$$

其中 $\lambda>0$ 为常数,则称 X 服从参数为 λ 的指数分布.记作 $X \sim E(\lambda)$.

"寿命"的分布往往服从指数分布,例如无线电元件的寿命、电力设备的寿命、动物的寿命等都服从指数分布.

例 10.3.3 设某类日光灯管的使用寿命 X 服从参数为 $\lambda = \dfrac{1}{2000}$ 的指数分布(单位:h).任取一只这种灯管,求能正常使用 1000h 以上的概率.

解 依题意 X 的概率密度

$$f(x) = \begin{cases} \dfrac{1}{2000} e^{-\frac{x}{2000}}, & x>0, \\ 0, & x \leq 0. \end{cases}$$

所求概率为

$$P\{X>1000\} = \int_{1000}^{+\infty} \frac{1}{2000} e^{-\frac{x}{2000}} dx = e^{-\frac{1}{2}} \approx 0.607.$$

3. 正态分布（或高斯分布）

设连续型随机变量 X 的概率密度为

$$f(x) = \frac{1}{\sqrt{2\pi}\,\sigma} e^{-\frac{(x-\mu)^2}{2\sigma^2}} \quad (-\infty < x < +\infty),$$

其中 $\mu, \sigma(\sigma>0)$ 为常数,则称 X 服从参数为 μ, σ 的正态分布或高斯(Gauss)分布,记为 $X \sim N(\mu, \sigma^2)$.

$f(x)$ 的图形如图 10-3-2 所示.

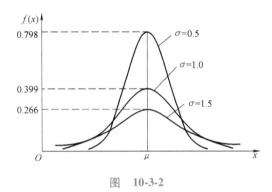

图　10-3-2

密度函数 $f(x)$ 的几何特征：

（1）$f(x)$ 的曲线关于 $x=\mu$ 对称；

（2）当 $x=\mu$ 时,$f(x)$ 取得最大值 $\dfrac{1}{\sqrt{2\pi}\,\sigma}$；

（3）曲线在 $x=\mu\pm\sigma$ 处有拐点,且以 x 轴为渐近线；

（4）μ 决定图形的位置;σ 决定图形的形状,即 σ 越小,图形越"陡峭";σ 越大,图形越"扁平".

特别地,当 $\mu=0,\sigma=1$ 时,称 X 服从标准正态分布,其概率密度和分布函数分别用 $\varphi(x),\Phi(x)$ 表示,即有

$$\varphi(x) = \frac{1}{\sqrt{2\pi}} e^{-\frac{x^2}{2}} (\text{见图 10-3-3}),\; \Phi(x) = \frac{1}{\sqrt{2\pi}} \int_{-\infty}^{x} e^{-\frac{t^2}{2}} dt (\text{见图 10-3-4}).$$

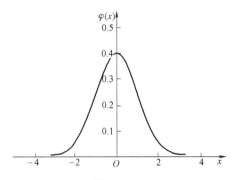

图　10-3-3

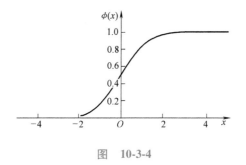

图　10-3-4

标准正态分布的重要性在于,任何一个正态分布都可以"标准化".

定理 10.3.1　若 $X \sim N(\mu, \sigma^2)$,则 $Z = \dfrac{X-\mu}{\sigma} \sim N(0, 1)$.

标准正态分布的分布函数值有标准正态分布表(附录 A)可查用.于是我们总结有关正态分布的计算公式如下:

(1) $\Phi(-x) = 1 - \Phi(x)$(由标准正态分布密度函数的对称性知).

(2) 若 $X \sim N(0, 1)$,则

$$P\{a < X < b\} = \Phi(b) - \Phi(a).$$

特别地,有

$$P\{|X| < a\} = 2\Phi(a) - 1.$$

(3) 若 $X \sim N(\mu, \sigma^2)$,则

$$P\{a < X < b\} = F(b) - F(a) = \Phi\left(\frac{b-\mu}{\sigma}\right) - \Phi\left(\frac{a-\mu}{\sigma}\right).$$

特别地,有

$$P\{|X - \mu| < k\sigma\} = 2\Phi(k) - 1.$$

例 10.3.4　设 $X \sim N(10, 4)$,求 $P\{10 \leqslant X \leqslant 13\}$ 及 $P\{|X - 10| \leqslant 2\}$.

解　$P\{10 \leqslant X \leqslant 13\} = \Phi\left(\dfrac{13-10}{2}\right) - \Phi\left(\dfrac{10-10}{2}\right) = \Phi(1.5) - \Phi(0)$

$$= 0.9332 - 0.5 = 0.4332.$$

$$P\{|X - 10| \leqslant 2\} = P\left\{\left|\frac{X-10}{2}\right| \leqslant 1\right\} = 2\Phi(1) - 1 = 0.6826.$$

例 10.3.5　设 $X \sim N(\mu, \sigma^2)$,求 $P\{|X - \mu| < 3\sigma\}$.

解　$P\{|X - \mu| < 3\sigma\} = P\left\{\dfrac{|X-\mu|}{\sigma} < 3\right\}$

$$= 2\Phi(3) - 1 = 2 \times 0.9987 - 1 = 0.9974.$$

注意:尽管随机变量的取值范围是 $(-\infty, +\infty)$,但它的值几乎全部集中在区间 $(\mu - 3\sigma, \mu + 3\sigma)$ 内,而超出此区间的可能性不到 0.3%.这在统计学上称为 3σ 准则.

例 10.3.6　将一温度调节器放置在贮存着某种液体的容器内,调节器定在 d℃,液体的温度 X(℃)是一个随机变量,且 $X \sim N(d, 0.5^2)$.

（1）若 $d = 90$，求 X 小于 89 的概率；

（2）若要保持液体的温度至少为 80℃ 的概率不低于 0.99，问 d 至少为多少？

解　（1）$P\{X < 89\} = \Phi\left(\dfrac{89 - 90}{0.5}\right) = \Phi(-2)$

$$= 1 - \Phi(2) = 1 - 0.9772 = 0.0228.$$

（2）由 $P\{X > 80\} \geqslant 0.99$，即

$$1 - P\{X \leqslant 80\} = 1 - \Phi\left(\dfrac{80 - d}{0.5}\right) \geqslant 0.99,$$

所以

$$\Phi\left(\dfrac{80 - d}{0.5}\right) \leqslant 1 - 0.99 = 0.01.$$

查表得

$$\dfrac{80 - d}{0.5} \leqslant -2.327,$$

所以

$$d \geqslant 81.1635.$$

10.4　随机变量的数字特征

　　通过前面的讨论我们知道，随机变量的概率分布可以完全描述其统计规律性，但在实际问题中，一方面概率分布一般较难确定；另一方面很多时候并不需要知道随机变量的一切概率性质，只要知道它的某些数字特征就够了．例如，要比较两射手的技术水平高低，只要看平均中靶次数即可；要评价一批棉花的质量，既需要注意纤维的平均长度，又需要注意纤维长度与平均长度的偏离程度，平均长度较大、偏离程度较小，质量就越好．因此，在对随机变量的研究中，确定某些数字特征是重要的．在这些数字特征中，最常用的是数学期望和方差．现介绍这两个数字特征及它们的性质和应用．

10.4.1　随机变量的数学期望

1. 离散型随机变量的数学期望

引例 10.4.1　甲、乙两个射手，他们射击的分布律分别为

甲击中环数	8	9	10
概率	0.3	0.1	0.6

乙击中环数	8	9	10
概率	0.2	0.5	0.3

试问哪个射手技术较好？

解　只要将甲、乙中环数的平均值加以比较即可．

甲平均中环数：$8 \times 0.3 + 9 \times 0.1 + 10 \times 0.6 = 9.3$.

乙平均中环数:8×0.2+9×0.5+10×0.3=9.1.
可见甲射手的技术比较好.

> **定义 10.4.1**　设离散型随机变量 X 的分布律为 $P\{X=x_k\}=$
> $p_k,k=1,2,\cdots$. 若级数 $\displaystyle\sum_{k=1}^{\infty} x_k p_k$ 绝对收敛(超出范围,讲略),则称级
> 数 $\displaystyle\sum_{k=1}^{\infty} x_k p_k$ 的和为随机变量 X 的数学期望(又称均值),记为
> $E(X)$,即
>
> $$E(X) = \sum_{k=1}^{\infty} x_k p_k.$$

例 10.4.1　某人有 10 万元现金,想投资于某项目,预估成功的
机会为 30%,可得利润 8 万元,失败的机会为 70%,将损失 2 万元.
若存入银行,同期的利率为 5%,问是否作此项投资?

解　设 X 为投资利润,则 X 的分布率为

X	8	-2
p_k	0.3	0.7

平均投资利润
$$E(X) = (8×0.3-2×0.7)\text{万元}=1 \text{ 万元},$$
而存入银行的利息为
$$10×5\%\text{万元}=0.5 \text{ 万元},$$
故应选择投资.

例 10.4.2　某商场计划五一在户外搞一次促销活动,统计表明,
如果在商场内搞,可获经济收益 3 万元;在商场外搞,如果不遇雨天
可获经济收益 12 万元,遇雨天则会带来经济损失 5 万元.若前一天的
天气预报称当天有雨的概率为 40%,则商场应如何选择促销方式?

解　商场当日在场外搞促销活动预期获得的经济效益 X 是随
机变量,其概率分布为
$$P\{X=12\}=0.6, P\{X=-5\}=0.4,$$
于是平均效益
$$E(X) = [12×0.6+(-5)×0.4]\text{万元}=5.2 \text{ 万元}.$$
所以,与商场内促销活动比,商场应选择在户外促销.

2. 连续型随机变量的数学期望

> **定义 10.4.2**　设连续型随机变量 X 的概率密度为 $f(x)$,若
> 积分 $\displaystyle\int_{-\infty}^{+\infty} x f(x)\,\mathrm{d}x$ 绝对收敛,则称积分 $\displaystyle\int_{-\infty}^{+\infty} x f(x)\,\mathrm{d}x$ 的值为随机变
> 量 X 的数学期望,记为 $E(X)$,即

$$E(X) = \int_{-\infty}^{+\infty} xf(x)\,\mathrm{d}x.$$

例 10.4.3   设顾客在某银行的窗口等待服务的时间 X（以 min 计）服从指数分布,其概率密度为

$$f(x) = \begin{cases} \dfrac{1}{5}\mathrm{e}^{-\frac{x}{5}}, & x > 0, \\ 0, & x \leqslant 0. \end{cases}$$

试求顾客等待服务的平均时间.

解 $E(X) = \displaystyle\int_{-\infty}^{+\infty} xf(x)\,\mathrm{d}x = \int_{0}^{+\infty} x \cdot \frac{1}{5}\mathrm{e}^{-\frac{x}{5}}\,\mathrm{d}x = \left[-x\mathrm{e}^{-\frac{x}{5}} - 5\mathrm{e}^{-\frac{x}{5}}\right]_{0}^{+\infty} = 5.$

因此,顾客平均等待 5min 就可得到服务.

3. 随机变量函数的数学期望

设 X 是一个随机变量,$Y = g(X)$,则

$$E(Y) = E[g(X)] = \begin{cases} \displaystyle\sum_{k=1}^{\infty} g(x_k)p_k, & X \text{ 为离散型}, \\ \displaystyle\int_{-\infty}^{\infty} g(x)f(x)\,\mathrm{d}x, & X \text{ 为连续型}. \end{cases}$$

这里,当 X 为离散型时,其分布律为 $P\{X = x_k\} = p_k(k = 1, 2, \cdots)$;当 X 为连续型时,其密度函数为 $f(x)$.

注意:该公式的重要性在于,当我们求随机变量函数的数学期望 $E[g(X)]$ 时,不必知道 $g(X)$ 的分布,而只需知道 X 的分布就可以了.

4. 数学期望的性质

设 X, Y 为随机变量,C 为任意常数,则有:

(1) $E(C) = C$;

(2) $E(CX) = CE(X)$;

(3) $E(X+Y) = E(X) + E(Y)$;

(4) 若 X, Y 相互独立,则 $E(XY) = E(X)E(Y)$.

注意:所谓随机变量的相互独立,指的是两随机变量的任意取值都是相互独立的.

例 10.4.4   同时掷四颗均匀骰子,求点数之和的数学期望.

解   以 X_i 表示第 i 颗骰子的点数（$i = 1, 2, 3, 4$）,则点数之和

$$X = X_1 + X_2 + X_3 + X_4.$$

由 $P(X_i = k) = \dfrac{1}{6}(k = 1, 2, \cdots, 6)$ 得

$$E(X_i) = \frac{1}{6}(1+2+3+4+5+6) = 3.5,$$

于是

$$E(X) = \sum_{i=1}^{4} E(X_i) = 4 \times 3.5 = 14$$

即为所求.

注意:本例这种将随机变量 X 分解成若干个随机变量之和,然后利用性质求数学期望的方法具有一定的普遍意义.

10.4.2　随机变量的方差

1. 方差的概念

引例 10.4.2　现用甲、乙两台仪器分别测量某零件的长度,测量结果的均值都是 a,将测量结果 X 用坐标上的点表示如下.

甲仪器测量结果:

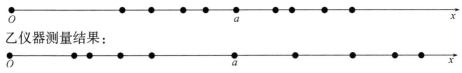

乙仪器测量结果:

您认为哪台仪器好一些呢?

显然,甲仪器的测量结果集中在均值附近,所以更好些.这种反应随机变量取值的分散程度的量,就是所谓的方差.

定义 10.4.3　设 X 是一个随机变量,若 $E\{[X-E(X)]^2\}$ 存在,则称

$$E\{[X-E(X)]^2\}$$

为 X 的方差,记为 $D(X)$ 或 $\mathrm{Var}(X)$.

称 $\sqrt{D(X)}$ 为标准差或均方差,记为 $\sigma(X)$.

均方差在实际应用中经常使用.

注意:方差是一个用来体现随机变量 X 取值分散程度的量. $D(X)$ 越大,表示 X 取值越分散, $E(X)$ 的代表性越差;而 $D(X)$ 越小,则表示 X 的取值越集中,以 $E(X)$ 作为随机变量的代表性越好.

2. 方差的计算

由数学期望的定义知

$$D(X)=\begin{cases}\displaystyle\sum_{k=1}^{\infty}[x_k-E(X)]^2p_k, & X \text{ 为离散型},\\[2mm]\displaystyle\int_{-\infty}^{\infty}[x-E(X)]^2f(x)\,\mathrm{d}x, & X \text{ 为连续型}.\end{cases}$$

当 X 为离散型时,其分布律为 $P\{X=x_k\}=p_k(k=1,2,\cdots)$;当 X 为连续型时,其密度函数为 $f(x)$.但由数学期望的性质,容易得到一个计算方差的简化公式

$$D(X)=E(X^2)-[E(X)]^2.$$

事实上,

$$\begin{aligned}D(X)&=E\{[X-E(X)]^2\}=E\{X^2-2XE(X)+[E(X)]^2\}\\&=E(X^2)-2E(X)E(X)+[E(X)]^2\\&=E(X^2)-[E(X)]^2.\end{aligned}$$

例 10.4.5　设随机变量 X 服从 $(0-1)$ 分布，求 $E(X),D(X)$.

解　X 的分布律为

$$P(X=0)=1-p,P(X=1)=p,$$

所以

$$E(X)=p.$$

又

$$E(X^2)=0^2\cdot(1-p)+1^2\cdot p=p,$$

所以

$$D(X)=E(X^2)-[E(X)]^2=p-p^2=pq(q=1-p).$$

例 10.4.6　设 $X\sim U(a,b)$，求 $E(X),D(X)$.

解　X 的概率密度为

$$f(x)=\begin{cases}\dfrac{1}{b-a},&a<x<b,\\0,&\text{其他},\end{cases}$$

所以

$$E(X)=\int_a^b\frac{x}{b-a}\mathrm{d}x=\frac{a+b}{2}.$$

而

$$E(X^2)=\int_a^b x^2\cdot\frac{1}{b-a}\mathrm{d}x=\frac{1}{3}(a^2+ab+b^2).$$

所以

$$D(X)=E(X^2)-[E(X)]^2=\frac{1}{3}(a^2+ab+b^2)-\left(\frac{a+b}{2}\right)^2=\frac{(b-a)^2}{12}.$$

3. 方差的性质

（1）$D(C)=0$；

（2）$D(CX)=C^2D(X)$；

（3）若 X,Y 相互独立，则 $D(X\pm Y)=D(X)+D(Y)$；

（4）切比雪夫不等式：设随机变量 X 具有数学期望 $E(X)=\mu$，方差 $D(X)=\sigma^2$，则对于任意正数 ε，不等式

$$P\{|X-\mu|<\varepsilon\}\geqslant1-\frac{\sigma^2}{\varepsilon^2}\text{或}P\{|X-\mu|\geqslant\varepsilon\}\leqslant\frac{\sigma^2}{\varepsilon^2}$$

成立.这一不等式称为切比雪夫不等式.

由不等式可以看出，σ^2 越小，则事件 $|X-\mu|<\varepsilon$ 的概率越大，即随机变量 X 越集中在期望附近.

例 10.4.7　设 $X\sim b(n,p)$，求 $E(X),D(X)$.

解　X 表示 n 重贝努利试验中事件 A 发生的次数，若记

$$X_i=\begin{cases}1,A\text{ 在第 }i\text{ 次试验发生},\\0,A\text{ 在第 }i\text{ 次试验不发生},\end{cases}(i=1,2,3,\cdots,n)$$

则

$$X=\sum_{i=1}^n X_i.$$

其中,X_i 服从(0-1)分布.$E(X_i) = p$,$D(X_i) = p(1-p)(i = 1,2,\cdots,n)$, 所以

$$E(X) = \sum_{i=1}^{n} E(X_i) = np.$$

又 $X_1, X_2, \cdots, X_n$ 相互独立,得

$$D(X) = \sum_{i=1}^{n} D(X_i) = np(1-p).$$

例 10.4.8　设 $X \sim N(\mu, \sigma^2)$,求 $E(X), D(X)$.

解　先求标准正态分布

$$Z = \frac{X-\mu}{\sigma}$$

的数学期望和方差.

因为 Z 的概率密度为

$$\varphi(z) = \frac{1}{\sqrt{2\pi}} e^{-\frac{z^2}{2}}, (-\infty < z < \infty)$$

所以

$$E(Z) = \frac{1}{\sqrt{2\pi}} \int_{-\infty}^{+\infty} z e^{-\frac{z^2}{2}} dz = \left[-\frac{1}{\sqrt{2\pi}} e^{-\frac{z^2}{2}} \right]_{-\infty}^{+\infty} = 0.$$

$$D(Z) = E(Z^2) - [E(Z)]^2 = \frac{1}{\sqrt{2\pi}} \int_{-\infty}^{+\infty} z^2 e^{-\frac{z^2}{2}} dz = -\frac{1}{\sqrt{2\pi}} \int_{-\infty}^{+\infty} z \, d e^{-\frac{z^2}{2}}$$

$$= \left[-\frac{z}{\sqrt{2\pi}} e^{-\frac{z^2}{2}} \right]_{-\infty}^{+\infty} + \frac{1}{\sqrt{2\pi}} \int_{-\infty}^{+\infty} e^{-\frac{z^2}{2}} dz$$

$$= \frac{1}{\sqrt{\pi}} \int_{-\infty}^{+\infty} e^{-\frac{z^2}{2}} d \frac{z}{\sqrt{2}} = \frac{1}{\sqrt{\pi}} \sqrt{\pi} = 1$$

再由 $X = \mu + \sigma Z$ 得

$$E(X) = E(\mu + \sigma Z) = \mu,$$
$$D(X) = D(\mu + \sigma Z) = \sigma^2 D(Z) = \sigma^2.$$

总习题 10

1. 设随机变量 X 的分布律 $P\{X = k\} = \dfrac{a}{N}, k = 1, 2, \cdots, N.$试确定常数 a.

2. 已知离散型随机变量 X 的可能的取值为 $-2, 0, 2, \sqrt{5}$,相应地概率为 $\dfrac{1}{a}, \dfrac{3}{2a}, \dfrac{5}{4a}, \dfrac{7}{8a}$,试求 a 及概率 $P\{|X| \leqslant 2\}$.

3. 某篮球运动员投中篮圈概率是 0.9,求他两次独立投篮投中次数 X 的概率分布.

4. 一袋中装有 5 只球,编号为 1,2,3,4,5.在袋中同时取 3 只球,以 X 表示取出的 3 只球中的最大号码,写出随机变量 X 的分布律.

5. 某加油站替出租汽车公司代营出租汽车业务,每出租一辆汽车,可从出租汽车公司得到 3 元.因代营业务,每天加油站要多付给职工服务费 60 元.设每天出租汽车数 X 是一个随机变量,它的概率分布如下:

$$X \sim \begin{pmatrix} 10 & 20 & 30 & 40 \\ 0.15 & 0.25 & 0.45 & 0.15 \end{pmatrix}.$$

求因代营业务得到的收入大于当天的额外支出费用的概率.

6. 将一枚硬币连掷三次,X 表示三次中出现正面的次数,求 X 的分布律、分布函数,并求概率 $P\{1<X<3\}$ 及 $P\{X \geqslant 5.5\}$.

7. 已知某种电子元件的寿命 X（单位:h）服从参数 $\lambda = 1/1000$ 的指数分布,求 3 个这样的元件使用 1000h 至少一个损坏的概率.

8. 设随机变量 X 的概率密度为

$$f(x) = \begin{cases} kx+1, & 0 \leqslant x \leqslant 2, \\ 0, & \text{其他}. \end{cases}$$

求:(1) 常数 k;(2) 分布函数 $F(x)$;(3) $P\left\{\dfrac{3}{2}<X \leqslant \dfrac{5}{2}\right\}$.

9. 设连续型随机变量 X 的分布函数为

$$F(x) = \begin{cases} 0, & x \leqslant -a, \\ A+B\arcsin \dfrac{x}{a}, & -a<x \leqslant a, \\ 1, & x>a. \end{cases}$$

求:(1) A、B 的值;(2) $P\left\{-a<X<\dfrac{a}{2}\right\}$;(3) 概率密度 $f(x)$.

10. 已知 $X \sim N(8,4^2)$,求 $P\{X \leqslant 16\}$,$P\{X \leqslant 0\}$,$P\{12 \leqslant X \leqslant 20\}$.

11. 设一个汽车站上,某路公交车每 5min 有一辆车到达,设乘客在 5min 内任一时刻到达都是等可能的,试求在车站候车的 10 位乘客中只有 1 位的等候时间超过 4min 的概率.

12. 某地抽查表明,考生的外语成绩（百分制）近似服从正态分布,平均成绩为 72 分,96 分以上的占考生总数的 2.3%,试求考生的外语成绩在 60 分至 84 分之间的概率.

13. 公共汽车车门的高度是按男子的头与车门顶相碰的机会在 0.01 以下来设计的.设男子身高 $X \sim N(170,36)$,问车门高度应如何确定?

14. 设随机变量 X 的分布律为

X	-2	0	2
P	0.4	0.3	0.3

求 $E(X),E(X^2),E(3X^2+5)$.

15. n 把钥匙中只有一把能打开锁,现一一试开直到打开为止,若每次把试开过的钥匙除去.求试开次数的数学期望.

16. 设 $X\sim N(0,4),Y\sim N(0,4)$ 且相互独立,求 $E(XY),D(X+Y),D(2X-3Y)$.

17. 设随机变量 X 的概率密度为

$$f(x)=\begin{cases}1+x, & -1\leqslant x<0,\\1-x, & 0\leqslant x<1,\\0, & 其他.\end{cases}$$

求 $E(X),D(X)$.

18. 设随机变量 X 服从指数分布,其概率密度为

$$f(x)=\begin{cases}\dfrac{1}{\theta}\mathrm{e}^{-\frac{x}{\theta}}, & x>0,\\0, & x\leqslant 0.\end{cases}$$

其中 $\theta>0$.求 $E(X),D(X)$.

19. 设甲、乙两家生产的灯泡的寿命(单位:h)分布见下表.试问哪家的质量更好些?

X	900	1000	1100
P	0.1	0.8	0.1

Y	950	1000	1050
P	0.3	0.4	0.3

20. 某银行开展定期定额有奖储蓄,定期一年,定额 60 元,按规定 10000 个户头中,头等奖一个,奖金 500 元;二等奖 10 个,各奖 100 元;三等奖 100 个,各奖 10 元;四等奖 1000 个,各奖 2 元.某人买了五个户头,他期望得奖多少元?

21. 某保险公司规定,如果在一年内顾客的投保事件 A 发生,该公司就赔偿顾客 a 元.若一年内事件 A 发生的概率为 p,为使该公司受益的期望值等于 a 的 10%,该公司应该要求顾客交多少保险费?

22. 一机场大巴载有 20 位旅客自机场开出,途中经 10 个站点.若到达一个站点没有旅客下车车就不停,以 X 表示停车次数,试求 $E(X)$.(设每位旅客在各个站点下车是等可能的,且各旅客是否下车相互独立.)

前面我们讲述了概率论的基本内容,本章和下一章将讲述数理统计的基本内容.数理统计是具有广泛应用的一个数学分支,它以概率论为理论基础,根据试验或观察得到的数据,来研究随机现象,对研究对象的客观规律性做出种种合理的估计和判断.

数理统计研究的内容概括起来可分为两大类:

其一是研究如何对随机现象进行观察、试验,以便更合理和更有效地获取观察资料的方法,即试验的设计和研究;

其二是如何对所得的数据资料进行分析、研究,从而对所研究的对象的性质、特点做出推断,即统计推断问题.

本书只讨论后一个问题.

本章我们介绍总体、随机样本及统计量等基本概念,并着重介绍几个常用统计量及抽样分布.

11.1 数理统计的基本概念

11.1.1 总体与样本

1. 总体

引例 11.1.1 我们考察某厂生产的电视机显像管的质量,在正常生产情况下,显像管的质量主要表现为它们的平均寿命是稳定的.我们不可能对全部显像管一一进行测试,一般只是从整批显像管中取出一些样本来测试,然后根据得到的样本的数据来推断整批显像管的平均寿命.

通常把所研究对象的全体称为总体,把组成总体的各个元素称为个体.

例如在引例 11.1.1 中,该厂生产的所有显像管的寿命就是总体,而每一个显像管的寿命就是个体.再比如要研究国产轿车每公里耗油量,则所有国产轿车每公里耗油量的全体就是总体,而每一辆国产轿车每公里的耗油量就是个体.

总体(如显像管的寿命、国产轿车每公里耗油量)是一个随机变量 X.随机变量 X 的分布称为总体分布.以后将不再区分总体与随机变量.

总体 X 的分布一般是未知的,数理统计的任务就是从总体中抽取部分个体,根据个体的信息来对总体 X 的特征进行统计推断.

2. 样本

从总体 X 中抽取 n 个个体 $X_1, X_2, \cdots, X_n$,这 n 个个体称为来自总体 X 的容量为 n 的样本.对样本进行一次观察或测试,就得到 n 个数据 $x_1, x_2, \cdots, x_n$,称 $x_1, x_2, \cdots, x_n$ 为样本观察值.

为使抽取的样本 $X_1, X_2, \cdots, X_n$ 能很好地反映总体的信息,我们要求抽样的方式满足:

(1) 代表性:$X_1, X_2, \cdots, X_n$ 与总体 X 有相同的分布;

(2) 独立性:$X_1, X_2, \cdots, X_n$ 是相互独立的随机变量.

这种抽样方法称为简单随机抽样,由此得到的样本称为简单随机样本.今后,凡是提到抽样与样本,都是指简单随机抽样与简单随机样本.

11.1.2 样本分布函数

定义 11.1.1 设 $x_1, x_2, \cdots, x_n$ 是总体 X 的一个容量为 n 的样本值,将 $x_1, x_2, \cdots, x_n$ 按从小到大的顺序排序:$x_{(1)} \leqslant x_{(2)} \leqslant \cdots \leqslant x_{(n)}$,令

$$F_n(x) = \begin{cases} 0, & x < x_{(1)}, \\ \dfrac{k}{n}, & x_{(k)} \leqslant x < x_{(k+1)}. \\ 1, & x \geqslant x_{(n)} \end{cases}$$

称 $F_n(x)$ 为样本分布函数或经验分布函数.它等于在 n 次独立重复试验中,事件 $\{X \leqslant x\}$ 发生的频率.

例如,设总体有三个样本值 $1, 1, 2$,则经验分布函数

$$F_3(x) = \begin{cases} 0, & x < 1, \\ \dfrac{2}{3}, & 1 \leqslant x < 2, \\ 1, & x \geqslant 2. \end{cases}$$

我们有下面的结论:

$$\text{对} \ \forall \varepsilon > 0, \lim_{n \to \infty} P(\ |F_n(x) - F(x)| < \varepsilon) = 1$$

格利文科[一]进一步证明了:当 n 充分大时,经验分布函数 $F_n(x)$ 的任一观察值与总体分布函数 $F(x)$ 只有微小的差别,从而可以用 $F_n(x)$ 近似替代 $F(x)$.这是在数理统计中可以依据样本来推断总体的理论依据.

11.1.3 统计量

定义 11.1.2 不含有任何未知参数的样本的函数 $g(X_1, X_2, \cdots, X_n)$ 称为统计量.$x_1, x_2, \cdots, x_n$ 是样本观察值,则 $g(x_1, x_2, \cdots, x_n)$ 是统计量 $g(X_1, X_2, \cdots, X_n)$ 的观察值.

[一]　格利文科(Glivenko,1912—1995),俄罗斯数学家.

几个常用统计量

设 $X_1, X_2, \cdots, X_n$ 是来自总体 X 的样本.

（1）样本均值：$\overline{X} = \dfrac{1}{n} \sum\limits_{i=1}^{n} X_i$；

（2）样本方差：$S^2 = \dfrac{1}{n-1} \sum\limits_{i=1}^{n} (X_i - \overline{X})^2$；

（3）样本标准差：$S = \sqrt{\dfrac{1}{n-1} \sum\limits_{i=1}^{n} (X_i - \overline{X})^2}$；

（4）样本 k 阶（原点）矩：$A_k = \dfrac{1}{n} \sum\limits_{i=1}^{n} X_i^k, k = 1, 2, \cdots$；

（5）样本 k 阶中心矩：$B_k = \dfrac{1}{n} \sum\limits_{i=1}^{n} (X_i - \overline{X})^k, k = 2, 3, \cdots$.

样本观察值确定后，上述统计量的观察值分别是：

$$\overline{x} = \frac{1}{n} \sum_{i=1}^{n} x_i ; s^2 = \frac{1}{n-1} \sum_{i=1}^{n} (x_i - \overline{x})^2 ; s = \sqrt{\frac{1}{n-1} \sum_{i=1}^{n} (x_i - \overline{x})^2} ;$$

$$a_k = \frac{1}{n} \sum_{i=1}^{n} x_i^k, k = 1, 2, \cdots ; b_k = \frac{1}{n} \sum_{i=1}^{n} (x_i - \overline{x})^k, k = 2, 3, \cdots.$$

注意：对于随机变量 X，我们称 $E(X^k)$ 为 X 的 k 阶（原点）矩（$k = 1, 2, \cdots$）；称 $E([X - E(X)]^k)$ 为 X 的 k 阶中心矩（$k = 2, 3, \cdots$）. 特别，X 的一阶原点矩就是其数学期望，X 的二阶中心矩就是其方差.

11.2　抽　样　分　布

统计量的分布称为抽样分布.

在使用统计量进行统计推断时，常需要知道统计量的分布，一般来说这是困难的. 但对正态总体可以实现. 本节介绍来自正态总体的几个常用统计量的分布. 今后我们将看到这些分布在数理统计中有重要的应用.

11.2.1　分位点

设统计量 U 服从某分布，对给定的实数 $\alpha (0 < \alpha < 1)$，称满足

$$P\{U > u_\alpha\} = \alpha$$

的点 u_α 为该分布的上 α 分位点，如图 11-2-1 所示.

例如，设 $\alpha = 0.05$，标准正态分布的上 α 分位点记作 $u_{0.05}$，则由 $\Phi(u_{0.05}) = 1 - 0.05 = 0.95$，查标准正态分布的函数值表（见附录 A）可得 $u_{0.05} \approx \dfrac{1}{2}(1.64 + 1.65) = 1.645$.

分位点

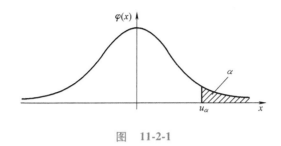

图　11-2-1

注意:标准正态分布的上 α 分位点 u_α,由 $\Phi(u_\alpha)=1-\alpha$ 反查标准正态分布函数值表(见附录 A)得到.

11.2.2　两个重要分布

1. χ^2 分布

定义 11.2.1　设 $X_1,X_2,\cdots,X_n$ 是来自正态总体 $N(0,1)$ 的样本,称统计量

$$\chi^2=X_1^2+X_2^2+\cdots+X_n^2$$

服从自由度为 n 的 χ^2 分布,记作 $\chi^2\sim\chi^2(n)$.其概率密度 $f(x)$ 的图形如图 11-2-2 所示.

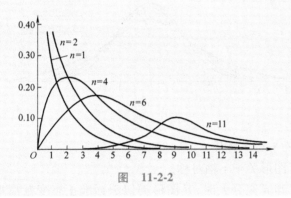

图　11-2-2

χ^2 分布有以下性质:

(1) 均值和方差:$E(\chi^2)=n,D(\chi^2)=2n$;

(2) χ^2 分布的可加性:若 $\chi_1^2\sim\chi^2(n_1),\chi_2^2\sim\chi^2(n_2)$,且 χ_1^2、χ_2^2 相互独立,则 $\chi_1^2+\chi_2^2\sim\chi^2(n_1+n_2)$;

(3) χ^2 分布的分位点:对给定的实数 $\alpha(0<\alpha<1)$,称满足

$$P\{\chi^2>\chi_\alpha^2(n)\}=\int_{\chi_\alpha^2(n)}^{\infty}f(x)\,\mathrm{d}x=\alpha$$

的点 $\chi_\alpha^2(n)$ 为 χ^2 分布的上 α 分位点,如图 11-2-3 所示.

对不同的 n 和 α,χ^2 分布分位点的值已制成表格供查用(见附录 C).

例如,给定 $\alpha=0.1,n=25$,查表得 $\chi_{0.1}^2(25)=34.382$.

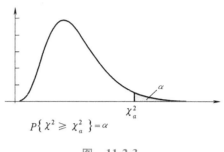

$$P\{\chi^2 \geqslant \chi^2_\alpha\} = \alpha$$

图 11-2-3

2. t 分布

定义 11.2.2 设 $X \sim N(0,1)$，$Y \sim \chi^2(n)$ 且 X,Y 相互独立，则称

$$T = \frac{X}{\sqrt{Y/n}}$$

服从自由度为 n 的 t 分布，记作 $T \sim t(n)$. 其概率密度 $f(x)$ 的图形如图 11-2-4 所示.

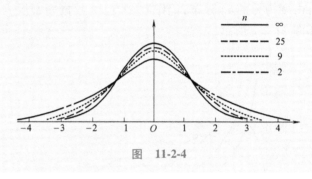

图 11-2-4

t 分布有以下性质：

（1）图形关于 y 轴对称；

（2）当 n 充分大时，其图形类似于标准正态变量概率密度的图形；

（3）t 分布的分位点. 对给定的实数 $\alpha(0<\alpha<1)$，称满足

$$P\{t > t_\alpha(n)\} = \int_{t_\alpha^{(n)}}^{\infty} f(x)\,\mathrm{d}x = \alpha$$

的点 $t_\alpha(n)$ 为 t 分布的上 α 分位点，如图 11-2-5 所示.

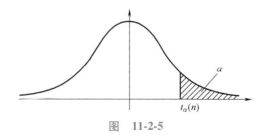

图 11-2-5

对不同的 n 和 α, t 分布分位点的值已制成表格供查用(见附录 B).

例如,给定 $\alpha=0.05$, $n=8$, 查表得 $t_{0.05}(8)=1.860$.

(4) 由 t 分布概率密度的对称性知: $t_{1-\alpha}(n)=-t_\alpha(n)$;

(5) 当 $n>45$ 时, 有 $t_\alpha(n)\approx u_\alpha$, 这里 u_α 是标准正态分布的上 α 分位点.

11.2.3　正态总体统计量的分布

我们讨论正态总体下,样本均值和样本方差的分布.

定理 11.2.1(样本均值的分布)　设总体 $X\sim N(\mu,\sigma^2)$, X_1, $X_2,\cdots,X_n$ 是来自 X 的样本, $\overline{X}$ 为样本均值,则有:

(1) $\overline{X}\sim N\left(\mu,\dfrac{\sigma^2}{n}\right)$;

(2) $U=\dfrac{\overline{X}-\mu}{\sigma/\sqrt{n}}\sim N(0,1)$.

定理 11.2.2(样本方差的分布)　设总体 $X\sim N(\mu,\sigma^2)$, X_1, $X_2,\cdots,X_n$ 是来自 X 的样本, $\overline{X}$ 和 S^2 分别为样本均值和样本方差,则

(1) $\chi^2=\dfrac{(n-1)S^2}{\sigma^2}\sim\chi^2(n-1)$;

(2) $\overline{X}$ 和 S^2 相互独立.

定理 12.2.3　设总体 $X\sim N(\mu,\sigma^2)$, $X_1,X_2,\cdots,X_n$ 是来自 X 的样本, $\overline{X}$ 和 S^2 分别为样本均值和样本方差,则

$$T=\dfrac{\overline{X}-\mu}{S/\sqrt{n}}\sim t(n-1).$$

例 11.2.1　设总体 $X\sim N(\mu,\sigma^2)$, $X_1,X_2,\cdots,X_n$ 是来自 X 的样本, $\overline{X}$ 和 S^2 分别为样本均值和样本方差.

(1) 求 $P\left\{(\overline{X}-\mu)^2\leqslant\dfrac{\sigma^2}{n}\right\}$;

(2) $n=6$ 时,求 $P\left\{(\overline{X}-\mu)^2\leqslant\dfrac{2S^2}{3}\right\}$.

解　(1) 由 $U=\dfrac{\overline{X}-\mu}{\sigma/\sqrt{n}}\sim N(0,1)$ 得

$$P\left\{(\overline{X}-\mu)^2\leqslant\dfrac{\sigma^2}{n}\right\}=P\left\{|\overline{X}-\mu|\leqslant\dfrac{\sigma}{\sqrt{n}}\right\}=P\left\{\dfrac{|\overline{X}-\mu|}{\sigma/\sqrt{n}}\leqslant1\right\}$$
$$=2\Phi(1)-1=0.6826.$$

(2) $n=6$ 时,由 $T=\dfrac{\overline{X}-\mu}{S/\sqrt{6}}\sim t(5)$,得

$$P\left\{(\overline{X}-\mu)^2\leqslant\dfrac{2S^2}{3}\right\}=P\left\{|\overline{X}-\mu|\leqslant\dfrac{2S}{\sqrt{6}}\right\}=P\left\{\dfrac{|\overline{X}-\mu|}{S/\sqrt{6}}\leqslant2\right\}$$

$$= 1 - P\left\{\frac{|\overline{X} - \mu|}{S/\sqrt{6}} > 2\right\} = 1 - 2\alpha.$$

由 $t_\alpha(5) = 2$ 反查 t 分布表得 $\alpha = 0.05$，于是

$$P\left\{(\overline{X} - \mu)^2 \leqslant \frac{2S^2}{3}\right\} = 0.90.$$

总习题 11

1. 从一批机器零件毛坯中随机地抽取 10 件，测得其重量为（单位:kg）:

210,243,185,240,215,228,196,235,200,199.

求这组样本值的均值、方差、二阶原点矩与二阶中心矩.

2. 设总体 $X \sim N(2,25)$，$X_1, X_2, \cdots, X_{100}$ 是来自 X 的样本，则 $E(\overline{X}) = $ _____ ;$D(\overline{X}) = $ _____ ;统计量 $\overline{X} \sim$ _____ .

3. 设总体 $X \sim N(\mu, \sigma^2)$，$X_1, X_2, \cdots, X_n$ 是来自 X 的样本，则统计量 $\dfrac{\overline{X} - \mu}{\sigma/\sqrt{n}}$ 服从分布 _____ ;$\dfrac{\overline{X} - \mu}{S/\sqrt{n}}$ 服从分布 _____ ;$\dfrac{(n-1)S^2}{\sigma^2}$ 服从分布 _____ .

4. 查表求下列分位点的值.

（1）标准正态分布的上侧分位点:$u_{0.05}, u_{0.025}$;

（2）χ^2 分布的上侧分位点:$\chi^2_{0.05}(10), \chi^2_{0.1}(25)$;

（3）t 分布的上侧分位点:$t_{0.025}(10), t_{0.95}(10)$.

5. 设总体 $X \sim N(21, 2^2)$，$X_1, X_2, \cdots, X_{25}$ 是来自 X 的样本，求:

（1）样本均值 $\overline{X}$ 的数学期望和方差;

（2）$P\{|\overline{X} - 21| \leqslant 0.24\}$.

6. 在总体 $N(52, 6.3^2)$ 中随机抽取一个容量为 36 的样本，求样本均值 $\overline{X}$ 落在 50.8～53.8 之间的概率.

7. 某厂生产的搅拌机平均寿命为 5 年，标准差为 1 年，假设这些搅拌机的寿命服从正态分布，求:

（1）样本容量为 9 的随机样本平均寿命在 4.4 年到 5.2 年之间的概率;

（2）样本容量为 9 的随机样本平均寿命小于 6 年的概率.

8. 已知 $X_1, X_2, \cdots, X_{10}$ 是来自正态总体 $X \sim N(0, \sigma^2)$ 的样本，求概率 $P\{X < 2.82S\}$.

第 *12* 章
参数估计与假设检验

总体的特征是由数来描述的,如数学期望 μ、方差 σ^2 等.所以统计推断可归结为对总体参数的推断.其基本问题可以分为两大类:一类是估计问题,另一类是假设检验问题.这两种统计推断(估计和检验)的方法步骤不同,实质上回答了参数的两个不同问题.估计总体参数回答的是"总体参数的值是多少?",而检验一个假设则是回答"总体参数是否等于这个特定的值?"

12.1 参数估计

很多实际问题中,我们知道总体的分布类型,但它包含一个或多个未知参数,如何通过样本来估计未知参数,这就是参数估计问题.这里主要有两类估计:一类是点估计,另一类是区间估计.

12.1.1 点估计

设 θ 为总体 X 的待估参数,$X_1, X_2, \cdots, X_n$ 是取自 X 的样本,构造适当的统计量 $\hat{\theta}(X_1, X_2, \cdots, X_n)$ 来估计参数 θ,称 $\hat{\theta}(X_1, X_2, \cdots, X_n)$ 为 θ 的点估计量;对应于样本的观察值 $x_1, x_2, \cdots, x_n$,$\hat{\theta}(x_1, x_2, \cdots, x_n)$ 称为 θ 的点估计值.

那么,如何构造统计量 $\hat{\theta}(X_1, X_2, \cdots, X_n)$?常用的方法有两种:矩估计法和极大似然估计法.

1. 矩估计法

矩估计法是基于一种简单的"替换"思想建立起来的估计方法,是英国统计学家 K. 皮尔逊最早提出的.

用样本矩来估计总体矩,这种估计法称为矩估计法.用矩估计法确定的估计量称为矩估计量,相应地估计值称为矩估计值.矩估计量和矩估计值统称为矩估计.

设总体 X 的均值 μ 及方差 σ^2 都存在,$X_1, X_2, \cdots, X_n$ 是来自 X 的样本,如果 μ 及方差 σ^2 都未知,则总体参数 μ 和 σ^2 的矩估计量为

$$\hat{\mu} = \overline{X}, \hat{\sigma}^2 = \frac{1}{n}\sum_{i=1}^{n}(X_i - \overline{X})^2.$$

例 12.1.1 设总体

$$X \sim f(x;\theta) = \begin{cases} \dfrac{1}{\theta}, & 0 < x < \theta, \\ 0, & \text{其他.} \end{cases}$$

$X_1, X_2, \cdots, X_n$ 是来自 X 的样本，其中 θ 为未知参数，试求 θ 的矩估计.

解 $E(X) = \displaystyle\int_{-\infty}^{+\infty} x f(x;\theta)\,\mathrm{d}x = \frac{1}{\theta}\int_0^{\theta} x\,\mathrm{d}x = \frac{\theta}{2}.$

令

$$\frac{\theta}{2} = \frac{1}{n}\sum_{i=1}^{n} X_i = \overline{X},$$

得 θ 的矩估计量

$$\hat{\theta} = 2\overline{X}.$$

2. 极大似然估计法

极大似然估计法首先是由德国数学家高斯在 1821 年提出的，然而这个方法常归功于英国统计学家费歇(Fisher)，费歇在 1922 年重新发现了这一方法，并首先研究了这种方法的一些性质.

在随机试验中，许多事件都有可能发生，概率大的事件发生的可能性也大.若在一次试验中，某事件发生了，则有理由认为此事件比其他事件发生的概率大，这就是所谓的极大似然原理.极大似然估计法就是依据这一原理得到的一种参数估计方法.

似然函数：设离散型总体的分布律为 $P(X=x) = p(x,\theta)$，则事件 $A = \{X_1 = x_1, X_2 = x_2, \cdots, X_n = x_n\}$ 发生的概率为

$$L(\theta) = \prod_{i=1}^{n} p(x_i, \theta).$$

称 $L(\theta)$ 为样本的似然函数.

对连续型总体，若其密度函数为 $f(x,\theta)$，则样本的似然函数定义为

$$L(\theta) = \prod_{i=1}^{n} f(x_i, \theta)$$

如果似然函数 $L(\theta)$ 在 $\hat{\theta}(x_1, x_2, \cdots, x_n)$ 处达到最大值，则称 $\hat{\theta}(x_1, x_2, \cdots, x_n)$ 为 θ 的 极大似然估计量.由此可知，求参数的极大似然估计问题，就是求似然函数的最大值点问题.

例 12.1.2 设 $X \sim N(\mu, \sigma^2)$，$X_1, X_2, \cdots, X_n$ 是来自 X 的样本，求 μ 和 σ^2 的极大似然估计.

解 似然函数

$$L(\mu, \sigma^2) = \frac{1}{(\sqrt{2\pi\sigma^2})^n}\exp\left\{-\frac{1}{2\sigma^2}\sum_{i=1}^{n}(x_i-\mu)^2\right\},$$

$$\ln[L(\mu, \sigma^2)] = -\frac{n}{2}\ln(2\pi) - \frac{n}{2}\ln\sigma^2 - \frac{1}{2\sigma^2}\sum_{i=1}^{n}(x_i-\mu)^2.$$

令

$$
\begin{cases}
\dfrac{\partial}{\partial \mu}\ln\left[L(\mu,\sigma^2)\right]=\dfrac{1}{\sigma^2}\displaystyle\sum_{i=1}^{n}(x_i-\mu)=0, \\[4mm]
\dfrac{\partial}{\partial \sigma^2}\ln\left[L(\mu,\sigma^2)\right]=-\dfrac{n}{2\sigma^2}+\dfrac{1}{2\sigma^4}\displaystyle\sum_{i=1}^{n}(x_i-\mu)^2=0,
\end{cases}
$$

解得 μ 和 σ^2 的极大似然估计

$$
\begin{cases}
\hat{\mu}=\dfrac{1}{n}\displaystyle\sum_{i=1}^{n}x_i=\bar{x}, \\[4mm]
\hat{\sigma}^2=\dfrac{1}{n}\displaystyle\sum_{i=1}^{n}(x_i-\bar{x})^2.
\end{cases}
$$

可见:正态总体参数的极大似然估计与矩估计相同.

例 12.1.3　设某种零件的长度(cm)$X\sim N(\mu,\sigma^2)$,随机取 8 只测得其长度分别为

$$37.0,37.4,38.0,37.3,38.1,37.1,37.6,37.9,$$

试求 μ 和 σ^2 的极大似然估计.

解　由于 $X\sim N(\mu,\sigma^2)$,所以 $\bar{x},s^2$ 分别是 μ 和 σ^2 的极大似然估计,计算得

$$\bar{x}=(37.0+37.4+\cdots+37.9)/8=37.55,\quad s^2=\sum_{i=1}^{8}(x_i-\bar{x})^2/7=0.17.$$

于是有

$$\hat{\mu}=37.55,\quad \hat{\sigma}^2=0.17.$$

注意:求导函数是求极大似然估计最常用的方法.

12.1.2　估计量的评选标准

对同一个参数,用不同的方法进行估计会得到不同的估计量,因此需要建立评价估计量好坏的标准.

1. 无偏性

设 $\hat{\theta}=\theta(X_1,X_2,\cdots,X_n)$ 是未知参数 θ 的估计量,若 $E(\hat{\theta})=\theta$,则称 $\hat{\theta}=\theta(X_1,X_2,\cdots,X_n)$ 为 θ 的无偏估计量.

注意:称 $E(\hat{\theta})-\theta$ 为估计量 $\hat{\theta}=\theta(X_1,X_2,\cdots,X_n)$ 的系统误差.无偏性是对估计量的一个常见的重要的要求,其实际意义是指估计量没有系统误差,只有随机误差.

定理 12.1.1　设 $X_1,X_2,\cdots,X_n$ 是来自总体 X 的样本,$E(X)=\mu,D(X)=\sigma^2$,则:

(1) 样本均值 $\bar{X}$ 是总体均值 μ 的无偏估计量;

(2) 样本方差 S^2 是总体方差 σ^2 的无偏估计量.

2. 有效性

设 $\hat{\theta}_1$ 和 $\hat{\theta}_2$ 都是 θ 的无偏估计量,若 $D(\hat{\theta}_1)<D(\hat{\theta}_2)$,则称 $\hat{\theta}_1$ 较 $\hat{\theta}_2$ 更有效.

例 12.1.4　设 $X_1,X_2,\cdots,X_n$ 是来自总体 X 的样本,$E(X)=\mu$,

$D(X)=\sigma^2$.作为总体均值 μ 的估计,有

$$T_1=\overline{X}=\frac{1}{n}\sum_{i=1}^{n}X_i,\quad T_2=\sum_{i=1}^{n}a_iX_i.$$

其中 $a_i>0(i=1,2,\cdots,n)$ 且 $\sum_{i=1}^{n}a_i=1$.

验证 T_1、T_2 都是总体均值的无偏估计,并说明哪个更有效?

解　由数学期望和方差的性质知

$$E(T_1)=\frac{1}{n}\sum_{i=1}^{n}E(X_i)=E(X_i)=\mu,$$

$$E(T_2)=\sum_{i=1}^{n}a_iE(X_i)=E(X)\left(\sum_{i=1}^{n}a_i\right)=\mu,$$

所以,T_1、T_2 都是总体均值 μ 的无偏估计.

又　$D(T_1)=\frac{1}{n}\sigma^2$,$D(T_2)=D(X)\left(\sum_{i=1}^{n}a_i\right)=\left(\sum_{i=1}^{n}a_i\right)\sigma^2$,

注意到

$$\sum_{i=1}^{n}a_i^2\geqslant\frac{1}{n},\quad 即\; D(T_1)\leqslant D(T_2)$$

故 T_1 比 T_2 更有效.

12.1.3 区间估计

点估计只给出参数的一个近似值,而没有给出这个近似值的误差范围.区间估计弥补了这个缺陷.

1. 置信区间

区间估计

设 θ 是总体分布的未知参数,$X_1,X_2,\cdots,X_n$ 是来自总体 X 的样本,对给定的数 $\alpha>0$,若存在统计量 $\underline{\theta}(X_1,X_2,\cdots,X_n)$,$\overline{\theta}(X_1,X_2\cdots,X_n)$ 使

$$P(\underline{\theta}<\theta<\overline{\theta})=1-\alpha,$$

则称随机区间 $(\underline{\theta},\overline{\theta})$ 为参数 θ 的置信度（置信水平）为 $1-\alpha$ 的置信区间,$\underline{\theta},\overline{\theta}$ 分别称为 θ 置信下限和置信上限.

注意:置信水平 $1-\alpha$ 的含义为反复抽样多次,得到多个样本值 $x_1,x_2,\cdots,x_n$,也就得到多个区间 $(\underline{\theta},\overline{\theta})$,每个这样的区间要么包含 θ 的真值,要么不包含 θ 的真值,而包含 θ 真值的区间大约有 $100(1-\alpha)\%$.而不包含 θ 真值区间约占 $100\alpha\%$.

例如,若 $\alpha=0.05$,反复抽样 1000 次,则得到的 1000 个区间中不包含真值的约仅有 10 个.

2. 求未知参数 θ 置信区间的方法

（1）寻找一个仅含有样本和待估参数的函数 $Z(X_1,X_2,\cdots,X_n,\theta)$,且其分布已知.称具有这种性质的 Z 为枢轴量;

（2）对给定的置信度 $1-\alpha$,确定常数 a,b,使得 $P\{a<Z(X_1,X_2,\cdots,X_n,\theta)<b\}=1-\alpha$;

（3）由 $a<Z(X_1,X_2,\cdots,X_n,\theta)<b$ 解出 $\underline{\theta}\leqslant\theta\leqslant\bar{\theta}$，得置信区间.

例 12.1.5 设总体 $X\sim N(\mu,\sigma^2)$，其中 σ^2 已知但 μ 未知.X_1，$X_2,\cdots,X_n$ 是来自总体 X 的样本，求 μ 的置信度为 $1-\alpha$ 的置信区间.

解 （1）选取枢轴量

$$U=\frac{\overline{X}-\mu}{\sigma/\sqrt{n}}\sim N(0,1).$$

（2）对给定的置信度 $1-\alpha$，取 $u_{\frac{\alpha}{2}}$ 使

$$P\left\{\left|\frac{\overline{X}-\mu}{\sigma/\sqrt{n}}\right|<u_{\frac{\alpha}{2}}\right\}=1-\alpha.$$

（3）由 $\left|\dfrac{\overline{X}-\mu}{\sigma/\sqrt{n}}\right|<u_{\frac{\alpha}{2}}$ 解得

$$\overline{X}-\frac{\sigma}{\sqrt{n}}u_{\frac{\alpha}{2}}<\mu<\overline{X}+\frac{\sigma}{\sqrt{n}}u_{\frac{\alpha}{2}},$$

得 μ 的置信度为 $1-\alpha$ 的置信区间

$$\left(\overline{X}-\frac{\sigma}{\sqrt{n}}u_{\frac{\alpha}{2}},\overline{X}+\frac{\sigma}{\sqrt{n}}u_{\frac{\alpha}{2}}\right),$$

也简记为

$$\left(\overline{X}\pm\frac{\sigma}{\sqrt{n}}u_{\frac{\alpha}{2}}\right).$$

3. 正态总体参数的置信区间

（1）方差 σ^2 已知时，均值 μ 的置信区间.

对给定的置信水平 $1-\alpha$，例 12.1.5 给出了正态总体方差 σ^2 已知时，均值 μ 的 $1-\alpha$ 的置信区间

$$\left(\overline{X}-\frac{\sigma}{\sqrt{n}}u_{\frac{\alpha}{2}},\overline{X}+\frac{\sigma}{\sqrt{n}}u_{\frac{\alpha}{2}}\right),$$

或简记为

$$\left(\overline{X}\pm\frac{\sigma}{\sqrt{n}}u_{\frac{\alpha}{2}}\right).$$

例 12.1.6 某旅行社为调查当地旅游者的平均消费额，随机访问了 100 名旅游者，得到平均消费额 $\bar{x}=80$ 元.根据经验，已知旅游者消费服从正态分布，且标准差 $\sigma=12$ 元，求该地旅游者平均消费额 μ 的 95% 的置信区间.

解 对给定的置信度 $1-\alpha=0.95$，即 $\alpha=0.05$，查标准正态分布表得 $u_{\frac{\alpha}{2}}=1.96$.

由 $n=100,\bar{x}=80,\sigma=12,u_{\frac{\alpha}{2}}=1.96$ 得 μ 的 95% 的置信区间

$$\left(\overline{X}\pm\frac{\sigma}{\sqrt{n}}u_{\frac{\alpha}{2}}\right)=(77.6,82.4),$$

即我们可以 95% 的可信度认为旅游者每人的平均消费额在 77.6 元

至 82.4 元之间.

（2）方差 σ^2 未知时，均值 μ 的置信区间.

选取枢轴量

$$T=\frac{\overline{X}-\mu}{S/\sqrt{n}}\sim t(n-1).$$

对给定的置信水平 $1-\alpha$，完全类似于例 12.1.5 我们得到 μ 的 $1-\alpha$ 的置信区间

$$\left(\overline{X}\pm\frac{S}{\sqrt{n}}t_{\frac{\alpha}{2}}(n-1)\right).$$

例 12.1.7　某社会工作者欲估计那些初犯从监狱释放出来后到第二次犯罪并投入监狱的犯人在监狱外的平均时间.随机从县法院抽取 $n=150$ 份监狱记录，表明第一、第二次犯罪之间监外生活的平均时间为 3.2 年，标准差为 1.1 年.设第一、第二次犯罪之间监外生活时间服从正态分布，试构造监外生活平均时间的 95% 的置信区间.

解　对给定的置信度 $1-\alpha=0.95$，即 $\alpha=0.05$，查表得 $t_{\frac{\alpha}{2}}(149)=1.96$，又 $\bar{x}=3.2,s=1.1$，于是所求置信区间为

$$\left(\bar{x}\pm\frac{s}{\sqrt{n}}t_{\frac{\alpha}{2}}(n-1)\right)=(3.2\pm1.96,1.1/\sqrt{150})=(3.02,3.38),$$

即我们可以 95% 的可信度相信：第一、第二次犯罪之间监外生活的平均时间在 3 年到 3 年零 8 个月之间.

（3）方差 σ^2 的置信区间.

选取枢轴量

$$\chi^2=\frac{(n-1)S^2}{\sigma^2}\sim\chi^2(n-1).$$

对给定的置信水平 $1-\alpha$，取 $\chi^2_{1-\frac{\alpha}{2}}(n-1)$ 及 $\chi^2_{\frac{\alpha}{2}}(n-1)$，使

$$P\left\{\chi^2_{1-\frac{\alpha}{2}}(n-1)<\frac{(n-1)s^2}{\sigma^2}<\chi^2_{\frac{\alpha}{2}}(n-1)\right\}=1-\alpha,$$

即

$$P\left\{\frac{(n-1)s^2}{\chi^2_{\frac{\alpha}{2}}(n-1)}<\sigma^2<\frac{(n-1)s^2}{\chi^2_{1-\frac{\alpha}{2}}(n-1)}\right\}=1-\alpha.$$

得方差 σ^2 的置信度为 $1-\alpha$ 的置信区间为

$$\left(\frac{(n-1)s^2}{\chi^2_{\frac{\alpha}{2}}(n-1)},\frac{(n-1)s^2}{\chi^2_{1-\frac{\alpha}{2}}(n-1)}\right).$$

标准差 σ 的置信度为 $1-\alpha$ 的置信区间为

$$\left(\sqrt{\frac{(n-1)s^2}{\chi^2_{\frac{\alpha}{2}}(n-1)}},\sqrt{\frac{(n-1)s^2}{\chi^2_{1-\frac{\alpha}{2}}(n-1)}}\right).$$

例 12.1.8　为考察某大学成年男性的胆固醇水平，抽取了样

本容量为 25 的样本,得到样本均值 $\bar{x}=186$,样本标准差 $s=12$.假定胆固醇水平 $X \sim N(\mu, \sigma^2)$,μ 与 σ 均未知,试分别求 μ 与 σ 的 90% 的置信区间.

解　由 $n=25, \alpha=0.1, \bar{x}=186, s=12$,又查表得 $t_{0.05}(24)=1.7109$,于是 μ 的 90%的置信区间为

$$\left(\bar{x} \pm \frac{s}{\sqrt{n}} t_{\frac{\alpha}{2}}(n-1)\right)=(186 \pm 4.106)=(181.894, 190.106)$$

再查表得 $\chi^2_{\frac{\alpha}{2}}(n-1)=\chi^2_{0.05}(24)=36.42, \chi^2_{1-\frac{\alpha}{2}}(n-1)=\chi^2_{0.95}(24)=13.85$.

于是 σ 的 90%的置信区间为

$$\left(\sqrt{\frac{(n-1)s^2}{\chi^2_{\frac{\alpha}{2}}(n-1)}}, \sqrt{\frac{(n-1)s^2}{\chi^2_{1-\frac{\alpha}{2}}(n-1)}}\right)=(9.74, 15.80).$$

我们把正态总体参数的置信区间汇总成表 12-1-1,以便查用.

表 12-1-1　正态总体参数的置信区间

待估参数	条件	枢轴量	置信区间
均值 μ	σ^2 已知	$U=\dfrac{\bar{X}-\mu}{\sigma/\sqrt{n}} \sim N(0,1)$	$\left(\bar{X} \pm \dfrac{\sigma}{\sqrt{n}} u_{\frac{\alpha}{2}}\right)$
	σ^2 未知	$T=\dfrac{\bar{X}-\mu}{S/\sqrt{n}} \sim t(n-1)$	$\left(\bar{X} \pm \dfrac{S}{\sqrt{n}} t_{\frac{\alpha}{2}}(n-1)\right)$
方差 σ^2	μ 未知	$\chi^2=\dfrac{(n-1)S^2}{\sigma^2} \sim \chi^2(n-1)$	$\left(\dfrac{(n-1)S^2}{\chi^2_{\frac{\alpha}{2}}(n-1)}, \dfrac{(n-1)S^2}{\chi^2_{1-\frac{\alpha}{2}}(n-1)}\right)$

12.2　假设检验

统计推断的另一类问题是假设检验.在参数估计中我们利用样本值确定了一个 θ 的估计值 $\hat{\theta}$,认为参数真值 $\theta=\hat{\theta}$.由于参数 θ 是未知的,$\theta=\hat{\theta}$ 只是一个假设(假说、假想),它可能是真,也可能是假,是真是假有待于用样本进行检验.

本节介绍假设检验的有关概念,给出检验假设的思想方法.最后讨论正态总体参数的假设检验问题.

假设检验

12.2.1　假设检验的基本概念

1. 假设检验的基本概念

引例 12.1.1　某大米加工厂用自动包装机将大米装袋,每袋的标准重量规定为 10kg,每天开工时,需要先检验一下包装机工作

是否正常.根据以往的经验知道,自动包装机装袋重量 X 服从正态分布 $N(\mu,\sigma^2)$.某日开工后,抽取了 8 袋,如何根据这 8 袋的重量判断"自动包装机工作是正常的"这个命题是否成立?

"自动包装机工作是正常的"这个命题可能是真,也可能是假,只有通过抽样来判断.

若设 $H_0:\mu=10,H_1:\mu\neq10$,则问题等价于检验 $H_0:\mu=10$ 是否成立.

引例 12.1.2 某种疾病,不用药时其康复率为 $\theta=\theta_0$,现发明一种新药(无不良反应),为此抽查 n 位病人用新药的治疗效果,设其中有 s 人康复,根据这些信息,能否断定"该新药有效"?

若记 $H_0:\theta=\theta_0,H_1:\theta>\theta_0$,则问题等价于检验 H_0 成立,还是 H_1 成立.

在假设检验问题中,常把要检验的假设 H_0 称为原假设或零假设,而其对立面 H_1 称为备择假设或对立假设.当 H_0 不成立时,就拒绝接受 H_0 而接受其对立假设 H_1.

值得注意的是,在原假设 $H_0:\theta=\theta_0$ 下,实际中有时需要检验 $H_1:\theta>\theta_0$ 或 $H_1:\theta<\theta_0$,分别称为右边检验和左边检验,统称为单边假设检验;而将 $H_1:\theta\neq\theta_0$ 的假设检验称为双边假设检验.

2. 假设检验的思想方法

引例 12.1.3 设一箱中装有红、白两种颜色的球共 100 个,甲说这里有 98 个白球,乙从箱中任取一个,发现是红球,问甲的说法是否可信?

先做假设 H_0:箱中确有 98 个白球.

如果 H_0 正确,则从箱中任取一个球是红球的概率只有 0.02,是小概率事件,通常认为小概率事件在一次试验中基本是不会发生的.因此,如果乙从箱中任取一个,发现是白球,则没有理由怀疑 H_0 的正确性.今乙从箱中取到的是红球,即小概率事件在一次试验中竟然发生了,则有理由拒绝 H_0,即认为甲的说法不可信.

这个引例中所使用的推理方法,称为概率反证法.即如果小概率事件在一次试验中居然发生,我们就以很大的把握否定原假设.在假设检验中,我们称这个小概率为显著性水平,用 α 表示.那么多小的概率才算小概率呢? 这要由实际问题的不同需要来决定.一般取 $\alpha=0.1,\alpha=0.01,\alpha=0.05$ 等.

3. 假设检验的步骤

为检验提出的假设,通常需要构造检验统计量,并取总体的一个样本值,根据该样本提供的信息来判断假设是否成立.当检验统计量取某个区域 W 中的值时,我们拒绝原假设 H_0,则称区域 W 为 H_0 的拒绝域.

假设检验问题的步骤(四步法)如下:

(1)根据问题的要求,提出原假设 H_0 与对立假设 H_1;

（2）在 H_0 为真时,选择合适的检验统计量;

（3）根据要求给定显著性水平 α,根据统计量的分布,由 $P\{H_0$ 为真拒绝 $H_0\}=\alpha$ 确定拒绝域;

（4）取样计算,并作出相应判断.

例 12.2.1　已知某炼铁厂的铁水含碳量 $X \sim N(4.55,0.06^2)$,现改变了工艺条件,又测得 10 炉铁水的平均含碳量 $\bar{x}=4.57$,假设方差无变化,问总体的均值 μ 是否有明显改变（取 $\alpha=0.05$）?

解　（1）提出假设
$$H_0:\mu=4.55=\mu_0,H_1:\mu \neq 4.55.$$

（2）在 H_0 成立的前提下,检验统计量
$$U=\frac{\bar{X}-\mu_0}{\sigma/\sqrt{n}} \sim N(0,1).$$

（3）对给定的显著性水平 α,取 $u_{\frac{\alpha}{2}}$ 使 $P\{|U|>u_{\frac{\alpha}{2}}\}=\alpha$ 得 H_0 的拒绝域
$$W:|u|=\left|\frac{\bar{x}-\mu_0}{\sigma/\sqrt{n}}\right|>u_{\frac{\alpha}{2}}.$$

（4）由 $\alpha=0.05$,查表得 $u_{\frac{\alpha}{2}}=u_{0.025}=1.96$.又 $n=10$,$\bar{x}=4.57$,$\sigma=0.06$,算得检验统计量的观察值
$$u=\frac{\bar{x}-\mu_0}{\sigma/\sqrt{n}}=\frac{4.57-4.55}{0.06/\sqrt{10}}=1.054.$$

因 $|u|<u_{\frac{\alpha}{2}}$,说明小概率事件 $|U|>u_{\frac{\alpha}{2}}$ 未发生,因此接受假设 H_0,即认为总体均值无明显变化.

例 12.2.2　数据同上例,问总体的均值 μ 是否明显地大于 4.55?

解　（1）要检验假设
$$H_0:\mu=4.55=\mu_0,H_1:\mu>4.55.$$

（2）在 H_0 成立的前提下,检验统计量
$$U=\frac{\bar{X}-\mu_0}{\sigma/\sqrt{n}} \sim N(0,1).$$

（3）本例中拒绝 H_0 时接受的是 $H_1:\mu>4.55$,所以对给定的显著性水平 α,H_0 的拒绝域
$$W:U=\frac{\bar{x}-\mu_0}{\sigma/\sqrt{n}}>u_{\alpha}.$$

（4）由 $\alpha=0.05$,查表得 $u_{\alpha}=u_{0.05}=1.645$.由检验统计量的观察值
$$u=\frac{\bar{x}-\mu_0}{\sigma/\sqrt{n}}=\frac{4.57-4.55}{0.06/\sqrt{10}}=1.054<1.645,$$

因此接受假设 H_0,即总体的均值 μ 并不明显地大于 4.55.

12.2.2 正态总体参数的假设检验

本节讨论正态总体均值和方差的假设检验问题.构造合适的检验统计量是解决检验问题的关键.

1. 方差 σ^2 已知时,均值 μ 的检验(U 检验)

设总体 $X \sim N(\mu, \sigma^2)$,方差 σ^2 已知,$X_1, X_2, \cdots, X_n$ 是来自总体 X 的样本,$\overline{X}$ 是样本均值.与上述两例类似地,可选取检验统计量 $U = \dfrac{\overline{X} - \mu_0}{\sigma/\sqrt{n}} \sim N(0,1)$,得各类检验问题的拒绝域如表 12-2-1 所示.这种检验法称为 U 检验法.

表 12-2-1　正态总体方差已知时均值的检验表

H_0	H_1	条件	检验统计量及其分布	拒绝域
$\mu = \mu_0$	$\mu \neq \mu_0$	方差 σ^2 已知	$U = \dfrac{\overline{X} - \mu_0}{\sigma/\sqrt{n}} \sim N(0,1)$	$\|u\| > u_{\frac{\alpha}{2}}$
$\mu \leqslant \mu_0$	$\mu > \mu_0$			$u > u_\alpha$
$\mu \geqslant \mu_0$	$\mu < \mu_0$			$u < -u_\alpha$

2. 方差 σ^2 未知时,均值 μ 的检验(t 检验)

设总体 $X \sim N(\mu, \sigma^2)$,方差 σ^2 未知,$X_1, X_2, \cdots, X_n$ 是来自总体 X 的样本,$\overline{X}$ 与 S^2 分别表示样本均值和样本方差.选取检验统计量 $T = \dfrac{\overline{X} - \mu_0}{S/\sqrt{n}} \sim t(n-1)$,可得到各类检验问题的拒绝域如表 12-2-2 所示.这种检验法称为 t 检验法.

表 12-2-2　正态总体方差未知时均值的检验表

H_0	H_1	条件	检验统计量及其分布	拒绝域
$\mu = \mu_0$	$\mu \neq \mu_0$	方差 σ^2 未知	$T = \dfrac{\overline{X} - \mu_0}{S/\sqrt{n}} \sim t(n-1)$	$\|t\| > t_{\frac{\alpha}{2}}(n-1)$
$\mu \leqslant \mu_0$	$\mu > \mu_0$			$t > t_\alpha(n-1)$
$\mu \geqslant \mu_0$	$\mu < \mu_0$			$t < -t_\alpha(n-1)$

例 12.2.3　手机生产厂家在其宣传广告中声称他们生产的某种品牌的手机的待机时间的平均值至少为 71.5 小时,一质检部门检查了该厂生产的这种品牌的手机 6 部,得到的待机时间分别为

$$69, 68, 72, 70, 66, 75.$$

设手机的待机时间 $X \sim N(\mu, \sigma^2)$,由这些数据能否说明其广告有欺骗消费者之嫌疑($\alpha = 0.05$)?

解　问题可归结为检验假设

$$H_0: \mu \geqslant 71.5, \quad H_1: \mu < 71.5.$$

由于 σ^2 未知,用 t 检验法,H_0 的拒绝域为

$$t = \frac{\bar{x} - \mu_0}{s/\sqrt{n}} < -t_\alpha(n-1).$$

由已知算得 $\bar{x} = 70, s^2 = 10, n = 6, \mu_0 = 71.5$ 算得 $t = -1.162$.查表得

$$t_\alpha(n-1) = t_{0.05}(5) = 2.015.$$

因为

$$t = -1.162 > -2.015 = -t_\alpha(n-1),$$

故接受 H_0,即不能认为该厂广告有欺骗消费者之嫌疑.

3. 正态总体方差的检验(χ^2 检验)

设 $X \sim N(\mu, \sigma^2), \mu, \sigma^2$ 未知,S^2 为样本方差,给定显著性水平 α,检验假设

$$H_0 : \sigma^2 = \sigma_0^2, H_1 : \sigma^2 \neq \sigma_0^2.$$

(1) 当 H_0 成立时,取检验统计量

$$\chi^2 = \frac{(n-1)S^2}{\sigma_0^2} \sim \chi^2(n-1),$$

相应地检验法称为 χ^2 检验法.

(2) 由

$$\alpha = P\left\{\frac{\chi^2}{\sigma_0^2} \leq X_1, 或 \frac{\chi^2}{\sigma_0^2} \geq k_2\right\} = P\{\chi^2 \leq (n-1) \leq k_1\} + P\{\chi^2 \geq (n-1)k_2\},$$

令

$$P\{\chi^2 \leq (n-1)k_1\} = P\{\chi^2 \geq (n-1)k_2\} = \frac{\alpha}{2},$$

取

$$k_1 = \frac{\chi_{1-\frac{\alpha}{2}}^2(n-1)}{n-1}, k_2 = \frac{\chi_{\frac{\alpha}{2}}^2(n-1)}{n-1},$$

则 H_0 的拒绝域为

$$\chi^2 = \frac{(n-1)s^2}{\sigma_0^2} < \chi_{1-\frac{\alpha}{2}}^2(n-1) 或 \chi^2 > \chi_{\frac{\alpha}{2}}^2(n-1).$$

类似地,我们得到其他假设检验的拒绝域如表 12-2-3 所示.

表 12-2-3　正态总体方差的假设检验表

H_0	H_1	条件	检验统计量及其分布	拒绝域
$\sigma^2 = \sigma_0^2$	$\sigma^2 \neq \sigma_0^2$	均值 μ 未知	$\chi^2 = \frac{(n-1)S^2}{\sigma_0^2} \sim \chi^2(n-1)$	$\chi^2 < \chi_{1-\frac{\alpha}{2}}^2(n-1)$ 或 $\chi^2 > \chi_{\frac{\alpha}{2}}^2(n-1)$
$\sigma^2 \leq \sigma_0^2$	$\sigma^2 > \sigma_0^2$			$\chi^2 > \chi_\alpha^2(n-1)$
$\sigma^2 \geq \sigma_0^2$	$\sigma^2 < \sigma_0^2$			$\chi^2 < \chi_{1-\alpha}^2(n-1)$

例 12.2.4　某类钢板每块的重量 $X \sim N(\mu, \sigma^2)$.其一项质量指

标是钢板重量的方差不得超过 $0.016(\text{kg}^2)$.现从某天生产的钢板中随机抽取 25 块,得其样本方差 $s^2 = 0.025\text{kg}^2$,问该天生产的钢板重量的方差是否满足要求$(\alpha = 0.05)$?

解　设 $H_0: \sigma^2 \leqslant 0.016, H_1: \sigma^2 > 0.016$,

这里 $n = 25, \alpha = 0.05$,查表 $\chi_{0.05}^2(24) = 36.415$,

$$\chi^2 = \frac{(n-1)S^2}{\sigma_0^2} = \frac{24 \times 0.025}{0.016} = 37.5 > 36.415.$$

由此,在显著性水平 $\alpha = 0.05$ 下,我们拒绝原假设,认为该天生产的钢板重量不符合要求.

总习题 12

1. 设总体 X 服从均匀分布 $U[0,\theta]$,其概率密度为

$$f(x,\theta) = \begin{cases} 1/\theta, & 0 \leqslant x \leqslant \theta, \\ 0, & \text{其他.} \end{cases}$$

(1) 求参数 θ 的矩估计量;

(2) 当样本观察值为 0.3、0.8、0.27、0.35、0.62、0.55 时,求 θ 的矩估计值.

2. 设总体 X 的概率密度为

$$f(x,\theta) = \begin{cases} \theta, & 0 < x < 1, \\ 1-\theta, & 1 \leqslant x \leqslant 2, \\ 0, & \text{其他,} \end{cases}$$

其中 $\theta(0 < \theta < 1)$ 是未知参数.$X_1, X_2, \cdots, X_n$ 为来自 X 的样本.求 θ 的矩估计量.

3. 若 $X_1, X_2, \cdots, X_n$ 为来自总体 $X \sim N(\mu, \sigma^2)$ 的样本,且 $Y = \frac{1}{3}X_1 + \frac{1}{4}X_2 + kX_3$ 为 μ 的无偏估计量,问 k 等于多少?

4. 设总体 X 的均值为 0,方差 σ^2 存在但未知,又 X_1, X_2 为来自总体 X 的样本,试证 $\frac{1}{2}(X_1 - X_2)^2$ 为 σ^2 的无偏估计.

5. 一车间生产滚珠,从某天的产品里随机抽取 9 个,测得该 9 个滚珠的直径均值为 $\bar{x} = 15$,设滚珠直径服从正态分布,且该天产品直径的方差是 0.04,求该天生产的滚珠平均直径 μ 的 95% 置信区间.

6. 为了估计一分钟一次广告的平均费用,抽取了 15 个电台作为一个简单随机样本,算得样本均值 $\bar{x} = 806$ 元,样本标准差 $s = 416$.假定一分钟一次的广告费 $X \sim N(\mu, \sigma^2)$,试求 μ 的 0.95 的置信区间.

7. 已知来自容量 $n=25$ 的正态总体的样本,算得样本均值 $\bar{x}=38.5$、样本方差 $s=2.3$,求总体均值 μ 的置信区间 $(\alpha=0.05)$.

8. 从自动机床加工的同类零件中随机地抽取 10 件,测得其长度值分别为(以 mm 计)

12.15,12.12,12.10,12.28,12.09,12.16,12.03,12.01,12.06,12.11,设长度值服从正态分布,求方差 σ^2 的 95% 的置信区间.

9. 某航空公司欲评价 50 岁以上的飞行员的判断能力.随机抽取 14 名 50 岁以上的飞行员,要求他们判断两个放置在实验室两端相距 20 英尺的标记之间的距离.下列样本数据是指飞行员的判断误差(以英尺计)

2.7,2.4,1.9,2.6,2.4,1.9,2.3,2.2,2.5,2.3,1.8,2.5,2.0,2.2,

利用样本数据确定 50 岁以上的飞行员对距离的平均判断误差 μ 的 95% 的置信区间(假定样本来自正态总体).

10. 一家厂商声称某一保险丝的平均寿命是 1500h.由容量为 35 的保险丝样本得到的信息表明:它的平均寿命是 1380h.对厂商的断言作何评价? 对所提问题的解决办法是一个估计问题,还是假设检验问题? 你如何从保险丝厂抽取一组样本,以检验厂商的断言?

11. 设总体 $X \sim N(\mu,\sigma^2)$,$X_1,X_2,\cdots,X_n$ 是来自总体 X 的样本.对于检验假设 $H_0:\mu=\mu_0$,当 σ^2 未知时的检验统计量是_____,H_0 为真时该检验统计量服从_____分布;给定显著性水平为 α,关于 μ 的双侧检验的拒绝域为_____,左侧检验的拒绝域为_____,右侧检验的拒绝域为_____.

12. 设总体 $X \sim N(\mu,\sigma^2)$,$X_1,X_2,\cdots,X_n$ 是来自总体 X 的样本.则检验假设 $H_0:\sigma^2=\sigma_0^2$,当 μ 未知时的检验统计量是_____H_0 为真时该检验统计量服从_____分布;给定显著性水平 α,关于 σ^2 的双侧检验的拒绝域为_____,左侧检验的拒绝域为_____,右侧检验的拒绝域为_____.

13. 已知一批零件的长度 X(单位:cm)服从正态分布 $N(\mu,1)$,从中随机地抽取 16 个零件,得到长度的平均值为 40cm.求:

(1) 取显著性水平 $\alpha=0.05$ 时,均值 μ 的双侧假设检验的拒绝域;

(2) μ 的置信水平为 0.95 的置信区间;

(3) 问题(1)和(2)的结果有什么关系?

14. 从某种试验物中取出 24 个样品,测量其发热量,算得平均值为 11958,样本标准差 $s=316$.设发热量服从正态分布.取显著性水平 $\alpha=0.05$,问是否可认为该试验物发热量的期望值为 12100?

15. 统计资料表明某市人均年收入服从 $\mu = 2150$ 元的正态分布. 对该市从事某种职业的职工调查 30 人, 算得人均年收入为 $\bar{x} = 2280$ 元, 样本标准差 $s = 476$ 元. 取显著性水平 $\alpha = 0.1$, 试检验该种职业家庭人均年收入是否高于该市人均年收入?

16. 为测定某种溶液中的水分, 由它的 10 个测定值算出样本标准差的观察 $s = 0.037\%$. 设测定值总体服从正态分布, 总体方差 σ^2 未知. 试在 $\alpha = 0.05$ 下检验假设

$$H_0 : \sigma^2 \geqslant 0.04\%, H_1 : \sigma^2 < 0.04\%.$$

附　　录

附录 A　标准正态函数分布表

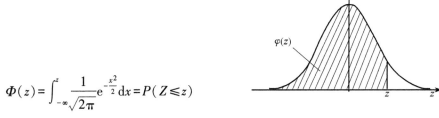

$$\Phi(z)=\int_{-\infty}^{z}\frac{1}{\sqrt{2\pi}}\mathrm{e}^{-\frac{x^2}{2}}\mathrm{d}x=P(Z\leqslant z)$$

z	0	1	2	3	4	5	6	7	8	9
0.0	0.5000	0.5040	0.5080	0.5120	0.5160	0.5199	0.5239	0.5279	0.5319	0.5359
0.1	0.5398	0.5438	0.5478	0.5517	0.5557	0.5596	0.5636	0.5675	0.5714	0.5753
0.2	0.5793	0.5832	0.5871	0.5910	0.5948	0.5987	0.6026	0.6064	0.6103	0.6141
0.3	0.6179	0.6217	0.6255	0.6293	0.6331	0.6368	0.6406	0.6443	0.6480	0.6517
0.4	0.6554	0.6591	0.6628	0.6664	0.6700	0.6736	0.6772	0.6808	0.6844	0.6879
0.5	0.6915	0.6950	0.6985	0.7019	0.7054	0.7088	0.7123	0.7157	0.7190	0.7224
0.6	0.7257	0.7291	0.7324	0.7357	0.7389	0.7422	0.7454	0.7486	0.7517	0.7549
0.7	0.7580	0.7611	0.7642	0.7673	0.7703	0.7734	0.7764	0.7794	0.7823	0.7852
0.8	0.7881	0.7910	0.7939	0.7967	0.7995	0.8023	0.8051	0.8078	0.8106	0.8133
0.9	0.8159	0.8186	0.8212	0.8238	0.8264	0.8289	0.8315	0.8340	0.8365	0.8389
1.0	0.8413	0.8438	0.8461	0.8485	0.8508	0.8531	0.8554	0.8577	0.8599	0.8621
1.1	0.8643	0.8665	0.8686	0.8708	0.8729	0.8749	0.8770	0.8790	0.8810	0.8830
1.2	0.8849	0.8869	0.8888	0.8907	0.8925	0.8944	0.8962	0.8980	0.8997	0.9015
1.3	0.9032	0.9049	0.9066	0.9082	0.9099	0.9115	0.9131	0.9147	0.9162	0.9177
1.4	0.9192	0.9207	0.9222	0.9236	0.9251	0.9265	0.9278	0.9292	0.9306	0.9319
1.5	0.9332	0.9345	0.9359	0.9370	0.9382	0.9394	0.9406	0.9418	0.9430	0.9441
1.6	0.9452	0.9463	0.9474	0.9484	0.9495	0.9505	0.9515	0.9525	0.9535	0.9545
1.7	0.9554	0.9564	0.9573	0.9582	0.9591	0.9599	0.9608	0.9616	0.9625	0.9633
1.8	0.9641	0.9648	0.9656	0.9664	0.9671	0.9678	0.9686	0.9693	0.9700	0.9706

（续）

z	0	1	2	3	4	5	6	7	8	9
1.9	0.9713	0.9719	0.9726	0.9732	0.9738	0.9744	0.9750	0.9756	0.9762	0.9767
2.0	0.9772	0.9778	0.9783	0.9788	0.9793	0.9798	0.9803	0.9808	0.9812	0.9817
2.1	0.9821	0.9826	0.9830	0.9834	0.9838	0.9842	0.9846	0.9850	0.9854	0.9857
2.2	0.9861	0.9864	0.9868	0.9871	0.9874	0.9878	0.9881	0.9884	0.9887	0.9890
2.3	0.9893	0.9896	0.9898	0.9901	0.9904	0.9906	0.9909	0.9911	0.9913	0.9916
2.4	0.9918	0.9920	0.9922	0.9925	0.9927	0.9929	0.9931	0.9932	0.9934	0.9936
2.5	0.9938	0.9940	0.9941	0.9943	0.9945	0.9946	0.9948	0.9949	0.9951	0.9952
2.6	0.9953	0.9955	0.9956	0.9957	0.9959	0.9960	0.9961	0.9962	0.9963	0.9964
2.7	0.9965	0.9966	0.9967	0.9968	0.9969	0.9970	0.9971	0.9972	0.9973	0.9974
2.8	0.9974	0.9975	0.9976	0.9977	0.9977	0.9978	0.9979	0.9979	0.9980	0.9981
2.9	0.9981	0.9982	0.9982	0.9983	0.9984	0.9984	0.9985	0.9985	0.9986	0.9986
3.0	0.9987	0.9987	0.9987	0.9988	0.9988	0.9989	0.9989	0.9989	0.9990	0.9990

附录 B　t 分 布 表

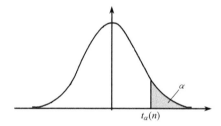

$$P\{t(n) \geqslant t_\alpha(n)\} = \alpha$$

n	0.25	0.1	0.05	0.025	0.01	0.005
1	1.000	3.078	6.314	12.706	31.821	63.657
2	0.817	1.886	2.920	4.303	6.965	9.925
3	0.765	1.638	2.353	3.182	4.541	5.841
4	0.741	1.533	2.132	2.776	3.747	4.604
5	0.727	1.476	2.015	2.571	3.365	4.032
6	0.718	1.440	1.943	2.447	3.143	3.707
7	0.711	1.415	1.895	2.365	2.998	3.500
8	0.706	1.397	1.860	2.306	2.897	3.355
9	0.703	1.383	1.833	2.262	2.821	3.250
10	0.700	1.372	1.813	2.228	2.764	3.169
11	0.697	1.363	1.796	2.201	2.718	3.106
12	0.695	1.356	1.782	2.179	2.681	3.055
13	0.694	1.350	1.771	2.160	2.650	3.012

n	0.25	0.1	0.05	0.025	0.01	0.005
14	0.692	1.345	1.761	2.145	2.625	2.977
15	0.691	1.341	1.753	2.131	2.603	2.947
16	0.690	1.337	1.746	2.120	2.584	2.921
17	0.689	1.333	1.740	2.110	2.567	2.898
18	0.688	1.330	1.734	2.101	2.552	2.878
19	0.688	1.328	1.729	2.093	2.540	2.861
20	0.687	1.325	1.725	2.086	2.528	2.845
21	0.686	1.323	1.721	2.080	2.518	2.831
22	0.686	1.321	1.717	2.074	2.508	2.819
23	0.685	1.320	1.714	2.069	2.500	2.807
24	0.685	1.318	1.711	2.064	2.492	2.797
25	0.684	1.316	1.708	2.060	2.485	2.787
26	0.684	1.315	1.706	2.056	2.479	2.779
27	0.684	1.314	1.703	2.052	2.473	2.771
28	0.683	1.313	1.701	2.048	2.467	2.763
29	0.683	1.311	1.699	2.045	2.462	2.756
30	0.683	1.310	1.697	2.042	2.457	2.750
31	0.682	1.310	1.696	2.040	2.453	2.744
32	0.682	1.309	1.694	2.037	2.449	2.739
33	0.682	1.308	1.692	2.035	2.445	2.733
34	0.682	1.307	1.691	2.032	2.441	2.728
35	0.682	1.306	1.690	2.030	2.438	2.724
36	0.681	1.306	1.688	2.028	2.435	2.720
37	0.681	1.305	1.687	2.026	2.431	2.715
38	0.681	1.304	1.686	2.024	2.429	2.712
39	0.681	1.304	1.685	2.023	2.426	2.708
40	0.681	1.303	1.684	2.021	2.423	2.705
41	0.681	1.303	1.683	2.020	2.421	2.701
42	0.680	1.302	1.682	2.018	2.419	2.698
43	0.680	1.302	1.681	2.017	2.416	2.695
44	0.680	1.301	1.680	2.015	2.414	2.692
45	0.680	1.301	1.679	2.014	2.412	2.690

附录 C χ^2 分布表

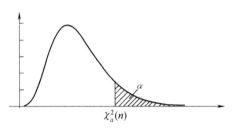

$$P\{\chi^2(n) \geqslant \chi^2_\alpha(n)\} = \alpha$$

n	0.995	0.99	0.975	0.95	0.9	0.75	0.5	0.25	0.1	0.05	0.025	0.0258	0.01	0.005	
1	0.000	0.000	0.001	0.004	0.016	0.102	0.455	1.323	2.706	3.842	5.024	4.969	6.635	7.879	1
2	0.010	0.020	0.051	0.103	0.211	0.575	1.386	2.773	4.605	5.992	7.378	7.315	9.210	10.597	2
3	0.072	0.115	0.216	0.352	0.584	1.213	2.366	4.108	6.251	7.815	9.348	9.279	11.345	12.838	3
4	0.207	0.297	0.484	0.711	1.064	1.923	3.357	5.385	7.779	9.488	11.143	11.069	13.277	14.860	4
5	0.412	0.554	0.831	1.146	1.610	2.675	4.352	6.626	9.236	11.070	12.833	12.754	15.086	16.750	5
6	0.676	0.872	1.237	1.635	2.204	3.455	5.348	7.841	10.645	12.592	14.449	14.366	16.812	18.548	6
7	0.989	1.239	1.690	2.167	2.833	4.255	6.346	9.037	12.017	14.067	16.013	15.926	18.475	20.278	7
8	1.344	1.647	2.180	2.733	3.490	5.071	7.344	10.219	13.362	15.507	17.535	17.444	20.090	21.955	8
9	1.735	2.088	2.700	3.325	4.168	5.899	8.343	11.389	14.684	16.919	19.023	18.929	21.666	23.589	9
10	2.156	2.558	3.247	3.940	4.865	6.737	9.342	12.549	15.987	18.307	20.483	20.387	23.209	25.188	10
11	2.603	3.054	3.816	4.575	5.578	7.584	10.341	13.701	17.275	19.675	21.920	21.821	24.725	26.757	11
12	3.074	3.571	4.404	5.226	6.304	8.438	11.340	14.845	18.549	21.026	23.337	23.234	26.217	28.300	12
13	3.565	4.107	5.009	5.892	7.042	9.299	12.340	15.984	19.812	22.362	24.736	24.631	27.688	29.819	13
14	4.075	4.660	5.629	6.571	7.790	10.165	13.339	17.117	21.064	23.685	26.119	26.011	29.141	31.319	14
15	4.601	5.229	6.262	7.261	8.547	11.037	14.339	18.245	22.307	24.996	27.488	27.378	30.578	32.801	15
16	5.142	5.812	6.908	7.962	9.312	11.912	15.338	19.369	23.542	26.296	28.845	28.733	32.000	34.267	16
17	5.697	6.408	7.564	8.672	10.085	12.792	16.338	20.489	24.769	27.587	30.191	30.076	33.409	35.718	17
18	6.265	7.015	8.231	9.391	10.865	13.675	17.338	21.605	25.989	28.869	31.526	31.409	34.805	37.156	18
19	6.844	7.633	8.907	10.117	11.651	14.562	18.338	22.718	27.204	30.144	32.852	32.733	36.191	38.582	19
20	7.434	8.260	9.591	10.851	12.443	15.452	19.337	23.828	28.412	31.410	34.170	34.048	37.566	39.997	20
21	8.034	8.897	10.283	11.591	13.240	16.344	20.337	24.935	29.615	32.671	35.479	35.355	38.932	41.401	21
22	8.643	9.543	10.982	12.338	14.041	17.240	21.337	26.039	30.813	33.924	36.781	36.655	40.289	42.796	22
23	9.260	10.196	11.689	13.091	14.848	18.137	22.337	27.141	32.007	35.172	38.076	37.948	41.638	44.181	23
24	9.886	10.856	12.401	13.848	15.659	19.037	23.337	28.241	33.196	36.415	39.364	39.235	42.980	45.559	24

（续）

n	0.995	0.99	0.975	0.95	0.9	0.75	0.5	0.25	0.1	0.05	0.025	0.0258	0.01	0.005	
25	10.520	11.524	13.120	14.611	16.473	19.939	24.337	29.339	34.382	37.652	40.646	40.515	44.314	46.928	25
26	11.160	12.198	13.844	15.379	17.292	20.843	25.336	30.435	35.563	38.885	41.923	41.790	45.642	48.290	26
27	11.808	12.879	14.573	16.151	18.114	21.749	26.336	31.528	36.741	40.113	43.195	43.059	46.963	49.645	27
28	12.461	13.565	15.308	16.928	18.939	22.657	27.336	32.620	37.916	41.337	44.461	44.324	48.278	50.993	28
29	13.121	14.256	16.047	17.708	19.768	23.567	28.336	33.711	39.087	42.557	45.722	45.584	49.588	52.336	29
30	13.787	14.953	16.791	18.493	20.599	24.478	29.336	34.800	40.256	43.773	46.979	46.839	50.892	53.672	30
31	14.458	15.655	17.539	19.281	21.434	25.390	30.336	35.887	41.422	44.985	48.232	48.090	52.191	55.003	31
32	15.134	16.362	18.291	20.072	22.271	26.304	31.336	36.973	42.585	46.194	49.480	49.337	53.486	56.328	32
33	15.815	17.074	19.047	20.867	23.110	27.219	32.336	38.058	43.745	47.400	50.725	50.580	54.776	57.648	33
34	16.501	17.789	19.806	21.664	23.952	28.136	33.336	39.141	44.903	48.602	51.966	51.819	56.061	58.964	34
35	17.192	18.509	20.569	22.465	24.797	29.054	34.336	40.223	46.059	49.802	53.203	53.055	57.342	60.275	35
36	17.887	19.233	21.336	23.269	25.643	29.973	35.336	41.304	47.212	50.998	54.437	54.287	58.619	61.581	36
37	18.586	19.960	22.106	24.075	26.492	30.893	36.336	42.383	48.363	52.192	55.668	55.516	59.893	62.883	37
38	19.289	20.691	22.878	24.884	27.343	31.815	37.335	43.462	49.513	53.384	56.896	56.742	61.162	64.181	38
39	19.996	21.426	23.654	25.695	28.196	32.737	38.335	44.539	50.660	54.572	58.120	57.965	62.428	65.476	39
40	20.707	22.164	24.433	26.509	29.051	33.660	39.335	45.616	51.805	55.758	59.342	59.185	63.691	66.766	40
41	21.421	22.906	25.215	27.326	29.907	34.585	40.335	46.692	52.949	56.942	60.561	60.403	64.950	68.053	41
42	22.138	23.650	25.999	28.144	30.765	35.510	41.335	47.766	54.090	58.124	61.777	61.617	66.206	69.336	42
43	22.859	24.398	26.785	28.965	31.625	36.436	42.335	48.840	55.230	59.304	62.990	62.829	67.459	70.616	43
44	23.584	25.148	27.575	29.787	32.487	37.363	43.335	49.913	56.369	60.481	64.201	64.039	68.710	71.893	44
45	24.311	25.901	28.366	30.612	33.350	38.291	44.335	50.985	57.505	61.656	65.410	65.246	69.957	73.166	45
46	25.041	26.657	29.160	31.439	34.215	39.220	45.335	52.056	58.641	62.830	66.617	66.451	71.201	74.437	46
47	25.775	27.416	29.956	32.268	35.081	40.149	46.335	53.127	59.774	64.001	67.821	67.654	72.443	75.704	47
48	26.511	28.177	30.755	33.098	35.949	41.079	47.335	54.196	60.907	65.171	69.023	68.855	73.683	76.969	48
49	27.249	28.941	31.555	33.930	36.818	42.010	48.335	55.265	62.038	66.339	70.222	70.053	74.919	78.231	49
50	27.991	29.707	32.357	34.764	37.689	42.942	49.335	56.334	63.167	67.505	71.420	71.249	76.154	79.490	50
51	28.735	30.475	33.162	35.600	38.560	43.874	50.335	57.401	64.295	68.669	72.616	72.444	77.386	80.747	51
52	29.481	31.246	33.968	36.437	39.433	44.808	51.335	58.468	65.422	69.832	73.810	73.636	78.616	82.001	52
53	30.230	32.018	34.776	37.276	40.308	45.741	52.335	59.534	66.548	70.993	75.002	74.827	79.843	83.253	53
54	30.981	32.793	35.586	38.116	41.183	46.676	53.335	60.600	67.673	72.153	76.192	76.016	81.069	84.502	54
55	31.735	33.570	36.398	38.958	42.060	47.610	54.335	61.665	68.796	73.311	77.380	77.203	82.292	85.749	55
56	32.490	34.350	37.212	39.801	42.937	48.546	55.335	62.729	69.919	74.468	78.567	78.389	83.513	86.994	56

（续）

n	0.995	0.99	0.975	0.95	0.9	0.75	0.5	0.25	0.1	0.05	0.025	0.0258	0.01	0.005	
57	33.248	35.131	38.027	40.646	43.816	49.482	56.335	63.793	71.040	75.624	79.752	79.572	84.733	88.236	57
58	34.008	35.913	38.844	41.492	44.696	50.419	57.335	64.857	72.160	76.778	80.936	80.754	85.950	89.477	58
59	34.770	36.698	39.662	42.339	45.577	51.356	58.335	65.919	73.279	77.931	82.117	81.935	87.166	90.715	59
60	35.534	37.485	40.482	43.188	46.459	52.294	59.335	66.981	74.397	79.082	83.298	83.114	88.379	91.952	60

习题答案与提示

习 题 1-1

1. (1) $[-1,0) \cup (0,3)$; (2) $[2,4]$.

2. 奇函数.

3. (1) $y = \dfrac{1-x}{1+x}$; (2) $y = e^{x-1} - 2$; (3) $y = \dfrac{1}{3} \arcsin \dfrac{x}{2}$; (4) $y = \log_2 \dfrac{x}{1-x}$.

4. $f[f(x)] = \dfrac{x}{1-2x}$; $f\{f[f(x)]\} = \dfrac{x}{1-3x}$.

习 题 1-2

1. 不成立. 考虑反例 $x_n = (-1)^n$.

2. 不一定. 比如取 $x_n = (-1)^n$ 和 $y_n = (-1)^{n+1}$.

3. 不存在.

4. $\lim\limits_{x \to 0^+} f(x) = -1$, $\lim\limits_{x \to 0^-} f(x) = 1$.

习 题 1-3

1. (1) -11; (2) $\dfrac{2}{3}$; (3) $\dfrac{1}{2}$; (4) -1; (5) $\dfrac{3}{2}$; (6) 1; (7) $\dfrac{2}{5}$; (8) 1.

2. $a = 1, b = -1$.

3. $a = 2, b = -8$.

4. (1) 0; (2) $\sqrt{2}$; (3) 2; (4) e^2; (5) e^{-3}; (6) e^{-6}.

5. 2.

6. $\dfrac{3}{2}$.

7. (1) 2; (2) $\dfrac{2}{3}$; (3) 0.

习 题 1-4

1. $\dfrac{1}{4}$.

2. $x = 1$ 为函数的可去间断点.

3. $x = 0$ 为函数的跳跃间断点.

4. 略.

5. 略.

总 习 题 1

1. $[-2,-1)\cup(-1,1)\cup(1,+\infty)$.

2. 偶函数.

3. $D\left(-\dfrac{7}{5}\right)=1,D(1-\sqrt{2})=0,D(D(x))\equiv1$.

4. $y=-\dfrac{x}{(1+x)^2}$.

5. $f(x)=x^2-2$.

6. $m=\begin{cases}ks, & 0<x\leqslant a,\\ ka+\dfrac{4}{5}k(s-a), & a<s.\end{cases}$

7. 不存在.

8. 1.

9. $\dfrac{2}{3}$.

10. $\dfrac{1}{2}$.

11. $\dfrac{3}{5}$.

12. $-\dfrac{1}{3}$.

13. e^{-2}.

14. e^2.

15. $\dfrac{1}{16}$.

16. $-\dfrac{2}{3}$.

17. 在 $x=0$ 和 $x=1$ 处都不连续.

18. $f(x)$ 的定义域为 $(-\infty,1)\cup(1,+\infty)$,且在 $(-\infty,0),(0,1),(1,2),(2,+\infty)$ 中 $f(x)$ 都是初等函数,因而 $f(x)$ 的间断点只可能在 $x_1=0,x_2=1,x_3=2$ 处.

由于 $\lim\limits_{x\to0^-}f(x)=\lim\limits_{x\to0^-}\dfrac{1}{x}=\infty$,因此 $x_1=0$ 是 $f(x)$ 的第二类间断点(无穷间断点);由于 $\lim\limits_{x\to1}f(x)=\lim\limits_{x\to1}\dfrac{x^2-1}{x-1}=2$,

且 $f(x)$ 在 $x_2=1$ 处无定义,因此 $x_2=1$ 是 $f(x)$ 的可去间断点;又 $\lim\limits_{x\to2^-}f(x)=\lim\limits_{x\to2^-}\dfrac{x^2-1}{x-1}=3,\lim\limits_{x\to2^+}f(x)=$

$\lim\limits_{x\to2^+}(x+1)=3,f(2)=3$,因此 $x_3=2$ 是 $f(x)$ 的连续点.

19. 略.

习 题 2-1

1. 不一定.若存在铅直切线,此时 $f'(x_0)=\infty$.

2. 不一定.如函数 $f(x)=|x|$ 和 $g(x)=-|x|$ 都在 $x_0=0$ 处不可导,但 $f(x)+g(x)$ 在 $x_0=0$ 处可导.

3. $f'(0)$.

4. 连续,但不可导.

5. $a=2,b=-1$.

习 题 2-2

1. （1）$\dfrac{2}{\sqrt{9-x^2}}\arcsin\dfrac{x}{3}$;　　（2）$-e^{3-2x}(2\cos5x+5\sin5x)$;　　（3）$\sec x$;

（4）$\dfrac{2x\cos2x-\sin2x}{x^2}$;　　（5）$\dfrac{1}{\sqrt{x^2+a^2}}$;　　　　（6）$\dfrac{1}{x\ln x\ln(\ln x)}$;

（7）$-\dfrac{1}{(1+x)\sqrt{2x(1-x)}}$;　（8）$\dfrac{2\sqrt{x}+1}{4\sqrt{x}\sqrt{x+\sqrt{x}}}$.

2. 切线方程 $y=4x-6$,法线方程 $x+4y+7=0$.

3. （1）$y'=e^x f'(e^x)$;　　（2）$y'=\sin2x(f'(\sin^2 x)-f'(\cos^2 x))$.

4. （1）$y'=\dfrac{ay-x^2}{y^2-ax}$;　　（2）$y'=-\dfrac{e^y}{1+xe^y}$;　　（3）$y'=\dfrac{e^{x+y}-y}{x-e^{x+y}}$.

5. （1）$y'=\left(\dfrac{x}{1+x}\right)^x\left(\ln\dfrac{x}{x+1}+\dfrac{1}{x+1}\right)$;　　（2）$y=(\sin x)^{\cos x}(-\sin x\ln\sin x+\cos x\cot x)$.

6. （1）$y''=-2\sin x-x\cos x$;　（2）$y''=4-\dfrac{1}{x^2}$;　　（3）$y''=4e^{2x-1}$;　　（4）$y''=-\dfrac{2(1+x^2)}{(x^2-1)^2}$;

（5）$y''=2\sec^2 x\tan x$;　　（6）$y''=(6x+4x^3)e^{x^2}$.

7. $y^{(n)}=2^n\cos x\left(2x+n\cdot\dfrac{\pi}{2}\right)$.

习 题 2-3

1. $\Delta y=0.110601$,$dy=0.11$.

2. （1）$dy=(\sin2x+2x\cos2x)dx$;　（2）$dy=\dfrac{1}{(x^2+1)^{\frac{3}{2}}}dx$;　（3）$dy=e^{2x}(2x+2x^2)dx$.

总 习 题 2

1. 连续不可导.

2. （1）125m;　（2）$v=10$m/s 或 $v=-10$m/s;　（3）10s.

3. $y'=-\sin2(1-x)\cdot e^{\sin^2(1-x)}$.

4. $y'=\sec^2 xf'(\tan x)+\sec^2[f(x)]\cdot f'(x)$.

5. $y'=\dfrac{\sqrt{x^2+1}}{\sqrt[3]{x-2}}\left[\dfrac{x}{x^2+1}-\dfrac{1}{3(x-2)}\right]$.

6. （1）$y'=-\dfrac{1+ye^x}{e^x}$;　（2）$y'=\dfrac{1-ye^{xy}}{xe^{xy}-1}$;　（3）$y'=\dfrac{y\cos x+\sin(x-y)}{\sin(x-y)-\sin x}$.

7. $y^{(n)}=k^n\sin\left(kx+n\cdot\dfrac{\pi}{2}\right)$.

8. 略.

9. 略.

习 题 3-1

1. 提示:由罗尔定理可知存在 $\xi_1\in(x_1,x_2)$ 和 $\xi_2\in(x_2,x_3)$ 使得 $f'(x)=0$.进一步对 $f'(x)$ 使用罗尔定理.

2. 提示:考虑函数 $F(x)=\sin x\cdot f(x)$.

3. 提示:考虑函数 $F(x)=x\cdot f(x)$.

4. 略.

习　题　3-2

(1) $\dfrac{3}{2}$；　(2) 2；　(3) 1；　(4) 1；　(5) 1；　(6) $\dfrac{1}{2}$.

习　题　3-3

1. 单增区间 $[0,2]$，单减区间 $(-\infty,0]\cup[2,+\infty)$.

2. 单增区间 $(-\infty,-1]\cup[3,+\infty)$，单减区间 $[-1,3]$.

3. 略

4. 略

5. (1) 极大值 $y(1)=12$，极小值 $y(2)=11$；　(2) 极大值 $y(-1)=3$.

6. $a=1$.

7. 最大值 $f(4)=80$，最小值 $f(-1)=-5$.

8. 极大值 $y\left(2k\pi+\dfrac{\pi}{4}\right)=\dfrac{1}{\sqrt{2}}\mathrm{e}^{2k\pi+\frac{\pi}{4}}$，极小值 $y\left(2k\pi-\dfrac{\pi}{4}\right)=-\dfrac{1}{\sqrt{2}}\mathrm{e}^{2k\pi-\frac{\pi}{4}}$.

9. 各角剪去 $\dfrac{a}{6}$.

10. 1800 元.

11. 直径与高的比是 $1:1$.

总 习 题 3

1~4. 略.

5. 2.

6. 0.

7. 1.

8. 0.

9. 1.

10. $\mathrm{e}^{-\frac{\pi}{2}}$.

11. 单增区间 $[0,+\infty)$，单减区间 $(-\infty,0]$.

12. 极大值为 $f(-1)=0$，极小值为 $f(1)=-3\sqrt[3]{4}$.

习　题　4-1

1. (1) $\dfrac{3}{4}x^{\frac{4}{3}}-2x^{\frac{1}{2}}+C$；　　　　(2) $2^x\left[\dfrac{\mathrm{e}^x}{\ln2+1}-\dfrac{5}{\ln2}\right]+C$；　　　(3) $\dfrac{6}{11}x^{\frac{11}{6}}+\dfrac{1}{2}\ln|x|-2\dfrac{2^x}{\ln2}+C$；

　(4) $\ln|x|+\arctan x+C$；　(5) $\dfrac{x}{2}+\dfrac{\sin x}{2}+C$；　　　　(6) $\tan x-\cot x+C$.

2. $-\dfrac{1}{3}(1-x^2)^{\frac{3}{2}}+C$.

习　题　4-2

1. (1) $2\arctan(\sqrt{x})+C$；　　(2) $\ln|\ln(\ln x)|+C$；　(3) $x-\ln(1+\mathrm{e}^x)+C$；

　(4) $\dfrac{1}{2}\sec^2 x+C$；　　　　(5) $\dfrac{1}{2(3-2x)}+C$；　　　(6) $-\dfrac{1}{2}\cos x^2+C$.

2.（1）$-2\arctan\sqrt{1-x}+C$;　　　　（2）$2\ln(\sqrt{1+e^x}-1)-x+C$;

（3）$\sqrt{2x}-\ln(1+\sqrt{2x})+C$;　　　（4）$\dfrac{1}{2}[\arcsin x+\ln(x+\sqrt{1-x^2})]+C$.

3.（1）$-x\cos x+\sin x+C$;　　　　　（2）$x\arctan x+\dfrac{1}{2}\ln(1+x)^2+C$;

（3）$x\ln(1+x^3)-2x+2\arctan x+C$;　（4）$\dfrac{1}{2}e^x(\sin x-\cos x)+C$.

4.$e^{-x^2}(-2x^2-1)+C$.

总习题 4

1.（1）$x-\dfrac{6}{5}x^{\frac{5}{3}}+\dfrac{3}{7}x^{\frac{7}{3}}+C$;　（2）$\arcsin x+C$;　（3）$\dfrac{1}{3}x^3-x+\arctan x+C$.

2.（1）$-\cos x+\dfrac{1}{3}\cos^3 x+C$;　（2）$\dfrac{3}{8}x+\dfrac{1}{4}\sin 2x+\dfrac{1}{32}\sin 4x+C$.

3.$\dfrac{3}{2}\sqrt[3]{1-\sin 2x}+C$.

4.设 $e^x=\sin t$，则 $e^x dx=\cos t dt$，所以原式 $=2\displaystyle\int\cos^2 t dt=\int(1+\cos 2t)dt=t+\dfrac{1}{2}\sin 2t+C=t+\cos t\cdot\sin t+C=$

$\arcsin e^x+e^x\sqrt{1-e^{2x}}+C$.

5.$\dfrac{1}{2a}\ln\left|\dfrac{x-a}{x+a}\right|+C$.

6.令 $t=\sqrt{x}$，则不定积分为 $(x-1)\ln(1+\sqrt{x})+\sqrt{x}-\dfrac{x}{2}+C$.

7.$\dfrac{e^x}{2}(\sin x-\cos x)+C$.

习　题　5-1

1.（1）$\dfrac{1}{2}$;　（2）$\dfrac{\pi a^2}{2}$.

2.（1）$>$;　（2）$>$;　（3）$>$.

习　题　5-2

1.$-e^{2x}$.

2.（1）$e-1$;　（2）$\dfrac{29}{6}$;　（3）$45\dfrac{1}{6}$;　（4）$3-\dfrac{\pi}{2}$;　（5）$1-\dfrac{\sqrt{3}}{3}-\dfrac{\pi}{12}$.

3.6.

习　题　5-3

1.（1）$\dfrac{\pi}{3a}$;　（2）$\pi-\dfrac{4}{3}$;　（3）$4(\sqrt{2}-1)$;　（4）$\dfrac{\pi}{2}$;　（5）$2\ln\dfrac{4}{3}$;　（6）$\sqrt{2}-\dfrac{2}{3}\sqrt{3}$.

2.（1）$2-\dfrac{4}{e}$;　（2）$\dfrac{1}{4}(e^2+1)$;　（3）$\dfrac{\pi}{4}-\dfrac{1}{2}\ln 2$;　（4）$\dfrac{\pi}{4}$;　（5）$1-\dfrac{2}{e}$.

3.2.

习　题　5-4

(1) $\dfrac{\pi}{2}$;　　(2) π;　　(3) 1;　　(4) 发散;　　(5) $\dfrac{1}{2}$.

习　题　5-5

1. (1) 2;　　(2) $20\dfrac{5}{6}$.

2. (1) $\sqrt{2}-1$;　　(2) $\dfrac{\pi}{2}$.

3. $\dfrac{72}{5}\pi$.

4. (1) 900 件;　　(2) 8075 元;　　(3) 8000 元.

5. 10m.

总习题 5

1. 略.

2. $\cos^2 x$.

3. $3x^2 e^{x^6}$.

4. $\dfrac{1}{2e}$.

5. $\dfrac{1}{2}$.

6. $\dfrac{3}{2}$.

7. $\dfrac{1}{2}$.

8. $\dfrac{22}{3}$.

9. $\pi-2$.

10. 2.

11. $f(x)=3x-3\sqrt{1-x^2}$, 或 $f(x)=3x-\dfrac{3}{2}\sqrt{1-x^2}$.

12. $4-\ln 3$.

13. 16π.

习　题　6-1

1. 略.

2. $y=(4+2x)e^{-x}$.

习　题　6-2

1. (1) $y=3+Ce^{\frac{x^2}{2}}$;　　(2) $y=e^{Cx}$;　　(3) $\dfrac{1}{2}y^2=\ln(1+e^x)+C$;　　(4) $\arctan y=\dfrac{2}{3}(x-1)^3+C$.

2. (1) $\sin\dfrac{y}{x}=Cx$；　(2) $y^2=x^2(2\ln|x|+C)$.

3. (1) $y=2+Ce^{-x^2}$；　(2) $y=\dfrac{x^3}{2}+cx$；　(3) $y=\dfrac{1}{x}(\ln|x|+C)$；　(4) $x=\dfrac{1}{y^2}(\ln|y|+C)$.

4. (1) $y=3(-2e^{-x}+x^2-2x+2)$；　(2) $y=\dfrac{2}{3}(4-e^{-3x})$.

5. $y=3e^x-2(x+1)$.

6. $M=M_0e^{-\lambda t}$.

7. $v=\dfrac{mg}{k}\left(1-e^{-\frac{k}{m}t}\right)$.

8. 500 条.

总 习 题 6

1. $C_1=0,C_2=1$.

2. $y=e^{Cx}$.

3. $2x+y^2=0$.

4. $y=\dfrac{2x}{1+x^2}$.

5. $y^2=x^2(2\ln|x|+C)$.

6. $y=\dfrac{1}{3}x\ln x-\dfrac{1}{9}x+Cx^{-2}$.

7. $x=-ye^y+C$.

8. $f(x)=3e^{3x}-2e^{2x}$.

总 习 题 7

1. B 策略→石头　剪子　布

$\begin{array}{l}A\ \text{石头}\\ \text{策→剪子}\\ \text{略　布}\end{array}\begin{pmatrix}0 & 1 & -1\\ -1 & 0 & 1\\ 1 & -1 & 0\end{pmatrix}$.

2. (1) $\begin{pmatrix}35\\ 6\\ 49\end{pmatrix}$；　(2) (10)；　(3) $\begin{pmatrix}-2 & 4\\ -1 & 2\\ -3 & 6\end{pmatrix}$；　(4) $\begin{pmatrix}a^3 & 0 & 0\\ 0 & b^3 & 0\\ 0 & 0 & c^3\end{pmatrix}$；　(5) $\begin{pmatrix}6 & -7 & 8\\ 20 & -5 & -6\end{pmatrix}$.

3. $3AB-2A=\begin{pmatrix}-2 & 13 & 22\\ -2 & -17 & 20\\ 4 & 29 & -2\end{pmatrix},A^{\mathrm{T}}B=\begin{pmatrix}0 & 5 & 8\\ 0 & -5 & 6\\ 2 & 9 & 0\end{pmatrix}$.

4. 都不相等.

5. $A^{-1}=\begin{pmatrix}1 & 0 & 0\\ 0 & -10 & 6\\ 0 & 4 & -2\end{pmatrix}$.

6. (1) $\begin{pmatrix}-\dfrac{5}{2} & 1 & -\dfrac{1}{2}\\ 5 & -1 & 1\\ \dfrac{7}{2} & -1 & \dfrac{1}{2}\end{pmatrix}$；　(2) $\begin{pmatrix}-2 & 1 & 0\\ -\dfrac{19}{2} & 3 & -\dfrac{1}{2}\\ -16 & 7 & -1\end{pmatrix}$；　(3) $\begin{pmatrix}1 & 1 & 0 & 0\\ 0 & 1 & 1 & 0\\ 0 & 0 & 1 & 1\\ 0 & 0 & 0 & 1\end{pmatrix}$.

7. （1） $\begin{pmatrix} -4 & -9 \\ 0 & 11 \\ 1 & -3 \end{pmatrix}$;　　（2） $\begin{pmatrix} 0 & 1 & -1 \\ -1 & 0 & 1 \\ 1 & -1 & 0 \end{pmatrix}$.

8. （1） $\begin{cases} x_1 = 1 \\ x_2 = 0 \\ x_3 = 0 \end{cases}$;　　（2） $\begin{cases} x_1 = 5 \\ x_2 = 0 \\ x_3 = 3 \end{cases}$

9. （1） $\begin{pmatrix} x_1 \\ x_2 \\ x_3 \\ x_4 \end{pmatrix} = k \begin{pmatrix} \frac{4}{3} \\ -3 \\ \frac{4}{3} \\ 1 \end{pmatrix}$;　　（2） $\begin{pmatrix} x_1 \\ x_2 \\ x_3 \\ x_4 \end{pmatrix} = k_1 \begin{pmatrix} -2 \\ 1 \\ 0 \\ 0 \end{pmatrix} + k_2 \begin{pmatrix} 1 \\ 0 \\ 0 \\ 1 \end{pmatrix}$.

10. （1）方程组无解；　　（2） $\begin{pmatrix} x_1 \\ x_2 \\ x_3 \\ x_4 \end{pmatrix} = c_1 \begin{pmatrix} -\frac{5}{3} \\ -\frac{2}{3} \\ 1 \\ 0 \end{pmatrix} + c_2 \begin{pmatrix} -2 \\ -1 \\ 0 \\ 1 \end{pmatrix} + \begin{pmatrix} \frac{7}{3} \\ \frac{4}{3} \\ 0 \\ 0 \end{pmatrix}$.

11. $k \neq -1, k \neq 4$ 时,有唯一解; $k = -1$ 时无解; $k = 4$ 时有无穷多解,其解为 $c \begin{pmatrix} -3 \\ -1 \\ 1 \end{pmatrix} + \begin{pmatrix} 0 \\ 4 \\ 0 \end{pmatrix}$.

总 习 题 8

1. （1） -5 ;　　（2） -27 .

2. $x = 2$ 或 $x = 3$.

3. 4.

4. -12 .

5. （1） $yz + 2xz + 3xy + xyz$;　　（2） $(a_2 a_3 - b_2 b_3)(a_1 a_4 - b_1 b_4)$;　　（3） 40;

（4） 160 ;　　　　　　　　　（5） $[a(x-a)^{n-1}]$;　　　　　　　（6） -14 .

6. （1） 2, $\begin{vmatrix} 1 & 3 \\ 2 & -1 \end{vmatrix}$;　　（2） 3, $\begin{vmatrix} 2 & -3 & -5 \\ 3 & -2 & 0 \\ 1 & 0 & 0 \end{vmatrix}$.

7. $f(x) = 2x^2 - 3x + 1$.

8. （1） $x_1 = 3, x_2 = -4, x_3 = -1, x_4 = 1$;　　（2） $x_1 = 1/3, x_2 = 0, x_3 = 1/2, x_4 = 1$.

9. $\lambda = 1 ; \mu = 0$.

总 习 题 9

1. $S = \{HH, HT, TH, TT\}$ $A = \{HH, HT\}$, $B = \{HH, TT\}$, $C = \{HH, HT, TH\}$.

2. 甲种产品滞销或者乙种产品畅销.

3. （1） $A \subset B$;　　（2） 相容;　　（3） 不相容.

4. （1）成立；　　（2） A, B 互不相容时成立；　　（3）成立.

5. （1） $A_1 A_2 A_3$;

（2） $\overline{A_1 A_2 A_3}$ 或 ; $\overline{A_1} \cup \overline{A_2} \cup \overline{A_3}$;

(3) $\overline{A_1}A_2A_3 \cup A_1\overline{A_2}A_3 \cup A_1A_2\overline{A_3}$;

(4) $\overline{A_1}A_2A_3 \cup A_1\overline{A_2}A_3 \cup A_1A_2\overline{A_3} \cup A_1A_2A_3$.

6. (1) 三次中至少有一次没中靶；　(2)前两次都没中靶；　(3)恰好连续两次中靶.

7. 0.8.

8. 0.3.

9. $1-\dfrac{5^4}{6^4}=0.5177$.

10. 0.602.

11. $\dfrac{C_5^1 C_7^1 C_4^1}{C_{16}^3}=0.25$.

12. $\dfrac{C_{20}^{10} C_{10}^{10}}{365^{20}}$.

13. 0.5.

14. 0.118.

15. $\dfrac{a}{a+b}\dfrac{n+1}{m+n+1}+\dfrac{b}{a+b}\dfrac{n}{m+n+1}$.

16. 0.51.

17. (1) $\alpha\approx0.94$；　(2) $\beta\approx0.85$.

18. 约 0.323.

19. 约 0.67.

20. 0.893.

21. $\dfrac{\alpha}{1-(1-\alpha)(1-\beta)}$.

22. $2p^2-p^4$.

总 习 题 10

1. $a=1$.

2. $a=\dfrac{37}{8}, P\{|X|\leqslant 2\}=\dfrac{30}{37}$.

3. $X\sim\begin{pmatrix}0 & 1 & 2\\ 0.01 & 0.18 & 0.81\end{pmatrix}$.

4. $X\sim\begin{pmatrix}3 & 4 & 5\\ 0.1 & 0.3 & 0.6\end{pmatrix}$.

5. 0.6.

6. $X\sim\begin{pmatrix}0 & 1 & 2 & 3\\ \frac{1}{8} & \frac{3}{8} & \frac{3}{8} & \frac{1}{8}\end{pmatrix}$; $F(x)=\begin{cases}0, & x<0\\ \frac{1}{8}, & 0\leqslant x<1\\ \frac{4}{8}, & 1\leqslant x<2\\ \frac{7}{8}, & 2\leqslant x<3\\ 1, & x\geqslant 3\end{cases}$; $P\{1<X<3\}=\dfrac{3}{8}$; $P\{X\geqslant5.5\}=0$.

7. $1-e^{-3}$.

8. （1）$k=-\dfrac{1}{2}$;　（2）$F(x)=\begin{cases}0, & x<0\\ -\dfrac{x^2}{4}+x, & 0\leqslant x\leqslant 2;\\ 1, & x\geqslant 2\end{cases}$　（3）0.0625.

9. （1）$A=\dfrac{1}{2},B=\dfrac{1}{\pi}$;　（2）$\dfrac{2}{3}$;　（3）$f(x)=\begin{cases}\dfrac{1}{\pi\sqrt{a^2-x^2}}, & -a<x<a,\\ 0, & 其他.\end{cases}$

10. 0.9773;0.0227;0.1574.

11. 0.268.

12. 0.682.

13. $h\geqslant 183.98$.

14. $E(X)=-0.2;E(X^2)=2.8;E(3X^2+5)=13.4$.

15. $E(X)=\dfrac{n+1}{2}$.

16. $E(XY)=0,D(X+Y)=8,D(2X-3Y)=52$.

17. $E(X)=0,D(X)=\dfrac{1}{6}$.

18. $E(X)=\theta,D(X)=\theta^2$.

19. $E(X)=E(Y)=1000,D(X)>D(Y)$,故乙厂生产的灯泡质量好些.

20. 2.25 元.

21. $c=(0.1+p)a$.

22. 8.784.

总习题 11

1. $\bar{x}=217.19;s^2=433.43;a_2=47522.5;b_2=390.0$.

2. 2;$\dfrac{1}{4}$;$N\left(2,\dfrac{1}{4}\right)$.

3. $N(0,1)$;$t(n-1)$;$\chi^2(n-1)$.

4. （1）$u_{0.05}=1.645,u_{0.025}=1.96$;（2）$\chi^2_{0.05}(10)=18.307,\chi^2_{0.1}(25)=34.382$;（3）$t_{0.025}(10)=2.2281$, $t_{0.95}(10)=-1.8125$.

5. （1）$21,0.4^2$;（2）0.4514.

6. 0.8293.

7. （1）0.6896;（2）0.9987.

8. 0.99.

总习题 12

1. （1）$\hat{\theta}=2\bar{X}$;（2）$\hat{\theta}=2\bar{x}=0.9643$.

2. $\theta=\dfrac{3}{2}-\bar{X}$.

3. $k=5/12$.

4. 略

5. （14.99,15.13）.

6. （575.625,1036.375）.

7. （37.55,39.45）.

8. $(0.003, 0.019)$.

9. $(2.10, 2.42)$.

10. 需检验假设 $H_0: \mu = 1500, H_1: \mu \neq 1500$, 用检验统计量

$$T = \frac{\bar{X} - \mu_0}{S/\sqrt{n}} \sim t(n-1).$$

11. 见表 12-2-2.

12. 见表 12-2-3.

13. （1）$(-\infty, 39.51) \cup (40.49, +\infty)$；　（2）$(39.51, 40.49)$；

（3）对于显著性水平 $\alpha = 0.05, \mu$ 的双侧假设检验的接受域恰为 μ 的置信水平为 0.95 的置信区间.

14. 不能认为该试验物发热量的期望值为 12100.

15. 可以认为该种职业家庭人均年收入高于市人均年收入.

16. 认为 $\sigma \geqslant 0.04\%$.

参 考 文 献

[1] 赵树嫄.微积分[M].北京:中国人民大学出版社,1993.

[2] 同济大学应用数学系.高等数学[M].5版.北京:高等教育出版社,2002.

[3] 厦门大学数学系.高等数学(文科)[M].厦门:厦门大学出版社,2000.

[4] 吴赣昌.大学文科数学[M].北京:中国人民大学出版社,2007.

[5] 吴传生.经济数学——微积分[M].北京:高等教育出版社,2005.

[6] 同济大学数学系.线性代数[M].北京:人民邮电出版社,2017.

[7] 鲁东大学数学与信息学院函数论研究室.高等数学新讲[M].北京:科学出版社,2008.

[8] 王梓坤.概率论基础及应用[M].北京:北京师范大学出版社,1996.

[9] 盛骤,谢世千,潘承毅.概率论与数理统计[M].3版.北京:高等教育出版社,2001.

[10] 张天德,王玮.线性代数[M].北京:人民邮电出版社,2020.

[11] 赵凯.高等数学学习与考试指导:含线性代数和概率统计[M].北京:地质出版社,1999.

[12] 李文林.数学史概论[M].2版.北京:高等教育出版社,2002.